GUIDE PRATIQUE

DU

PÊCHEUR

CORBEIL. — Typ. et stér. de CRÉTÉ FILS.

GUIDE PRATIQUE

DU

PÊCHEUR

OU

TRAITÉ COMPLET

DE TOUT CE QUI EST RELATIF

À LA PÊCHE À LA LIGNE ET AU FILET, EN EAU DOUCE ET EN MER;
À LA PRÉPARATION DES APPATS NATURELS ET ARTIFICIELS;
À LA MANIÈRE DE FAIRE ET DE RACCOMMODER LES FILETS;
AUX MŒURS ET AUX HABITUDES DES POISSONS, DES CRUSTACÉS (LANGOUSTES;
HOMARDS, ÉCREVISSES, ETC.), DES MOLLUSQUES (MOULES, HUITRES, ETC.),
AU TEMPS LE PLUS CONVENABLE POUR LES DIFFÉRENTES PÊCHES;
À L'ENTRETIEN DES VIVIERS, DES RÉSERVOIRS ET DES ÉTANGS :
AUGMENTÉ DU CALENDRIER PERPÉTUEL DU PÊCHEUR,
ET DES LOIS, ORDONNANCES ET RÈGLEMENTS SUR LA PÊCHE, ETC., ETC.

PAR MM.

A. B. MORIN

GARDE-PÊCHE

ET

J. MAUDUIT

PATRON DU BATEAU-PÊCHEUR L'*Intrépide*

———— ❖ ————

PARIS

LAPLACE, SANCHEZ ET Cie, LIBRAIRES-ÉDITEURS

3, rue Séguier, 3

—

1877

AVERTISSEMENT

Il existe beaucoup de livres analogues à celui-ci ; tous ne sont certes point mauvais : entre auteurs, il ne faut pas médire les uns des autres, ne fût-ce que pour faire mentir une fois le proverbe. Mais que de guides sont dédaignés avec raison, comme surannés, incomplets ! Ceux-ci sont trop volumineux, trop savants ; ceux-là coûtent trop cher, etc.

Nous avons tâché, selon nos forces, de présenter un guide *vraiment pratique, à bon marché.*

Les naturalistes les plus célèbres, les plus autorisés, nous ont fourni les détails curieux, intéressants sur les poissons, les scétacés, etc. ; nous avons lu, analysé et cité longuement leurs ouvrages.

Vingt-sept ans d'expérience personnelle passés,

lignes et filets en mains, le long des rivières, an bord des étangs, sur les côtes de l'Océan et de la Méditerranée, des voyages dix fois répétés, pour la pêche au saumon, etc., en Suède et en Norwège, en compagnie d'hommes du métier, très-expérimentés eux-mêmes, et aussi ardents que nous, voilà nos modestes titres à la bienveillance du lecteur. S'il nous l'accorde, nous ne regretterons ni notre peine, ni notre temps, et il ne nous restera qu'à lui souhaiter bonne chance !

A. B. MORIN ET J. C. MAUDUIT.

CALENDRIER DU PÊCHEUR

POISSONS D'EAU DOUCE ET POISSONS DE MER

Janvier.

EN EAU DOUCE.

De 10 heures du matin à 1 heure de l'après-midi, par un temps doux relativement à la saison et par un beau soleil, vous pêcherez : la perche à la bouvière et aux vers, les brochets au vif, le chevesne en amorçant avec de la cervelle de mouton ou de veau. De nuit, aux cordes dormantes : anguilles, gardons et chevesnés.

EN MER.

A l'hameçon : aigrefins, lingues, morues, merlans, soles, carrelets, plies, merlans à la ligne; préférez la nuit, quand le vent souffle du sud-est.

Les palangres fonctionnent sur nos côtes de la Méditerranée.

Remarque un peu moins agréable pour le pêcheur : il devra s'abstenir de pêcher : les saumons, les truites, les ombres; c'est le temps du frai pour ces poissons.

Réparez tout votre matériel.

Février.

EN EAU DOUCE.

Par un temps relativement assez doux et par un beau soleil, vous prendrez, la perche à la bouvière, le brochet au vif, le chevesne (ou chevaine) et le gardon aux vers, dans les derniers jours du mois, la carpe et la perche ; le gros chevesne, à la cervelle de mouton ; anguilles et lottes, aux cordes de nuit dans les étangs et les rivières. Les meilleures heures de la journée sont depuis 11 heures jusqu'à 2 ou 3 heures.

EN MER.

Au libouret, très-loin en mer : raies et cabillauds ; à la ligne : soles, carrelets, plies, merlans, lingues, aigrefins, morues.

Les palangres grands et petits fonctionnent dans la Méditerranée.

Remarque : s'abstenir de prendre les jeunes brochets qui, alors, se rapprochent des bords pour frayer. — Achever la préparation de son matériel ; fabriquer des mouches artificielles, etc.

Mars.

EN EAU DOUCE.

Au vif : le brochet ; aux vers rouges : les perches, les goujons, les chevesnes, les carpes et les gardons. Dans les courants peu profonds : les vérons, les vandoises, etc. De 10 heures du matin à 3 heures de l'après-midi.

Remarque : **Ce** mois voit le commencement du frai ges brochets, des plies, des chabots, des chevesnes et des anguilles ; les poissons se tiennent encore dans les *crônes*, leurs abris d'hiver ; les cyprins *piquent au vert*, c'est-à-dire viennent se régaler de jeunes pousses d'herbes aquatiques, ils réparent ainsi leurs longs jeûnes forcés de l'hiver.

EN MER.

Même pêche que dans le mois précédent.

Avril.

EN EAU DOUCE.

Remarque : dans beaucoup de localités la pêche est prohibée depuis la mi-avril jusqu'en juin ; dans d'autres, il est déjà défendu de pêcher depuis la mi-mars. Respectez la loi. Si, par bonheur, vous avez le droit d'exercer vos talents dans les rivières et dans les étangs fermés appartenant à des propriétés privées, vous prendrez facilement au vif : gardons, perches, brèmes, carpes, brochets, chevesnes, goujons et vérons ; quelquefois : carrelets, anguilles, barbeaux et ablettes.

EN MER.

Dans les parcs et les étangs salés, les orphies, les soles, etc. A la ligne de fond, la nuit, par le vent sud-est : carrelets, plies, merlans, aigrefins, morues ; au loin, en mer : raies, cabillauds. — Au libouret : poissons de fond.

Remarque : C'est le temps du frai pour les carpes de

2 ans, pour les perches de 3 ans ; pour les barbillons de 4 ans ; pour les bouvières ou péteuses ; pour les épinoches, les brèmes, les goujons, les chevesnes dans les petits fonds d'eau ; les nases, les loches, les vieux brochets, les anguilles, les aloses et les plies, à la mer.

Mai.

EN EAU DOUCE.

Si la loi vous le permet... brochet au collet ; chevesne, loche au panier-truble, anguilles dans les basfonds. Pêchez, de préférence, dans les courants, dans les remous et dans les haïs. Servez-vous, comme esches, d'asticots et de vers de vase ; le saumon commence à mordre volontiers.

Remarque : Le temps du frai se termine pour les plies, les carpes, les barbillons, les tanches, les goujons, les chevesnes, les brèmes, les vandoises, les ablettes, les gardons et les nases.

EN MER.

Au large : raies et cabillauds. Libouret de fond : maquereaux. La nuit, par un vent sud-est : soles, lingues, carrelets, plies, aigrefins, merlans, morues, etc.

Juin.

EN EAU DOUCE.

Vers la mi-juin, la loi lève ses défenses. En route et armé de toutes pièces, partez dès le matin ! vous avez la journée entière devant vous. Le soleil est-il dans

tout son éclat ? Pêchez *à la mouche*, à la surprise.
Pêchez au vif, avec l'asticot : les petits poissons ; avec
les vers rouges : les tanches et les perches ; les barbillons, avec le fromage de gruyère ; les chevesnes, les
vandoises, les gardons, avec du sang caillé, des hannetons, des cerises, etc. La truite et tous les poissons de
la famille des saumons mordent volontiers.

Le frai est terminé pour presque toutes les espèces,
excepté la tanche dans les eaux froides.

EN MER.

Canthères grises, maquereaux, orphies, soles, plies,
carrelets, merlans, lingues, aigrefins, morues, etc., de
préférence, la nuit, par un vent sud-est.

Les palangres dans la Méditerranée fonctionnent de
plus en plus.

Juillet.

EN EAU DOUCE.

Remarque : Ne pêchez pas par un soleil trop vif, car,
alors, le poisson fatigué par la chaleur se cache sous les
rives, dans les herbes aquatiques, etc., et ne mord
plus ; vous préférerez donc un temps couvert ; les heures
qui suivent immédiatement la chute d'une pluie fine
et tiède ; le matin et le soir.

Au blé cuit : les chevesnes, les carpes, les vandoises,
les gardons et les brèmes ; goujons, au ver rouge.

Pêche *de fond*, des chevesnes, des vandoises, des
gardons, avec : cerises, hannetons, sang caillé.

Pêche de ces mêmes poissons et des ablettes, *à la*

surface : avec des fourmis ailées, des papillons, des mouches naturelles ou artificielles, des sauterelles, etc.

Les petits poissons blancs se prennent à l'asticot.

Les anguilles, aux cordes dormantes et à la ligne, avec : sangsues, ammocètes, vers de terre et petits poissons.

EN MER.

Cordes dormantes pour prendre poissons plats et ronds.

Libouret, palangres. La nuit par vent sud-est : canthères grises, soles, carrelets, aigrefins, merlans, lingues et morues.

Août.

EN EAU DOUCE.

Pêche à la mouche. Pêche à la surprise en plein jour. Préférez les heures du matin et du soir. Les brochets, les truites et les perches restent longtemps et paresseusement cachés dans les bas-fonds, dans les herbes, etc., pour éviter la trop grande chaleur du soleil ; les poissons de surface chassent seuls avec persévérance.

Vous prendrez les truites avec le vilain ; les chevesnes avec les sauterelles, les grillons, les hannetons, les papillons. Les anguilles, la nuit, avec des lignes de fond, des pater-noster amorcés de sangsues, d'ammocètes et de petits poissons vifs.

La perche, avec de petits poissons vifs. — Le brochet, aux bricoles de nuit. Les tanches, les gardons, les brèmes, avec le blé cuit, les fèves et différentes pâtes dont nous parlerons en lieu convenable. V. *Amorces.*

EN MER.

Merlans, maquereaux, lieux, merlus ; poissons plats de fond ; près des roches, les canthères grises.

Libouret ; palangres.

Septembre.

EN EAU DOUCE.

Toute la journée, à peu près.

Pêche au vif, avec goujon ou véron : de la perche, de la truite, des grosses chevesnes (1), de l'anguille, du brochet, etc. Blé cuit et vers pour les gardons, les brèmes et les carpes.

Queues d'écrevisse, viande crue ou cuite pour les barbillons.

Raisin noir pour les chevesnes.

Les poissons regagnent les grands fonds.

Lignes dormantes de nuit pour les anguilles, et en général pour tous les poissons.

Les tanches ne mordent plus guère vers la fin de ce mois.

EN MER.

Jeux, cordes, etc., pour prendre les poissons plats. — A la ligne, les merlans, etc. La nuit, par vent sud-est : soles, carrelets, plies, merlans, aigrefins, lingues, morues, etc. — Mulets, bars. Emploi du libouret.

---

(1) Quelques auteurs écrivent *chevaines* et *chevannes* et font indifféremment ce mot du masculin ou du féminin

Octobre.

EN EAU DOUCE.

Déjà les poissons se cachent dans les herbes, sous les racines des rives, dans les endroits pierreux, dans la vase, etc. ; un soleil un peu chaud les décide seul à se mettre franchement en nage.

Au vif, la nuit, avec des pater-noster, jeux, etc. : brochets, lottes et anguilles.

Aux vers : gardons de fond ; barbillons, chevesnes, quelques carpes, quelques brèmes.

A la cervelle de veau ou de mouton, avec boyaux de volaille, dans les grands fonds : les grosses chevesnes.

Dans les fleuves et dans les grands cours d'eau sujets aux crues rapides et fréquentes, on prend encore très-bien, au ver rouge : plies, goujons et chabots.

EN MER.

A la ligne : merlans. La nuit par vent sud-est : carrelets, plies, soles, merlans, aigrefins, morues ; emploi du libouret et des palangres.

Novembre.

EN EAU DOUCE.

Au vif, par un beau temps, de 10 heures du matin à 3 ou 4 heures de l'après-midi, on prend, aux vers et à la bouvière : perches, brochets, gardons et chevesnes ; plus rarement carpes et brèmes ; plus rarement encore, vandoises; aux cordes dormantes, la nuit : les anguilles. Les perches mordent très-peu ou ne mordent plus du tout dès la fin de ce mois.

Dans les fleuves et dans les cours d'eau sujets aux crues, on prend, en eau trouble, avec gros vers à tête noire : lottes, barbillons, plies. Goujons et chabots en Loire jusqu'à Pâques.

A la ligne traînante peu plombée, dans les endroits sablonneux, on prend avec des vers : dards, gardons, petites chevesnes et goujons; les barbillons, revenus déjà aux grands fonds, ne mordent plus.

EN MER.

A la ligne : merlans, harengs, congres, etc. De nuit, par vent sud-est : soles, carrelets, plies, aigrefins, lingues, merlans, morues.

Emploi du libouret et des palangres.

Décembre.

EN EAU DOUCE.

Quelquefois, par un beau soleil, depuis onze heures jusqu'à trois heures de l'après-midi, on prend au ver de terre à tête noire : petites chevesnes, petits dards, barbillons, plies, bremottes; tous ces poissons dans les remous et dans les haïs, derrière les ponts, etc.; amorces : boyaux de volaille, sang caillé, cervelle de mouton ou de veau, en eau claire. Les perches se prennent alors à la bouvière, vite, mais rarement. Les carpes et les cyprins ne mordent plus; les truites ordinaires et saumonées sont en frai: il est défendu

de les pêcher ; d'ailleurs elles ne mordent plus. Les
lottes remontent. — Quelquefois briser la glace et
tendre par les trous ainsi faits des hameçons bien
amorcés de vers rouges.

EN MER.

Merlans.

Remarques générales sur le temps le plus favorable à la pêche.

Les chaleurs excessives rendent les poissons de
fond si paresseux et souvent si malades, qu'ils renoncent
même à se mettre en quête de nourriture ; alors les
poissons de surface poursuivent seuls leur proie :
mouches, papillons, etc., etc.

Le froid engourdit pareillement les poissons de fond.

Les pluies légères et tièdes amènent les poissons
vers les rives, à la poursuite des insectes, etc.

S'il éclaire, s'il tonne, ou s'il tombe de la grêle, le
poisson cesse de mordre. Il se cache sous les racines
des rivages, au milieu des herbes aquatiques ; s'il neige
ou s'il souffle un vent froid, le poisson gagne les
grands fonds.

L'eau trouble est plus favorable que l'eau claire. Les
pluies tièdes, à la suite des orages, les temps sombres
sont favorables pour les poissons de mer comme pour
les poissons d'eau douce.

Si les poissons s'élancent hors de l'eau pour prendre
les mouches, les éphémères et autres insectes tombés
à la surface, préférez la pêche à la mouche. Si l'eau

est basse et claire, ayez une flotte très-petite et pêchez dans le courant. L'eau est-elle profonde ? pêchez près des bords, dans les remous. De même, en hiver, par les vents froids ; préférez alors les endroits éclairés et un peu échauffés par les rayons du soleil, sans laisser ni votre ombre, ni l'ombre de votre canne se projeter dans l'eau.

Règles générales : peu de bruit, car le poisson entend très-bien ; en hiver, pêchez après onze heures du matin et huit heures du soir ; faites le contraire en été, pêchez plutôt par les grandes eaux que par les petites marées ; pour la pêche à la mouche, choisissez des eaux rapides pendant le calme, des eaux calmes pendant l'orage ; pour les eaux limpides servez-vous de mouches claires et de mouches foncées pour les eaux troubles ; piquez du poignet, jamais de l'avant-bras ; comme *en tout cas*, même à la pêche des ablettes, etc., ayez toujours une canne à moulinet afin de pouvoir profiter des heureux hasards qui se présentent : vous vous attendiez à prendre un goujon et voici qu'une truite a mordu à l'hameçon ! quand vous jetez une ligne de fond, mettez le pliant sous le pied, pour ne pas lancer tout à vau-l'eau. Mêlez le crin blanc au crin noir au lieu d'avoir une ligne d'une seule espèce de crin.

PREMIÈRE PARTIE

PÊCHES D'EAU DOUCE

PREMIÈRE SECTION

APPATS NATURELS ET ARTIFICIELS. — MANIÈRE
D'AMORCER LES HAMEÇONS. — INSTRUMENTS PROPRES
A LA PÊCHE A LA LIGNE. —
DES DIFFÉRENTES PÊCHES A LA LIGNE.

CHAPITRE PREMIER

Appâts naturels et artificiels.

§ 1er

Pour le pêcheur d'eau douce, *appâts* et *amorces* signi-
fient la même chose, comme pour le pêcheur de mer,
appâts et *esches* sont synonymes. Nous parlerons ici
tout particulièrement des appâts d'eau douce.

Les appâts préférés par les poissons d'eau douce
sont : les vers, les larves de mouches appelées vulgairement asticots; les vers de terre et de fumier appelés
achées; les vers blancs ou jaunes qui se trouvent dans
les racines de plusieurs plantes aquatiques, par exemple dans les racines de l'iris des marais, etc.

Les lombrics ou vers de terre s'enfoncent dans le sol pour se mettre à l'abri des froids rigoureux ; on les fait sortir de leur cachette en tournant rapidement dans un trou le bout d'un bâton ; en répandant sur la terre un litre d'eau où l'on a fait bouillir une forte poignée de feuilles de noyer. Les vers de terre se montrent, de préférence, le soir, pendant la nuit, après les pluies. Les asticots se trouvent dans les lieux d'aisances, dans les charognes enterrées, etc. ; beaucoup de larves, appelées aussi *asticots*, proviennent de la mouche de la viande, de la mouche Cœsar, de la mouche domestique. Voulez-vous vous procurer une grande quantité d'asticots ? Étendez à terre une couche de débris de viande d'environ $0^m,30$ d'épaisseur et recouvrez-la de paille humide pour empêcher le soleil de la dessécher ; les mouches viendront déposer là leurs œufs et leurs larves, et, après quelques jours d'attente, vous aurez une masse énorme de petits êtres hideux, dégoûtants, mais bien utiles.

Vous conservez ces asticots dans une boîte pleine de son et percée à son couvercle d'un trou d'environ 3 ou 4 centimètres de diamètre ; sur ce trou, vous placerez une boîte à mouches dont l'entrée coïncidera exactement avec le trou de la première boîte ; c'est dans cette dernière que les mouches se rendront au fur et à mesure de leur éclosion. Un petit morceau de tulle les empêchera de s'envoler ; ainsi les asticots vous serviront à deux fins.

L'asticot doit être piqué avec soin et délicatesse : la moindre attaque du poisson suffit à le détacher.

On nomme *achées* des vers de terre qui se trouvent surtout dans les fumiers humides (non pas chauds) tout à fait fermentés et réduits en terreau (et non en putréfaction); dans les prés où paissent bœufs, vaches, etc.; dans les endroits où coulent les eaux ménagères; dans les herbes fauchées et laissées en tas près des étangs ou des rivières. La meilleure espèce est le ver rouge; c'est aussi la plus vivace dans l'eau.

Vous préférerez :

1° Le ver rouge à tête foncée, long d'environ 0ᵐ,10 et gros comme une plume d'oie.

2° Le ver rose ou *achée de terre* proprement dit, longueur : 0ᵐ,35 sur 0ᵐ,008 de diamètre.

3° Le ver annelé au corps formé d'anneaux rouges et jaunâtres alternativement et qui, coupé, laisse couler une liqueur jaune d'une odeur particulière; longueur : 0ᵐ,08; grosseur d'une paille de blé.

La brème, le gardon et la perche le dédaignent.

4° Le ver jaune ou verdâtre, long de 0ᵐ,07, et gros comme une petite plume d'oie; beaucoup de poissons refusent d'y mordre; il nous réussit avec le gardon de fond, la carpe, les anguilles de rivières. — Terrains argileux et non remués depuis longtemps ; berges, terres fortes.

§ 2

HUILES. — APPATS COMPOSÉS OU APPATS DE FOND.

Nous n'indiquerons que deux espèces d'huile parmi toutes celles qui servent à frotter les boulettes :

Huile d'amandes douces..	30 grammes.
Extrait d'absinthe........	10 gouttes.
Extrait de camomille.....	10 —
Poudre de cumin........	2 grammes.
Civette.................	0ᵍ,10.

Broyez le tout dans un mortier de verre, et enfermez dans une fiole bouchée à l'émeri. Cette huile empêche les boulettes de se désagréger trop vite.

ˈ L'huile d'aspic, transparente, aromatique et âcre, s'obtient en distillant les fleurs de la lavande-spic ; les pêcheurs en frottent leurs appâts et leurs lignes.

Appâts composés ou appâts de fond, ou amorces. — Ces appâts se jettent dans l'eau, tandis que les esches, qui sont aussi des appâts, s'attachent à la ligne ; ces quelques mots suffisent à établir une division bien nette.

Règles générales :

1° Le pêcheur doit amorcer à intervalles égaux les mêmes places connues de lui seul ;

2° Il doit mettre ses amorces dans des endroits sans herbes ni pierres où le courant ne soit pas trop fort, car il entraînerait les matières déposées ; il préférera donc les baïs (eaux à demi dormantes), le voisinage des ponts, des barrages, des digues, des quais, les tournants et les coudes abrités, etc. ;

3° Il amorcera plutôt dans les petites rivières, que dans les grands cours d'eau ;

4° Il amorcera tous ses coups, excepté s'il pêche à la mouche naturelle ou artificielle.

Indiquons les appâts les plus employés et les plus efficaces.

Faites bouillir du blé ; quand il est bien attendri, fricassez-le sur le feu avec du miel et un peu de safran délayé dans du lait. Bon pour prendre tous les poissons herbivores de fond. Vous jetterez des poignées de cet appât le soir pour le matin, ou, pendant la pêche, de demi-heure en demi-heure, en amont du coup.

Autre : Faites cuire à moitié, dans de l'eau de rivière, trois quarts de litre de fèves communes, ajoutez 100 grammes de miel; 1 ou 2 décigrammes de musc ; laissez encore cuire et retirez du feu; — même emploi que le précédent. Bon pour tous les poissons herbivores de fond et particulièrement pour les carpes.

Autre : Froment............... 500 grammes.
Orge................. 500 —
Chènevis............. 125 —

Sel de cuisine, une poignée pour empêcher le blé de s'aigrir, surtout en été : même emploi et même efficacité que les précédents.

Autre : Croton cascarilla ou résidu de manne ordinaire venant du Boswellia serrata........ 30 grammes.
Écorce d'encens........ 30 —
Bol d'arménie commune ou argile ocreuse rouge. 30 —
Myrrhe................ 30 —
Farine d'orge détrempée dans le vin.......... 8 litres.
Foie de porc rôti........ 100 grammes.
Ail.................... 100 —

On pourrait remplacer le croton par la recette de Florent dont nous parlerons ci-après.

Excellente amorce pour tous les poissons d'eau douce ; vous la jetterez une heure ou deux avant de pêcher.

Autre : Vieux fromage de Gruyère ou de Hollande :

85 grammes que vous broyez dans un mortier, avec
de la lie d'huile d'olive ; peu à peu vous y mêlez du
vin jusqu'à ce que vous obteniez une sorte de pâte que
vous parfumez avec quelques gouttes d'huile de rose ;
divisez en boulettes grosses chacune comme un pois.
— Bon pour tous les poissons d'eau douce. Jetez à
l'eau quelques heures avant la pêche.

Autre : Pain de croton bouilli et coupé, à jeter en
pêchant ; bon surtout pour les barbillons.

Autre : Gros blé poulard cuit avec du serpolet ou de
la cannelle : bon pour prendre brèmes, barbillons et
carpes.

Autre : Faites jeter un ou deux bouillons à de l'orge
ou à de l'avoine germée et grossièrement moulue ;
passez dans un linge et laissez refroidir. Bon pour les
brèmes.

Autre : Mélangez : mie de pain, chènevis, sang
caillé et crottin de cheval. Bon pour tous les poissons
blancs ; emploi, toute la journée.

Autre : Œufs de poissons durcis au soleil ou au four,
puis conservés dans un vase entre des lits de sel et de
laine ; coupez en morceaux qui s'emploient comme
esches et comme hameçons. Bon pour la blanchaille
(poissons blancs) et généralement pour tout poisson
de surface.

Autre : Laissez tremper, pendant environ 12 heures,
6 litres de fèves communes ; faites-les cuire ensuite à
demi avec 250 grammes de miel et 1 décigramme de
musc. Retirez, pétrissez et faites des boulettes à jeter
à l'eau, le soir, pour la pêche du lendemain matin.
Bon pour prendre les carpes.

Recette de Florent :

Sarriette des jardins..........	12 grammes.	
Origan ou marjolaine bâtarde..	12	—
Marjolaine vraie..............	12	—
Écorce d'encens..............	30	—
Myrrhe.....................	30	—
Bol d'arménie commune ou argile ocreuse rouge..........	30	—
Farine d'orge détrempée dans du vin....................	8 litres.	
Foie de porc rôti.............	100 grammes.	
Ail........................	100	—

Chaque dose doit être pilée à part, mêlée à du petit sablon ; après quoi, vous joignez bien les corps solides au moyen du vin. — Bon pour tous les poissons d'eau douce. A jeter une heure ou deux avant la pêche.

Autre, dite *recette hermétique* : Pilez ensemble ortie et quintefeuille (potentille) ; arrosez avec du suc de joubarbe ; frottez vos hameçons avec cette composition et jetez le marc à l'eau, le soir, entre 5 et 6 heures, ou le matin, mêmes heures. — Bon pour les carpes.

Autre : Pâte de chènevis et feuilles de mauve pilées ensemble. Vous descendez cette amorce au fond de l'eau dans un panier ou dans un sac. Bon pour les carpes et surtout pour les goujons.

Autre : Fromage et térébenthine mêlés jusqu'à consistance de pâte. A employer l'hiver, pour prendre les chabots de rivière.

Autre : Motte de gazon large comme une assiette ; attachez du côté de l'herbe de petits vers rouges avec du fil vert. Un cercle en bois empêche cette motte de se dissoudre trop vite par l'action de l'eau. — Bon pour chabots de rivière.

Autre : Boules de terre glaise souvent réunies à du crottin de-cheval, à des débris de viande de cuisine, etc. Bon pour prendre les jeunes anguilles remontantes et les barbillons. — A jeter la veille, au soir, ou dès le matin.

§ 3

APPATS ARTIFICIELS.

Comme on n'a pas toujours à sa disposition les insectes naturels (mouches, chenilles, hannetons, papillons, sauterelles, araignées, etc., etc. (1), il faut acheter des insectes artificiels chez un marchand bien assorti, ou les fabriquer soi-même. La couleur et la grosseur importent plus que la forme. Laissant de côté les classifications entomologiques, citons les insectes artificiels par les noms qu'ils ont reçus des pêcheurs et indiquons les meilleures heures pour les employer.

Mouche factice à la fin du jour.

Chenilles jaunes et vertes, papillons des genêts, sauterelles, le matin.

Le charançon par un temps sombre, par un ciel nuageux.

Le bilet par un temps lourd et orageux.

Le petit paon et la papette toute la journée, et, en particulier pour le saumon.

La mouche commune, à défaut d'autre appât artificiel, pour la carpe.

(1) Il est bien entendu qu'il faudra préférer les insectes naturels, toutes les fois qu'on pourra s'en procurer, aux insectes artificiels qui coûtent assez cher ou exigent une main un peu exercée.

La pêche de la truite demande quelques détails particuliers.

En janvier, vous préférerez les cousins artificiels ou tipules.

En février, la chenille très-velue.

En mars, la chenille des ronces, longue et de couleur fauve.

Au commencement de juin, la fourmi ailée que vous imiterez avec une petite plume noire de coq ou de poule ; dans la dernière moitié de ce mois, employez des cigales artificielles à corps gris et rouge, à ailes d'un gris clair.

En juillet, encore des cigales, mais dont vous modifierez un peu la parure extérieure en passant autour du corps des petits fils de soie jaune d'or.

En août, fourmis ailées (les ailes en plumes de faisan, le corps en plume de paon).

Pour imiter les chenilles, tordez des bouts de passementerie appelés chenilles (on en met autour des globes de pendule, etc.) ; donnez-leur un peu de consistance à l'aide de crin teint en jaune, en rouge, etc., ou bien, attachez ensemble des poils de chien, de lapin, etc.

Le corps des insectes artificiels se fabrique avec du camelot, de la moire, de la laine (la laine surnage) ; les ailes s'attachent avec du fil de soie croisé, etc; fil d'or ou d'argent au corselet, etc. Le corps de l'insecte ne couvrira que la branche la plus longue de l'hameçon, laissant libre la plus courte et le dard.

Le temps, et aussi l'habileté, nous ayant souvent manqué pour fabriquer nous-même toutes ces sortes d'appâts, nous nous sommes servi de préférence, et toujours avec succès, des mouches anglaises artificielles qu'on se procure maintenant facilement ; leur prix est un peu élevé.

Le black-gnat (petit cousin noir).

The alder fly (mouche à corps noir avec ailes rouges).

The blue dun (mouche enfumée sans ailes.)

The black hackle (mouche noire sans ailes).

The red hackle (mouche rouge sans ailes).

The mayflies (mouches de mai), the grey drake et the green drake (la première grise et la seconde verte).

The coachman fly (les mouches du cocher, ainsi nommée parce qu'elle fut inventée ou recommandée par un cocher, célèbre pêcheur à la ligne (corps noir avec ailes blanches).

The governor (corps brun, un point rouge à l'anus, ailes brunes).

The march Brown (corps brun, ailes brunes et queue longue; très-bonne en mai).

Hameçons dits *limericks*, montures fines pour le beau temps ; grosses montures pour un temps sombre. Pendant des mois entiers, et pour toutes sortes de pêches, nous nous contentions : du cousin noir et des mouches rouges, noires ou bleues ci-dessus indiquées.

CHAPITRE II

Instruments de pêche : Cannes, Lignes, Hameçons, Émerillons, Sonde, Bouchons ou Flottes, Plombs, Plioirs, Épuisette, Anneau à décrocher les lignes, Dégorgeoir, Harpeau.

DES CANNES, DES LIGNES, DES PLOMBS, DES HAMEÇONS, DE L'ÉMERILLON.

Les meilleurs bois pour les cannes à pêche sont : le bambou, le peuplier, le coudrier, le sapin, le saule, le cornouiller, le roseau de France, le noyer, le frêne, l'orme, le hicory.

Trois qualités essentielles : légèreté, flexibilité et force.

Une canne à pêche se compose de trois parties qui sont, en commençant par l'extrémité fine :

Le scion.

La seconde ou branlette.

Le pied de gaule.

Faisons connaître les cannes les meilleures et les plus employées.

La canne de campagne creusée se fait en bois de peuplier, de tremble, de marceau, de coudrier, de cornouiller ou de sapin. Les dimensions convenables sont : environ 0^m,10 de circonférence au gros bout de la gaule et seulement 0^m,3 au petit bout. Après avoir enlevé les aspérités qui marquent la naissance des branches ou des bourgeons, vous attacherez cette gaule sur une pièce de bois forte et droite et vous la ferez sécher dans un four encore chaud. Perçage au moyen d'un fil de fer pointu et rougi au feu : le scion aura 1^m,50 à 2 mètres de long et devra pouvoir entrer facilement dans la gaule (en présentant le petit bout le premier). On le fait d'ordinaire en épine noire, en coudrier, en orme, en troëne, en lilas, etc.

La canne de campagne pleine, est beaucoup plus lourde que la précédente. Le pied se fait en coudrier, en saule, en marceau, etc. ; il ne doit pas ployer; longueur environ 3^m,50 ; diamètre du plus gros bout, 0^m,035. La plus petite extrémité sera ouverte en *bec de flûte*. La *seconde* sera faite en coudrier de préférence à tout autre bois : longueur, 3^m,50, 4 mètres environ ; le scion en troëne aura 1^m,50 à 1^m,80 de longueur ; en épine noire, en lilas, en troëne, etc. Attachez solidement la seconde avec du fouet ciré et le scion avec du fil tors ciré. Vernis copal ou poix de cordonnier pour enduire les biseaux avant de les attacher.

Canne en sapin creusé. Sciez dans une planche de sapin du Nord, sans nœud et sans défaut, une tringle longue d'environ 4 mètres sur 0^m,055 de diamètre, creusez-la sur chaque face avec un bouvet ; retournez les deux moitiés creusées l'une vers l'autre ; liez-les avec du fil de fouet ; dans cette rainure vous pourrez introduire votre scion d'orme ou de coudrier d'environ 3 mètres de long, virole à la petite extrémité du pied de gaule ; lance au gros bout.

Canne en sapin plein. Coupez dans une planche de sapin du Nord, sans nœud et sans défaut, une tringle longue d'environ 4 mètres sur 0^m,035 de diamètre, abattez les angles à la varlope ou au ciseau ;

diminuez la grosseur à partir de $1^m,30$ du bas pour n'avoir plus au petit bout, que $0^m,015$ où vous fixerez, dans une entaille en biseau, un scion de coudrier ; forte ligature en fouet poissé et verni.

Canne Lambert ou à huit morceaux.

Vous creuserez, vous collerez, vous lierez les deux morceaux du pied de gaule (en noyer, en chêne, etc.), comme nous l'avons expliqué ci-dessus pour la canne en sapin creusé.

Le premier morceau aura $0^m,65$ de long ; vous ajouterez successivement l'un dans l'autre les 7 morceaux dont les longueurs suivent :

2e morceau......	en roseau...	1 mètre.
3e —	—	0,25
4e —	—	1
5e —	—	0,15
6e —	—	0,65
7e —	scion en épine noire..	0,80
8e —	— en bambou fendu ou en orme.......	0,50

Virole à l'extrémité de chaque morceau ; ligature aux contre-nœuds.

La grosseur des morceaux est calculée de manière qu'ils entrent les uns dans les autres. Chaque morceau sera établi à épaulement.

Cette canne a des avantages, mais elle n'est pas sans inconvénient : elle pèse trop ; nous ne comprenons pas pourquoi certains pêcheurs la préfèrent comme canne sédentaire ; dans ce cas, la gaule en sapin creusé nous paraît très-suffisante ; depuis bien des années nous nous en servons.

Canne rubanée ou canne Massas. C'est une canne

en roseau dont chaque morceau est entouré d'un ruban de coton, de fil ou de soie, roulé en spirale et bien
adhérent au moyen de la colle forte; la canne ainsi
préservée se fend rarement au soleil ; nous lui repro-
cherons seulement d'être un peu lourde ; on devrait
toujours percer avec un fil de fer, rougi au feu, les
pièces les plus grosses.

Canne de roseau. C'est la meilleure de toutes les
cannes, c'est la seule dont nous n'ayons jamais eu à
nous plaindre.

On peut la faire de 4 ou 5 bouts avec les combinai-
sons suivantes :

1° Canne à quatre bouts; donnez comme plus petite
longueur, 4 mètres ; comme plus grande longueur,
6^m,40.

Chaque bout ayant	1^m,00	Longueur	totale	4^m,00
—	—	1 ,10	—	—	4 ,40
—	—	1 ,20	—	—	4 ,80
—	—	1 ,30	—	—	5 ,20
—	—	1 ,40	—	—	5 ,60
—	—	5 ,10	—	—	6 ,40

2° Canne à cinq bouts :

Chaque bout ayant	1^m,00	Longueur	totale	5^m,00
—	—	1 ,10	—	—	5 ,50
—	—	1 ,20	—	—	6 ,00
—	—	1 ,30	—	—	6 ,50
—	—	1 ,40	—	—	7 ,00
—	—	1 ,50	—	—	8 ,50
—	—	1 ,60	—	—	8 ,00
—	—	1 ,70	—	—	8 ,50

Bons goujons de bois, épaulements.

Si le pêcheur veut nous en croire, il se contentera
toujours d'une canne de 4 mètres (longueur extrême,
pour la pêche à la surprise, même dans les circonstances les plus difficiles. Lance; moulinet.

Ce que nous venons de dire pour les cannes de
roseau à 4 ou 5 bouts s'applique aux cannes en
bambou peut-être préférables, mais cassantes et
coûteuses.

Les cannes de promenade composées de morceaux
creusés et rentrant les uns dans les autres peuvent
donner, en 4 ou 5 bouts, une longueur de 5 mètres.
Elles laissent souvent à désirer, le vrai pêcheur ne
s'en sert guère.

Cannes fixes ou dormantes. Nous dirons seulement
ici qu'on les fixe en terre sur une fourchette placée en
avant (du côté de l'eau) du moulinet et par un crochet
en bois ou en fer fiché en terre ; on retient solidement
le gros bout du pied gauche. Si l'on ne veut pas se
contenter de 4 ou 5 cannes fixes, mieux vaut alors
prendre des lignes à grelots.

LIGNES.

Les deux pièces les plus voisines de l'hameçon seront de deux crins, les deux pièces au-dessus, de trois;
les trois suivantes, de quatre et ainsi de suite, en
augmentant toujours le nombre des fils qui, par conséquent formeront un ensemble plus gros vers le scion
que vers l'hameçon. Vous teindrez votre ligne en vert
de préférence à tout autre couleur, en la trempant
dans le mélange suivant :

200 grammes de suie de cheminée, alun, suc de
feuilles de noyer dans un demi-litre de bière, faites
bouillir le tout et laissez refroidir; le séjour plus ou

moins prolongé du crin dans ce liquide, donnera une couleur plus ou moins foncée.

Ne tordez pas trop les fils ; préparez vos lignes en soie au vernis ou à l'huile grasse. Pour faire le nœud double, passez les bouts deux fois autour de la boucle et serrez fort.

Le crin de Florence, crin marin, lisson, racine, mors à pêche, etc., est un fil transparent, brillant, très-fort, quoique gros à peine comme le fil à coudre ordinaire : il peut porter, sans se rompre, un poids de 4 à 5 kilogr. C'est la matière que secrète le ver à soie pour filer son cocon. Pour l'obtenir, choisissez les plus beaux vers à soie prêts à monter et plongez-les dans un fort vinaigre blanc où vous les laissez tremper pendant 24 heures ; vous les retirerez et trouverez dans leurs corps le petit sac qui contient la matière à soie, matière assez semblable à la glu liquide ou à la gomme, vous l'allongerez doucement de manière qu'elle atteigne $0^m,30$. Vous la laisserez sécher et vous la conserverez en paquets dans un linge ou dans un papier huilés : un seul brin est aussi fort que douze crins de cheval réunis. Le crin de Florence jaune, ainsi appelé parce qu'il est fourni par des vers à soie à cocons jaunes, laisse beaucoup à désirer. Depuis les mauvais tours qu'il nous a joués à la pêche de certains gros brochets, nous avons toujours préparé notre lisson nous-même : c'est long et ennuyeux, direz-vous ? oui, mais les avantages dédommagent de la peine que l'on prend.

Nous teignons notre crin de Florence en le laissant macérer, pendant plusieurs jours dans une forte infusion chaude de café ou de thé ; ou bien pendant quelques heures, dans une solution d'acétate de cuivre (vert de gris), dans du vinaigre. Ce dernier traitement nous paraît avoir un inconvénient : il rend souvent la florence sèche et cassante. La soie doit être enduite d'un mélange d'huile siccative de couleur blanche et d'un peu de couleur verte ; couches successives à plusieurs jours de distance ; elle se vrille bien moins et dure beaucoup plus longtemps, grâce à cette préparation.

Le meilleur fil pour empiler l'hameçon est le fil de pite ou pitte fourni par la feuille de l'aloès (*agave americana*).

LES PLOMBS.

Pour plomber on se sert du plomb de chasse n°s 1, 3, 5 fixé au moyen d'une fente faite dans le sens du diamètre ; on met le premier plomb à $0^m,081$ au-dessus du point d'attache de l'empile sur la ligne et deux ou trois autres depuis le premier jusqu'au milieu de la longueur de l'empile.

D'autres plombs (pêche au plomb) de forme oblongue sont percés aux deux extrémités, de façon que l'une porte la ligne de bouée (qui flotte à la surface et indique la place de l'engin : l'autre porte une ligne de fond garnie de plusieurs empiles aux hameçons appâtés. Le nombre des empiles ainsi attachées est de un à six. Le faisceau d'empiles est préférable pour la pêche dans les rochers ; la bauffe suffit dans les autres cas. On appelle généralement *plombée* : 1° le plomb qui garnit la ligne à soutenir à la main ; 2° les corps pesants qui servent à faire *caler* les filets.

HAMEÇONS OU HAINS.—L'hameçon se compose : d'une *hampe* ou grande branche, d'un *coude* ou partie courbée, d'une *pointe* ou petite branche, acérée, munie

2.

d'une *barbe* relevée en sens inverse et destinée à retenir l'instrument dans la chair du poisson.

Les hameçons allemands et suisses coûtent bon marché, mais laissent fort à désirer ; nos hameçons français sont moins perfectionnés que les hameçons anglais qui passent, avec raison, pour être sans rivaux, au moins pour la pêche en eau douce ; car nos hameçons, pour la pêche en mer, sont dignes de tout éloge.

Outre les hameçons simples, il y a encore : 1° les *bricoles* ou hameçons doubles ; les uns à pointes tournées du même côté ; les autres à pointes dirigées en sens contraire ; 2° les *grappins* ou *hameçons triples ;* 3° les *émerillons,* les uns à boucle élastique formant *porte-mousqueton ;* les autres à deux branches fermées.

Les petits hameçons à palettes sont préférables aux autres, et nous nous sommes toujours bien trouvé d'employer même de gros hameçons à palettes pour la pêche de fond.

La trempe doit être calculée de telle façon que la branche ne se casse pas par excès d'aigreur. Pour *la pêche au coup*, nous n'employons que les hameçons sans palettes, et, de préférence, les limericks plus commodes pour l'empilage ; pour les cordées de la pêche de nuit, ou de fond, hameçons renforcés. L'hameçon à chas permet de faire remonter facilement les esches les plus molles.

On fabrique toutes sortes d'hameçons depuis les n°ˢ 00000,000,00,0 qui sont les plus forts jusqu'au n°ˢ 15 et 16, qui sont les plus faibles ; mais il ne faut pas trop se fier à ces numéros de séries, qui diffèrent selon les fabriques ; il devrait y avoir un étalon. Il faut donc *voir* ces hameçons et non les acheter sur l'étiquette de l'enveloppe.

Quelques auteurs établissent les grandes divisions suivantes :

Hameçons à palette ordinaires : minces, moyens ou renforcés.

Hameçons à palette ordinaires, courte queue : minces, renforcés.

Hameçons Limericks courbés, à palette.

Hameçons Limericks droits : avec ou sans palette.

Hameçons Limericks à courte queue, courbes, ronds : à palette ou sans palette.

Hameçons à palette communs : renforcés.

Hameçons à boucle communs : simples ou renforcés.

Hameçons étamés : simples, renforcés, carrés.

Hameçons étamés longue queue ou à maquereau.

BRICOLES : minces, renforcées, contournées.

GRAPPINS : acier bleu, acier blanc.

Indiquons encore : l'hameçon aiguille, pour la pêche du dard, de l'ablette, de l'ombre, du petit chevet, du saumonnet; en général pour tous les poissons de surface à petite bouche; hameçons à ressorts pour la pêche des brochets.

ÉMERILLONS.

Ce sont des clefs tournantes qui rejoignent les fils séparés d'une ligne. Les uns sont terminés par deux boucles fermées ; les autres ont à une extrémité une boucle fermée, et, à l'autre, une boucle faisant ressort comme un porte-mousqueton ; ces émerillons, tournant en tous sens, suivent les mouve-

ments du poisson pris ou de l'appât vivant, empêchent
la ligne de se vriller et de se rompre. Ils sont indispen-
sables pour la pêche du brochet, de l'anguille, de la
truite, de la perche; au *trolling*, au *passé* dans les remous, dans les cascades, près des moulins etc. Liga-
tures vernies. Les émerillons simples sont de 6 grandeurs; les émerillons doubles de 10 grandeurs; ils ont,
dans le commerce, des numéros analogues à ceux des
hameçons.

DES BOUCHONS OU FLOTTES.

Les flottes se font en bois léger (bambou, roseau.
liége), en écaille, en ivoire. Elles ont pour but de maintenir la ligne à la surface de l'eau, à distance convenable, selon la nature de la pêche, le temps et les
circonstances, il faut les plomber de façon que, la ligne étant dans l'eau, l'extrémité de la flotte soit toujours visible.

Les meilleures flottes sont :

Les flottes anglaises, demi-coniques,

Les flottes anglaises, bi-coniques en liége,

Les piquants de porc-épic (eaux tranquilles et profondes).

Les flottes en plume dans lesquelles le bouchon est
réduit à un double cône exigu, monté sur une grosse
plume de cygne bien étanche (ne prenant pas l'eau).

Les flottes pour la pêche du brochet.

Les flottes à pater-noster peintes en blanc, etc., très-
bonnes pour résister aux secousses des amorces vives.

Les flottes de liége, préférables dans les courants
rapides.

Les flottes anglaises en plume, les unes verticales, les
autres horizontales, avec deux coulants de plume en-

roulée de fil et qui servent à bien maintenir la ligne. Vous remarquerez que, quand le poisson mord, la flotte horizontale bascule au lieu de s'immerger; elle s'enlève facilement de la ligne où elle ne laisse que deux coulants qui s'arrêtent à un nœud des margotins et vous permet de pêcher aussitôt à la mouche, si une bonne occasion se présente : c'est aussi l'avantage que procurent la flotte en piquant de porc-épic et la flotte oblique en plume ordinaire.

On appelle encore *flottes*, les appareils légers qu'on attache à la tête des filets pour les faire surnager.

PLIOIRS.

Les plioirs servent à rouler les lignes, les ficelles. On place le dard de l'hameçon dans la partie concave du plioir ; la ligne fait un nombre plus ou moins grand de tours à plat dans les échancrures; deux coches arrêtent le bout.

Parmi les principaux plioirs citons :

Les plioirs à 4 ou 6 ailes, commodes, mais fragiles et tenant beaucoup de place.

Les plioirs plats à divisions verticales; variante perfectionnée des précédents.

Les plioirs en bois plat, en roseau.

Les plioirs en portefeuille fortifiés à leur centre.

Les plioirs anglais pour lignes de main; ce sont des plioirs tournants, très-commodes pour dévider les lignes quand on pêche dans une embarcation.

Ne mettez jamais votre ligne sur le plioir sans l'avoir bien séchée : l'humidité fait casser le crin et la soie.

L'ÉPUISETTE OU PUISETTE.

C'est une poche ou filet de 0m,30 à 0m,40 d'ouverture, montée sur un fort cercle de fil de fer, emmanché par une solide douille de cuivre à un roseau long de 1^m,50 à 2 mètres.

On s'en sert pour enlever le poisson dont le poids trop lourd ferait rompre la ligne.

L'épuisette perfectionnée se démonte : le cercle du filet est à vis dans la douille et se place en deux ou trois morceaux; les morceaux du manche rentrent l'un dans l'autre comme les morceaux des cannes de promenade.

L'ANNEAU A DÉCROCHER LES LIGNES.

Il sert à décrocher la ligne prise dans les racines, l'hameçon engagé entre les pierres ; il n'est guère utile que pour la pêche de fond dans des endroits peu connus. A la ligne ordinaire sans moulinet, un anneau sans charnières suffit : vous passerez dedans le gros bout de la canne et, dévidant la forte ficelle qui tient à l'anneau, vous le laisserez passer le long de la ligne; tirez ensuite sur la ficelle et vous ramènerez votre hameçon. Pour la canne à moulinet, l'anneau doit être à charnières : vous l'ouvrez et le refermez au-dessus du moulinet; vous repassez la corde dans les œillets qui correspondent aux deux queues et vous procédez comme pour l'anneau ordinaire ; l'anneau double se retire par l'hameçon. Diamètre de l'anneau, 0^m,08. Prenez-le armé de bons crochets.

LE DÉGORGEOIR.

C'est une petite fourche qu'on fabrique parfaitement soi-même avec les branches de fer qui soutiennent les baleines de parapluie. Faites descendre le bout fourchu de la tringle dans la bouche du poisson en suivant le fil de ligne ; tirez dès que l'hameçon est pris. La longueur ordinaire de cet instrument est de 0^m,10 à 0^m,15.

Le HARPEAU, sorte de grappin, armé de trois à quatre dents recourbées en crochets et pesant depuis 100 gr. jusqu'à 2 ou 3 kilogr., sert à retirer de l'eau des racines, des herbes aquatiques dans certains endroits où, sans cette précaution, on n'oserait pas jeter sa ligne, de peur de la briser.

CHAPITRE III

Des différentes sortes de pêches à la ligne : Lignes flottantes, Lignes de fond, Pêche au grelot, Moulinets, Pêche à la bouteille.

Les détails donnés sur les *lignes en général,* dans le chapitre précédent, nous dispensent de parler longuement ici des lignes flottantes : nous indiquerons seulement les principales manières de procéder.

Pour la pêche à la mouche naturelle (ligne volante), vous choisirez de préférence l'eau vive, dans le voisinage des ponts, des digues et des obstacles quelconques dominant les cours d'eau. Armée de quatre pièces de chacune 0^m,75, longueur totale, 3 mètres, la canne en bambou est la meilleure, grâce à son élasticité. La ligne se composera de deux parties : la première en cordonnet de soie ou en lin ; la seconde sera en florence tordue en trois, puis en deux, puis simple : longueur totale de 6 à 10 mètres. Pour la pêche aux

gros poissons, vous remplacerez la florence par 8 ou
16 crins bien tordus, mais en conservant toujours une
avancée en grosse florence ; le crin se casse moins au
soleil que la florence. Mouillez souvent votre *avancée*.

Pour la pêche au fil de l'eau, on se sert, au printemps, de la même ligne que pour la pêche à la mouche naturelle ; ferrez promptement en arrière, sans
brusquerie, dès que la lanière s'allonge.

La *pêche à rouler* se fait en bâteau sur les rivières
et les fleuves rapides et à eau claire. Laissez aller derrière vous une ligne longue d'environ 15 mètres (en
crin sur six brins) attachée à un jonc simple de 4 mètres, qui traîne dans l'eau ; un seul hameçon. Jetez
de temps en temps quelques poignées d'amorces : asticots, crottin de cheval, et avec, vous prendrez des
poissons de surface : vandoises, dards, chevesnes, etc.

De place en place attachez à votre ligne des plombs
fondus qui la maintiennent bien entre deux eaux. —
En été toute la journée.

Pêche à la turlotte ou Trolling. — Vous monterez une
bricole sur un fil de laiton long de $0^m,20$; puis vous
ferez un cornet de carton épais et fort, long de $0^m,08$
et percé d'un trou de la grosseur d'un tuyau de plume
d'oie ; à travers le cornet passera le chaînon portant
l'hameçon ; on l'y fixe avec du plomb fondu versé dans
le cornet ; la queue de l'hameçon reste cachée. Dans
une douille en fer, longue de $0^m,15$ on passe, par un
bout, la canne à pêche, et, par l'autre on passe la
ligne à l'aide d'un anneau. Un goujon servant d'a-
morce recouvrira tout le plomb et sera attaché sur
l'empile avec du fil. L'amorce ainsi fixée, passez par
l'anneau de fer qui termine la douille (à l'extrémité de
la canne) le bout de la ligne longue de 18 à 20 mètres

et entortillé sur un morceau de bois que vous tiendrez de la main gauche, et au moyen duquel vous donnerez ou vous retirerez de la ligne, car la ligne est indépendante de la canne tenue de la main droite : truite, brochet. Cette sorte de pêche s'appelle en Angleterre *trolling*.

La *pêche à la volée* se fait souvent en bateau en se laissant aller à la dérive ; on lance sous les branches des arbres qui bordent les rives une ligne amorcée d'un grillon, d'un hanneton, d'une cerise, etc. : on prend de cette façon des chevesnes, des brochets encore jeunes ; etc.

A la *pêche à fouetter*, on se sert d'une ligne très-légère, à brin très-peu visible ; le haut aura six crins, et se terminera par deux ou même par un crin, si vous êtes sûr de votre coup de main. Longueur totale : 6 ou 7 mètres ; six hameçons, espacés de $0^m,25$; ni flottes, ni plombs. Roseau long de 6 mètres ; asticots bien vifs. Vous choisirez des endroits de $0^m,80$ de profondeur pour prendre les ablettes, mais il vous faut plus d'eau si vous désirez rencontrer de plus grosses pièces. Jetez des amorces de temps en temps. En résumé, on peut diviser les lignes flottantes en :

Ligne courte : au coup et au vif ;

Ligne longue : à fouetter et à rouler ;

Ligne à la volée : à l'amorce artificielle, à l'insecte naturel ; — au fil de l'eau, à la surprise.

La ligne à goujons n'est pas un engin particulier ; elle sert non-seulement pour prendre ce poisson, mais encore pour la pêche de tous les poissons de fond, de petite et de moyenne dimensions : elle supporte au moins deux hameçons, le premier du n° 10, le second du n° 12.

Pour empêcher les hameçons de retomber sur le corps de la ligne et de s'y emmêler, nous employons, de préférence à tout autre moyen, le système dit *pater-noster* d'origine anglaise. Son nom lui vient sans doute des perles ou rouleaux employés dans sa construction : ces perles, d'ivoire, d'os, etc., ressemblent assez au grains cannelés qui séparent les dizaines

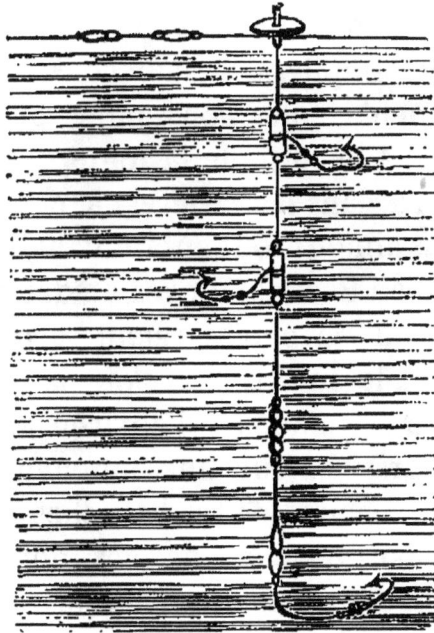

Fig. 1. — Pater-noster.

d'un chapelet. Les pater-noster se trouvent tout faits chez les marchands ; il n'est pas difficile d'en confectionner soi-même dès qu'on en a vu un.

Nous ne pouvons décrire ici cet engin ; disons seulement qu'il est utile de le soutenir par des postillons allant du bouchon flottant (horizontalement au-dessus de la ligne verticale et du pater-noster plongé dans l'eau) à la canne et au scion ; sans quoi la ligne entrerait elle-même dans l'eau et, par son poids, ramènerait le jeu au bord.

Dans certaines lignes à pater-noster on peut aussi attacher verticalement les hameçons sur un fil flottant horizontalement dans l'eau; c'est l'inverse de la figure dessinée ci-dessus.

Si la ligne à goujon était trop faible pour porter les divers petits plombs nécessaires à arrêter les perles, il faudrait faire des nœuds plus solides et employer des soies de sanglier qui, ne ployant pas sous l'eau, tiennent isolées les empiles des hameçons.

Ces instruments sont bons pour pêcher dans les grandes crues, à la suite de la fonte des neiges, après un orage, etc.; dans les rivières à courant calme, à fond uni, nous aimons tout autant la balance à goujon, très-employée en Beauce. Ployez en deux un morceau de fil de fer ou de cuivre recuit, gros comme une épingle; passez-le sur un clou pour le tordre en double jusqu'à une longueur d'environ 0^m,15, écartez alors chaque branche sur une longueur de 0^m,15; à l'extrémité de chacune de ses branches faites une petite boucle; dans chacune de ces boucles passez la boucle d'empile d'un hameçon limerick n° 12, monté sur une florence de 0^m,10 de long. Vos deux hameçons, ainsi tenus à distance, ne pourront s'emmêler et traîneront doucement sur le fond de sable. Cette balance, de fabrication facile et peu coûteuse, forme un engin de 0^m,40 de long très-convenable, non-seulement pour la pêche des goujons, mais encore pour celle des perches et de tous les poissons de fond de moyenne ou de petite dimension.

LIGNES DE FOND.

Pour la pêche de fond, dite *à soutenir*, on se sert

d'un scion de baleine sur lequel on attache une forte ligne ; le plomb se place à 0ᵐ,40 de l'hameçon ; amorcez avec des vers à queue de rat, des vers de vieux fromage de Gruyère ou de Hollande. Tirez avec force.

La pêche *dans les pelotes* consiste à envelopper l'hameçon et le plomb dans une pelote de terre glaise (jaune ou rougeâtre de préférence à l'argile bleue ou verte souvent trop compacte) et à bien la garnir de vers. Le plomb sera à 54 centimètres de l'hameçon. Bon système pour prendre les truites, les perches, les brèmes, les barbeaux, les lottes, les anguilles, les carpes, les gardons, les vandoises, etc., dans les eaux à courant moyen, à fond sans herbe. Par les nuits sombres.

Pour la *pêche au grelot* ou *à la main*, la pelote pourra être forte ; mais, pour la pêche à .a canne, il ne faut pas que cette pelote dépasse la grosseur d'une noix ordinaire.

Le poisson attaque-t-il coup sur coup ? c'est un gros gardon ou une chevesne. Hésite-t-il ? c'est une carpe, une anguille ou une lotte. Un coup brusque et franc indique la truite de fond. Si la ligne se détend, au lieu de tirer, c'est une brème ; au pêcheur d'en conclure, selon les cas, les meilleures manières de ferrer.

Les *jeux* peuvent être posés le jour comme la nuit, en permettant au courant d'emporter le corps de ligne et de le développer dans sa longueur.

Ce sont de petites cordées auxquelles les hameçons restent attachés. Le corps de la ligne se fait en fouet de lin, en soie bien dévrillée, en crins tordus par paquets de douze et en florence double tordue.

Vous placerez sur vos cordées de 6 à 18 hameçons montés sur empiles de florence de 7 à 10 centimètres de longueur et tenues au corps de la ligne par de petites boucles espacées de 40 à 50 centimètres l'une de l'autre (avec nœuds de pêcheur).

Les plombées, ayant de petites lames de plomb en forme de gouvernail, pèsent de 250 grammes à 6 'ou 7 kilogrammes.

Hameçons n°s 1 à 3 pour les gros poissons, sur corps de ligne en fouet de soie ou de lin ; hameçons n°s 4 à 9 sur la maîtresse ligne en crin avec simples nœuds en crin, sans boucles à demeure dans ce cas.

Esches suivant la saison ; — en été, vers rouges, fromage de Gruyère ; — en automne et au printemps, en eau froide, rate, viande cuite ou crue, etc., etc.

Quelques jeunes esches au vif pour prendre les anguilles. Examinez souvent les pointes de vos hameçons.

Profitez des eaux troubles, des crues subites.

LES TRAINÉES, CORDEAUX DE NUIT, GRANDES CABLIÈRES.

On appelle câblières (1) des pierres qui servent à retenir au fond de l'eau douce ou de la mer les cordes dites *appelets;* elles prennent plus particulièrement le nom de *pariaux*, quand il s'agit de *pêche* en eau douce ; nous aimons mieux remplacer ces pierres par des plombs disposés le long de la *bauffe* ou maîtresse corde ; mais nous les attachons à une corde de *bitord* aussi facile à enlever que les empiles ordinaires, au moyen d'une demi-clef ; de cette façon les filets peuvent se sécher tout aussi bien que si l'on avait mis à la bauffe des pierres ordinaires. Les câblières remplacent souvent les plombs de jeux ; on les emploie aussi

---

(1) Nous n'avons pas cru nécessaire de séparer ici les détails relatifs aux câblières de mer des détails qui concernent les câblières d'eau douce ; c'est le même système avec des différences de grosseur, etc.

quelquefois à la place des plombs pour le libouret l'arbalète, l'archet et le pater-noster.

L'engin principal des grandes câblières (pour la mer) est une ligne de fond composée :

1° D'une bauffe, ou maîtresse corde, en chanvre, dévrillée et tannée soigneusement ;

2° De deux fortes pierres ou câblières servant à faire caler la ligne ;

3° D'hameçons empilés et attachés sur la bauffe à 1 mètre 50. ou 2 mètres d'écartement ;

4° De petites pierres ou câblières servant à équilibrer la ligne sur le sable ;

5° De corcerons servant à alléger cette même ligne : sans leur aide, elle s'enfoncerait dans la vase ou dans les plantes aquatiques ;

6° D'un crin muni de sa bouée pour savoir toujours où est l'engin.

En rivière, quand on tend la traînée au milieu de l'eau, on amorce les hameçons avec du fromage de Gruyère ; au bord de l'eau, avec de petits poissons, des vers de terre.

Tendez et relevez vos traînées en suivant le courant de l'eau.

On est deux pour cette pêche : l'un des hommes tient la traînée, l'autre conduit la barque.

On laisse la traînée pendant la nuit ; on la relève avant le jour ; on détache les hameçons l'un après l'autre ; on fait sécher la corde et les empiles.

Quelquefois on est forcé (dans un courant rapide) de fixer sa traînée par un pieu ; il ne faut pas laisser voir ce pieu aux autres pêcheurs.

La pêche au grelot n'est autre chose que la pêche dans les pelotes ou pêche à soutenir ; seulement la ligne,

en se dévidant, ébranle, à chaque tour qu'elle fait sur
le plioir, une petite vis qui, par sa rotation, met en
mouvement un grelot : il y a le grelot horizontal et le
grelot vertical.

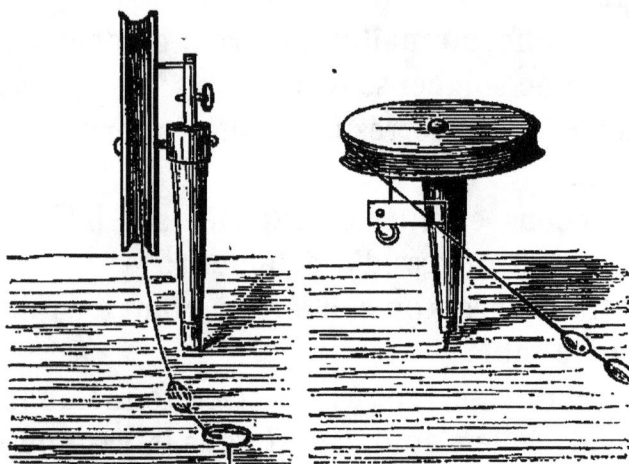

Fig. 2. — Grelot vertical. Grelot horizontal.

Les moulinets les plus employés sont :
Les moulinets simples ;
Les moulinets multiplicateurs.
Nous préférons, dans la plupart des cas, les premiers
aux seconds.
La meilleure manière de faire les moulinets sur les
cannes est le système Montaignac : glissière en cuivre
attachée par des vis sur la canne et portant deux coulants en demi-bague.
D'autres moulinets se fixent au moyen d'un goujon
qui traverse la canne dans son épaisseur; il est retenu
par une forte vis à tête. D'autres, enfin, sont montés
sur un ou deux cercles de cuivre à ressort et à vis
comme ceux qui serrent les goulots de bouteille d'eau
de seltz ou les becs de clarinettes.

Lier simplement son moulinet avec du ruban de fil, c'est s'exposer à le voir souvent se déranger.

La *bouteille* se fait en verre blanc : 1° en forme de carafe commune, avec fond conique saillant à l'intérieur; mais on brise ce cône à son sommet, afin que les aspérités du verre empêchent le poisson de ressortir une fois qu'il est entré; on ferme le goulot avec un morceau de canevas, ou bouchon de paille, ou un bouchon de liége avec entaille en longueur; descendez doucement la bouteille au fond de l'eau à l'aide d'une corde attachée au goulot; amorce à l'intérieur : mie de pain, etc.; le goulot doit être tourné en amont et dans la direction du courant; 2° en forme de grand cylindre avec entonnoir rentrant à chaque extrémité; le goulot de sortie des poissons pris est sur le côté au milieu de la longueur.

Cette seconde forme de bouteille est préférable dans l'eau à courant faible. En été, on prend par ce moyen : goujons, vérons, petites ablettes, etc.

SECTION II

CHAPITRE IV

Fabrication des filets : instruments employés à leur fabrication. — Nœud sur le pouce ; nœud sur le petit doigt. — Des différentes sortes de mailles. — Principales espèces de filets.

Un filet étant tendu verticalement, on nomme *tête* le bord supérieur et *pied* le bord inférieur.

La *tête* du filet est souvent bordée d'une corde garnie de morceaux de liége, nommée *flotte*, et le *pied* d'une autre corde garnie de balles de plomb percées, que l'on nomme *plombée*.

On donne le nom de *levure* au premier rang de mailles ou demi-mailles par lesquelles on commence un filet ; *lever* un filet, c'est en former la *levure*, c'est-à-dire le commencer ; *poursuivre* un filet, c'est continuer à faire les mailles.

Les *accrues* sont des boucles qu'on fait servir de mailles pour donner au filet plus d'étendue.

Les *mailles doubles* se font en mettant sur le moule deux fils au lieu d'un. On emploie les *mailles doubles* pour faire un goulet dans un verveux.

3.

Le *goulet* est l'embouchure en forme d'entonnoir des filets ou verveux, au moyen de laquelle le poisson entre aisément et ne peut plus sortir.

Monter un filet, c'est le garnir de ses cordes, flottes, etc.

Coudre un filet, c'est en joindre deux ou plusieurs ensemble de la même espèce, pour en former un grand.

Border un filet, c'est l'entourer d'une corde qu'on attache de distance en distance avec du fils retors. Cette corde fortifie le filet.

Enlarmer un filet, c'est le border d'une espèce de lisière formée de mailles plus ou moins grandes et faites avec de la ficelle.

Un inconvénient des filets à mailles en losanges est qu'ils changent beaucoup de forme, suivant qu'on les tire dans un sens ou dans un autre.

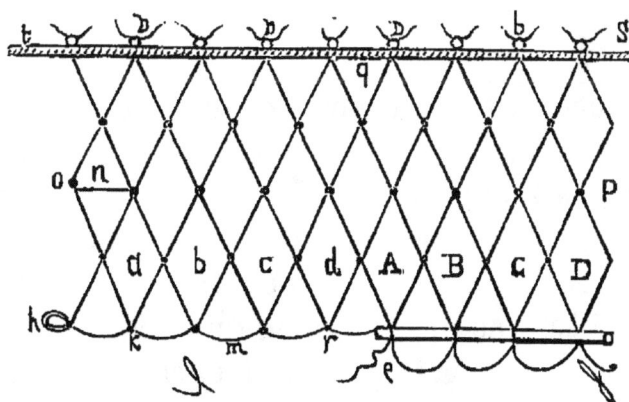

Fig. 3.

On conserve leur forme régulière en passant une corde *st* (fig. 3) dans toutes les mailles, et les assujettissant sur cette corde avec un bon fil retors, comme

on le voit aux endroits D, D, *b*. C'est ce qu'on appelle
border un filet.

Pour augmenter l'étendue d'un filet dans un sens
ou dans un autre, on fait des boucles, fausses mailles,
ou mailles volantes appelées accrues.

La figure 4, qui représente un filet à mailles carrées,
fera concevoir cette opération.

La file des mailles n° 3 se terminerait en B, s'il n'y
avait point d'accrue ; mais, attendu que l'on passera

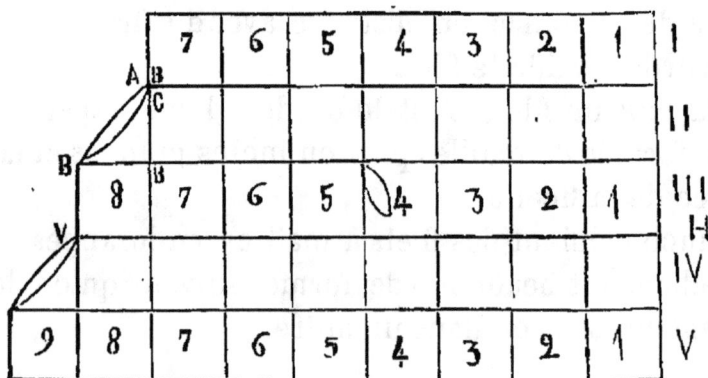

Fig. 4.

le fil dans l'accrue comme dans une maille et qu'on fera
le nœud en B, au bas de l'ovale ABCB, la rangée des
mailles sera prolongée jusqu'à B, et la file n° 3 sera de
huit mailles, au lieu que la file n° 1 n'était que de sept.

Si l'on ménage une pareille accrue en V, la file de
mailles n° 5 sera de neuf, au lieu que celle n° 1 n'é-
tait que de sept, et la largeur du filet sera augmentée
de deux mailles.

On peut maintenant concevoir comment, au moyen
des accrues, il est facile d'élargir un filet tant qu'on
veut, car on forme plusieurs accrues dans une file de
mailles et on augmente le nombre proportionnelle-

ment à celui des accrues. Il est évident que si, en formant la file de nœuds à la lettre V, on avait passé
l'aiguille dans l'accrue 5, et qu'on l'eût arrêtée par un
nœud, la file des mailles aurait eu neuf mailles au lieu
de huit.

Il y a une autre façon de faire des accrues, au
moyen de laquelle on augmente le nombre des mailles, et par conséquent la largeur du filet, à la rangée
même où l'on forme l'accrue. Pour cela, on fait
comme à l'ordinaire la maille *ab* (fig. 5).

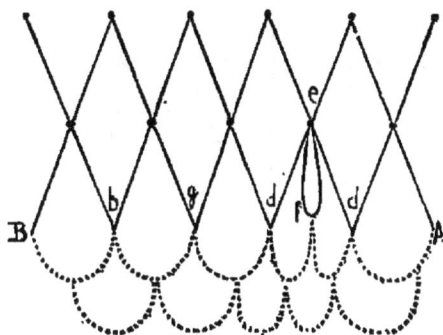

Fig. 5.

Si l'on suivait la marche commune, on irait faire
un nœud en *d* ; au lieu de cela, et pour former l'accrue, on porte le fil jusqu'au nœud d'une maille de
rang plus haut *e* ; on n'y fait pas de nœud, on passe
seulement le fil dans une des jambes de la maille *e* ; on
le descend jusqu'en *f*, où l'on fait un nœud sur le
pouce, et ensuite le même fil va s'attacher en *d* à gauche, etc. Les autres mailles *d, g, b* se font comme à l'ordinaire. On voit que la file de mailles A B est augmentée
d'une maille, ainsi que tous les rangs qui suivront.

COMMENT ON DIMINUE LA LARGEUR DES FILETS.

Il est bien plus aisé de diminuer la largeur des filets que de l'augmenter, puisque le rétrécissement se fait (fig. 6) en comprenant deux mailles dans un même

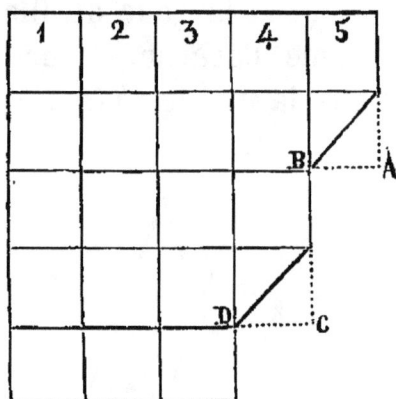

Fig. 6.

nœud, par exemple, l'angle A de la maille placée sous celle n° 5, avec l'angle B de la maille suivante. La largeur du filet sera ainsi diminuée de la quantité AB ; alors les fils de ces mailles seront doubles, ce qui n'est sujet à aucun inconvénient, et le nombre des mailles de la file où on en aurait réuni deux sera diminué d'une : il en sera de même à l'angle ponctué C, qui se trouve réuni à celui D. Il est clair qu'on parviendra ainsi à diminuer peu à peu la largeur d'un filet, sans faire de difformité sensible. On peut retenir des mailles au milieu des rangées comme sur les bords.

Le *filet* se commence par la levure, et comme il se raccourcit de moitié quand les mailles sont ouvertes pour le faire de la grandeur que vous le désirez, il faut

que la levure soit deux fois aussi longue. Quand elle
est faite, on y passe une ficelle, on en noue les
deux bouts ensemble, on met la ficelle à un clou, et
on travaille son filet.

On doit aussi avoir soin de faire le *filet* d'un quart
plus long que la mesure fixée ; car il se raccourcit
considérablement en l'ouvrant.

Quand on veut *enlarmer* un *filet*, on prend une ficelle de la grosseur proportionnée au fil dont il est
composé ; on la passe dans toutes les mailles d'un des
bouts du *filet*, on en noue ensemble les deux bouts, et
on les met à un clou : on prend ensuite le bord du
filet ; on attache une ficelle à la première maille d'en
haut ; à 15 centimètres plus loin, on passe la
même ficelle dans la maille suivante, en descendant,
et on fait un nœud pour l'arrêter : on continue cette
même opération à la troisième maille, et de là jusqu'au bout du *filet ;* c'est au travers de cette ficelle
ainsi nouée de 15 centimètres en 15 centimètres, qu'on passe la corde qui doit faire jouer le
filet : au reste, il n'est pas d'une nécessité absolue que
la distance qu'on observe soit exactement de 15 centimètres : on se conforme autant qu'on peut à la
longueur et la largeur du *filet ;* les *filets*, et surtout les
rets saillants ne s'enlarment jamais que de côté.

Si l'on veut faire un *filet* avec des goulets ou diverses entrées, on maille à l'ordinaire, et quand on est
parvenu à la place du goulet, on y fait un rang de
mailles doubles.

On fait quelquefois de *fausses mailles* ou *accrues* (1) ;
on s'en sert pour les *filets* ronds qui sont plus étroits

----

(1) Nous en avons parlé ci-dessus.

à un bout qu'à un autre, et pour ceux qui se font en mailles carrées.

Les *filets* faits en mailles carrées sont meilleurs pour l'usage que ceux qui sont à losanges.

Les *filets* à bouclettes sont moins utiles; on les fait de mailles à losanges, et on met des bouclettes à toutes les mailles supérieures : ces bouclettes sont de fer et de cuivre, et doivent être assez grandes pour y passer le petit doigt, ou une corde de moyenne grosseur.

C'est peu de savoir faire un *filet*, il faut encore savoir le conserver ; et le meilleur secret qu'on puisse donner sur ce sujet est de le faire teindre ; non-seulement il dure alors davantage, mais il épouvante moins le gibier et le poisson.

Il y a trois sortes de teintures qu'on peut employer pour colorer les *filets*. La première et la plus commune est celle de la feuille morte ; on la fait avec du tan, ou de l'écorce de noyer; voici la composition de cette dernière teinture. On prend l'écorce de quelques racines de noyer ; on la coupe par morceaux de la grandeur de deux doigts : on la fait bouillir dans l'eau pendant une heure ; on place ensuite les *filets* au fond du vaisseau, en rapportant par-dessus tous les morceaux d'écorce, et on les laisse tremper vingt-quatre heures dans cette teinture ; on les retire ensuite, on les tord, et on finit par les étendre, afin de les sécher.

Une autre teinture, d'un jaune sale, se fait avec l'herbe qu'on nomme *Chélidoine :* on la prend à poignée, on en frotte le *filet* partout, comme si on le savonnait, et quand il est sec, il est de la couleur de l'orange.

La teinture ne suffit pas pour conserver des *filets :*

il faut encore d'autres précautions ; quand ils sont mouillés, il faut se hâter de les étendre à l'air pour les faire sécher ; il faut éviter aussi de les laisser dans les chaleurs de l'été au fond de l'eau une nuit entière : l'air les attendrit alors et les dispose à se rompre aisément ; il n'en est pas de même des saisons fraîches où on peut les laisser deux nuits dans l'eau impunément.

Il ne faut jamais manquer de laver les *filets* qu'on destine à la pêche, quand on les retire de l'eau, surtout quand ils y ont passé la nuit : ils y amassent une espèce de crasse qui les ronge peu à peu, comme la rouille ronge le fer.

Les *filets* doivent être suspendus en l'air, au milieu d'un bois, et non proche d'un mur, pour éviter les coups de dents des souris : il faut aussi se hâter de les rhabiller, dès qu'il manque la moindre maille : un peu d'attention prolonge singulièrement leur durée.

Quoiqu'on fasse certains filets avec des fils très-fins, on n'y emploie presque jamais des fils simples ; pour que ces filets se soutiennent et qu'ils durent, ils doivent être faits avec du fil retors.

Il faut, en plus, de solides petites cordes d'environ 0^m,33 de longueur, appelées ainards et dont les pêcheurs se servent pour attacher la tête du filet sur une corde qui forme une bordure, ou, en terme de marine, une *ralingue*. Les seines et les manets en ont surtout besoin.

Il faut encore de la ganse fine ou varretée pour joindre ensemble plusieurs pièces de rets qui doivent former, par leur réunion, une pièce complète de seine, etc.

Il n'est pas aisé de mesurer exactement en centi-

mètres ou en millimètres l'ouverture que doit avoir
chaque espèce de filet; aussi les pêcheurs ne suivent-ils
pas cette méthode: ils comptent souvent par ourdes
et par pans.

Les filets étant d'un tissu trop lâche pour que les fils
puissent se maintenir dans la position réciproque
qu'ils doivent avoir par le seul entrelacement, il a été
nécessaire d'arrêter les fils les uns aux autres, en faisant des nœuds dans tous les endroits où ils se croisent;
il faut que toutes les mailles d'un filet soient d'une
grandeur déterminée. Voici les outils qui sont nécessaires pour le travail des filets:

Des ciseaux de moyenne grandeur; ordinairement
les pêcheurs les prennent ronds par l'extrémité des
lames, afin de pouvoir les porter dans leurs poches
sans étui et sans courir risque de se blesser.

Des aiguilles de différentes grandeurs, en bois léger, en fusain, en saule, en peuplier. Elles se terminent
en pointe par un bout, où elles forment un angle
aigu: il faut que la pointe soit mousse et que toutes
les parties de l'aiguille soient arrondies pour qu'il n'y
ait point d'arêtes qui endommagent le fil. Les aiguilles
sont évidées à jour dans une certaine portion de leur
longueur, et l'on ménage, au milieu de cette partie
évidée, une baguette qui ne s'étend pas jusqu'au bout:
beaucoup de pêcheurs la nomment *languette;* quelquefois on la ferme avec une broche de fer.

L'extrémité de l'aiguille opposée à la pointe est
fourchue; elle a une entaille appelée *coche* ou *talon.*

Pour charger ou couvrir les aiguilles, prenez un
peloton de fil ou de ficelle, et mettez-en le bout sur
l'aiguille; posant le pouce de la main gauche dessus,
et tenant le reste du fil de la main droite, vous le

passerez par l'ouverture, pour en faire deux tours sur le tenon de l'aiguille ; après quoi, nouez le fil dans la coche et tournez l'aiguille de l'autre côté pour faire passer le fil sur le tenon par l'ouverture; puis remettez-le dans la coche pour faire passer encore ce fil, et continuez de même jusqu'à ce que l'aiguille soit assez chargée.

Toutes les fois qu'on voudra faire passer ce fil dessus le tenon, il ne faudra que le pousser du pouce : la pointe du tenon sortira, ce qui donnera la facilité de passer le fil par derrière, sans le mettre en double dans l'ouverture de l'aiguille.

Quelques personnes trouvent plus commode de tourner l'aiguille de la main gauche, plutôt que de remonter le *fil* tantôt par devant et tantôt par derrière l'aiguille.

On a aussi un morceau de bois qui porte à chacun de ses bouts un crochet : on le nomme *valet*. Quelques mailleuses s'en servent pour tenir le filet tendu.

DES MOULES.

Afin que les mailles soient d'une grandeur uniforme, on les travaille sur un morceau de bois rond ou plat qu'on appelle *moule*.

Pour faire les mailles qui ont peu d'ouverture, on se sert de moules cylindriques ou d'une petite règle de bois. Si les mailles sont grandes, comme celles du tramail, les moules cylindriques seraient trop gros pour être tenus entre les doigts ; c'est pourquoi on les fait avec une petite planche ayant à un de ses bouts un où deux petits talons pour empêcher le fil de couler sur les moules ; car le fil qui doit faire les mailles enveloppe ici le moule suivant la longueur.

Ces sortes de moules se tiennent entre le pouce et le doigt index de la main gauche.

La circonférence des mailles d'un filet est le tour de son moule, dont le quart donne la grandeur d'un des côtés de la maille.

Les *mailles doubles* se font en mettant sur l'aiguille deux fils au lieu d'un ; ce qui fournit le moyen de détacher un filet d'un autre, comme quand on veut faire un goulet dans un verveux.

Enlarmer un filet, c'est le border d'une espèce de lisière formée de grandes mailles qu'on fait avec de la ficelle. Il y a des lisières qui ont assez de largeur et qui sont faites de mailles une fois plus grandes que celles du filet; elles ne servent que pour fortifier le filet. D'autres lisières sont étroites et forment de très-grandes mailles : elles servent à recevoir une corde qui, y étant passée, remplit l'office d'une tringle de rideau ; dans ce cas, les mailles servent d'anneaux.

En Provence, on appelle *chape* une espèce de galon dont les mailles sont d'un fil plus fort que celui du filet.

Monter un filet, c'est le garnir de cordes et apparaux qui le mettent en état de servir.

On nomme *corde* ou *aussière* celle qui est formée de plusieurs faisceaux de fils réunis les uns aux autres ; et *corde câblée* ou *en grelin* celle qui est formée de plusieurs aussières réunies ensemble.

DES DIFFÉRENTES FORMES DE MAILLES.

On fait deux sortes de mailles :

Les unes sont carrées ;

Les autres en losange.

Quand les filets à mailles carrées sont tendus, tous les fils qui forment les mailles sont parallèles entre eux, et aussi parallèles à la tête, de sorte que tous représentent comme un damier.

On peut faire les tramails en mailles carrées, ou en mailles en losange.

DES NŒUDS.

Il y a deux façons d'exécuter les nœuds :

L'une se nomme *nœud sur le pouce*.

L'autre se nomme *nœud sous le petit doigt*.

Pour faire le nœud sur le pouce, il faut passer dans un clou à crochet un bout de ficelle qu'on noue pour en former une anse. On passe dans cette anse le fil avec lequel on veut faire le filet ; on forme avec ce fil un nœud simple qu'on ne serre pas jusqu'auprès de la corde, mais on s'arrête à une distance proportionnelle à la grandeur qu'on veut donner aux demi-mailles par lesquelles doit commencer le filet. Souvent les laceurs font les demi-mailles qui commencent la tête sans se servir du moule ; et l'habitude qu'ils ont contractée par un long usage fait qu'il leur donnent une grandeur assez uniforme. Mais le mieux est de les faire sur un moule, en assurant ce nœud simple par le nœud sur le pouce.

Pour faire le nœud sous le petit doigt, supposons qu'il y ait déjà des demi-mailles de faites : on tient le moule entre le pouce et le doigt index ; de sorte qu'un des bouts du moule s'appuie contre le pli que le pouce fait en s'articulant avec la main et que l'autre bout du moule excède un peu le doigt index.

Supposant le moule saisi, on passe d'abord le fil par

dessus ; on le rabat sur l'extrémité du pouce ; ayant
détaché le quatrième doigt des autre doigts, en le por-

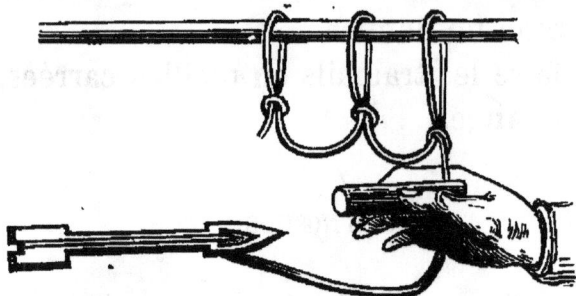

tant un peu en avant, on descend le fil pour le passer
par-dessous et derrière ce quatrième doigt ; et, continuant la révolution du fil, on le remonte derrière le

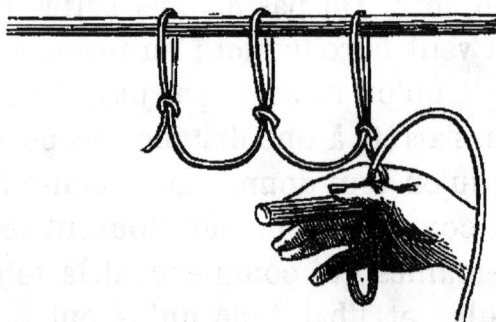

Fig. 7 et 8. — Nœud sur le pouce ; nœud sous le petit doigt.

moule, entre le moule et l'index ; puis on le rabatsur
le moule pour l'engager entre le moule et le pouce.
Après quoi, on fait décrire à ce fil une ligne circulaire, passant par dessus l'anse de corde ou les demi-
mailles ; enfin on descend le fil derrière tous les doigts,
pour le passer derrière ou sous le petit doigt.
    Ayant une aiguille chargée de fil et un moule pro-
portionné à la grandeur que doivent avoir les mailles,

on tourne une ou deux fois le fil autour du moule;
on noue ensemble les deux bouts, et ayant retiré le
moule, on a une anse de fil qui servira, si l'on veut, à
faire la première maille A (fig. 9), et qu'on passera

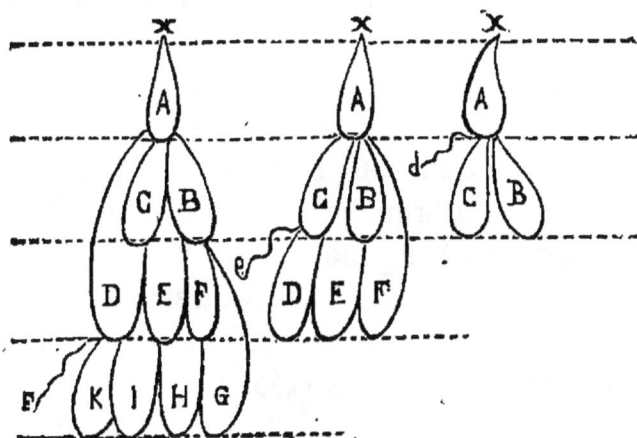

Fig 11, 10, 9.

dans le clou à crochet, etc.; ensuite on posera le
moule sous cette maille, pour en faire une autre B qui
sera la première maille du second rang; et sans l'ôter
du moule, on fera une accrue C. Cette accrue tiendra
lieu d'une seconde maille au second rang; d (fig. 9)
est le fil qui servira à faire les mailles du troisième
rang.

On retire le moule de ces deux mailles, et on retourne le filet pour faire le troisième rang; on pose le
moule sous l'accrue C, et on forme une maille D, qui
a deux branche fort inégales (fig. 10), attendu que,
passant du nœud qui est au-dessus de l'accrue et
ayant enveloppé le moule, le fil remonte et forme la
branche courte, qui va s'attacher par un nœud au-
dessous de l'accrue C. Sans changer la position du

moule, on procède à une autre maille E, qui va s'attacher au bas de la maille B du second rang, et le moule restant toujours dans la même position, on fait ensuite une accrue F. Au delà, on voit en *e* le bout du fil qui doit former les mailles suivantes.

Ayant retiré le moule de ces mailles, on retourne le filet, et pour former les mailles du quatrième rang, on pose le moule sous l'accrue F (fig. 11); on y fait une maille G, à branches inégales, plus une seconde H, une troisième I, et une accrue K : *f* est le fil qui servira pour faire les mailles suivantes.

On continue à faire les mailles dans le même ordre, terminant toutes les rangées par une accrue sur la droite, ce qui augmente d'une maille la largeur du filet. Quand on est parvenu à la moitié de toute la longueur que le filet doit avoir, au lieu d'augmenter la largeur du filet, il faut la diminuer ; ce qu'on fait en comprenant à la fin de chaque rangée deux mailles dans un même nœud ; lorsqu'on aura fait, en rétrécissant, autant de rangées qu'on en avait fait en élargissant, le filet sera réduit à une maille qui sera à un angle opposé à celui de la première maille par laquelle on avait commencé le filet, et qui est accrochée au clou.

Jusqu'à présent cette pièce du filet qui doit être carrée a une forme de losange, et les mailles, qui doivent être carrées, ont aussi cette même forme ; mais quand on le tendra par ses angles, de façon qu'un des côtés soit horizontal, la pièce entière et les mailles auront la forme carrée que l'on désire. En jetant les yeux sur les figures 9, 10, 11, on aperçoit des mailles ovales de figure fort irrégulière et mal disposées les

unes à l'égard des autres. Les anses ou mailles D G
sont très-longues et formées de branches d'inégale
longueur ; d'autres, telles que E, H, I, ont leurs atta-
ches au bas de deux mailles différentes, pendant que
les deux branches des accrues C, F, K, répondent au
bas d'une maille où aboutit déjà une branche des autres mailles B, E, I. On aura peine à concevoir que
d'un tas de mailles de forme si irrégulière, et bizarre-
ment arrangées les unes à l'égard des autres, il puisse
résulter un filet composé de mailles en losange d'une
forme régulière.

A l'égard de la forme ovale des mailles représentées
dans les trois figures, elle dépend de ce que ces mailles

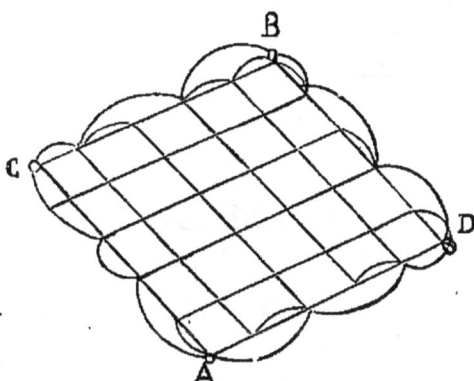

Fig. 12.

ont été dessinées comme elles sortent de dessus le
moule ; et, de même que les mailles de la figure 6 ne
prennent la forme de losange qu'elles doivent avoir,
que quand on les a assujetties par les mailles qu'on a
faites au-dessous, celles des figures 9, 10, 11, prendront aussi naturellement la place qu'elles doivent
avoir. Il n'a pas été possible de les représenter d'une
façon plus claire, parce que, tant qu'on travaille ce
filet, on n'aperçoit aucune maille ; tous les fils rap-

prochés les uns des autres n'offrent qu'un faisceau
(fig. 11); afin de donner une idée de la forme et de
l'attache des mailles, on les a représentées peu ouvertes, et à peu près comme elles sont lorsqu'elles
sortent de dessus le moule.

Le filet décrit ci-dessus est carré : veut-on en faire
un qui soit plus long que large? On prend avec une
ficelle la mesure de la longueur et de la largeur que
l'on se propose de donner au filet que l'on veut faire.

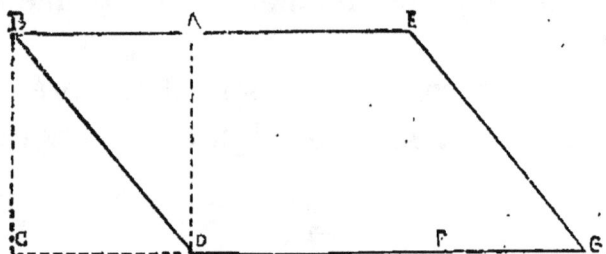

Fig. 13.

Il est clair que la partie ABD (fig. 13) est égale à la
partie BCD, ou que la ligne AB est égale à la largeur
AD du filet, puisque, si l'on plie le filet par la ligne
BD, le point C se portera sur A.

Il faut commencer par former la première maille
en B, et continuer à former les mailles comme il a été
dit, jetant une accrue du côté de la droite à toutes
les rangées, jusqu'à ce qu'on soit parvenu à la ligne
A D; alors pour faire la partie AEDF, on continuera
à jeter des accrues à toutes les rangées du côté de la
droite; mais aussi à toutes ces mêmes rangées, on ras-
semblera dans un même nœud deux mailles du côté
de la gauche; c'est-à-dire qu'au bout de chaque rangée
de mailles, du côté DF, on jettera une accrue; et à

4

l'autre bout AE, on réunira deux mailles dans un même nœud.

On continuera ainsi jusqu'à ce qu'on soit parvenu à EF ; alors, comme il faut terminer le filet en pointe, on ne jettera plus d'accrue, mais on continuera à prendre à toutes les rangées deux mailles dans un même nœud, jusqu'à ce que le filet soit réduit à n'avoir plus qu'une maille en G, et cette maille le ter-

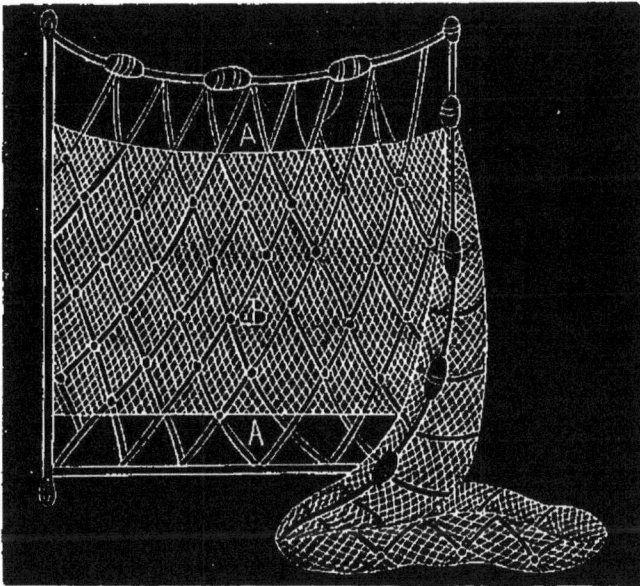

Fig. 14.

minera comme il a été commencé par la maille B. Quand le filet sera tendu, la maille B viendra à la place d'A ; ce qui donnera au filet la forme d'un carré long, et aux mailles celle d'un carré régulier.

On fait les aumées fort souvent en mailles carrées ; cependant on peut, sans inconvénient, les faire en mailles losangées comme celles de la figure 14, et beaucoup de mailleurs suivent cet usage. Comme il faut que ces aumées soient fortes, on y emploie de la ficelle plus grosse pour les grands filets que pour les petits, mais il est toujours important qu'elle soit faite de bon fil bien fort ; les mailles des aumées sont toujours grandes et on en voit qui ont depuis 16 centimètres en carré jusqu'à près de 33 centimètres. Il faut qu'elles soient assez grandes pour que les poissons qu'on se propose de prendre puissent passer à travers; car ce ne sont pas les aumées qui doivent les arrêter, mais la flue, qui doit céder à l'action du poisson, et faire une bourse dans laquelle il se trouve embarrassé. Les aumées servent à soutenir la flue, et elles le font mieux quand leurs mailles sont moins ouvertes que lorsqu'elles ont beaucoup d'ouverture.

La *toile* ou *flue* se fait toujours en mailles en losange, qui ont depuis 27 millimètres jusqu'à 68 millimètres d'ouverture, avec du fil retors en deux, qu'on choisit plus ou moins fin, suivant l'espèce de pêche qu'on se propose de faire.

Ce rets doit avoir deux fois ou deux fois et demie l'étendue des aumées, afin qu'il soit flottant entre elles, et qu'il puisse aisément faire les bourses où le poisson s'engage.

Supposant ces trois rets maillés, il faut expliquer comment on doit les monter pour faire le filet qu'on nomme *tramail.*

On s'établit dans une grande place bien unie et nette de feuilles, de brins de bois, de pierres et grandes herbes. On étend une des aumées, et on l'attache bien tendue par les quatre coins, au moyen de piquets qu'on passe dans les boucles des angies : ensuite on passe dans le dernier rang de mailles de la flue, en suivant tout son pourtour, une ficelle bien travaillée et qui n'ait point de nœuds.

On attache cette ficelle, ainsi que les angles de la flue, aux mêmes piquets où l'on a attaché précédemment l'aumée : les ficelles doivent être bien tendues, mais la flue ne l'est pas, étant beaucoup plus grande que l'aumée. Ainsi, en conduisant la corde de la flue avec les bords de l'aumée dans les mains, pour que cette corde et le bord se suivent exactement, on attache la corde aux mêmes piquets qu'on a passés dans les anses qui sont au coin de l'aumée.

Comme la flue est beaucoup plus étendue en tous sens que l'aumée, il faut lui faire faire des plis sur la corde, de façon, cependant, qu'ils soient répartis le plus régulièrement qu'il est possible, afin qu'elle fronce et fasse poche assez uniformément dans toute l'étendue du filet.

Tout étant ainsi disposé, on met par-dessus la flue la seconde aumée, et on la tend comme la première, par les boucles des angles, qu'on pose dans les mêmes piquets.

Les trois rets ainsi placés bien régulièrement les uns sur les autres, pour empêcher qu'ils ne se dérangent, on forme quelques révolutions d'un fil retors, qui comprend les bords des deux aumées et la corde de la flue, et on fait un nœud à chaque endroit où l'on rencontre les mailles des aumées. Il faut encore, environ de mètre de mètre, dans toute l'étendue du filet, lier les deux aumées l'une avec l'autre par un fil retors, afin de maintenir la flue en état, et d'empêcher que, quand on tendra verticalement le tramail, la flue ne se porte toute d'un côté. Alors le tramail est en état de servir, il ne s'agit plus que de le fortifier, en le bor-

dant avec une corde grosse comme le doigt. Il n'y a
plus qu'à garnir de flottes de liége le tramail, et à le
plomber; ce que l'on verra dans la suite.

FILETS RONDS, CYLINDRIQUES OU CONIQUES.

Il s'agit ici des filets qui, étant tendus, ont une
forme arrondie sur leur longueur. Dans les uns, cette
forme répond à celle du corps d'une barrique. Nous
les nommons *cylindres* ; les *filets coniques* ont plus de
diamètre par un bout que par l'autre. De ce genre est
le verveux.

On se rappellera qu'en faisant un filet en nappe, il
faut à chaque rangée de mailles retourner le filet pour
former une autre rangée en revenant sur ses pas.
Consultez l'explication donnée à la suite de la figure 19,
ch. v. Remarquez que la levure est faite en paquet,
dans une anse de corde.

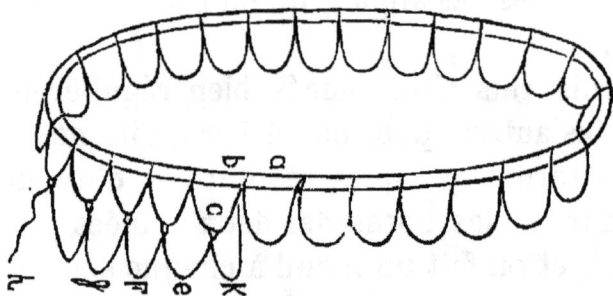

Fig. 15.

Pour rendre cette opération plus sensible, je suppose
qu'on ait fait la levure sur la circonférence d'un cerceau (fig. 15), et que la première maille soit *b* : quand
on aura parcouru toute la circonférence du cerceau,

4.

la dernière maille de cette rangée sera a ; il s'agira de joindre les deux mailles a et b, ce qu'on fera par une maille intermédiaire, laquelle doit commencer la seconde rangée, qu'on poursuivra en tournant toujours de la gauche vers la droite. Le fil, après avoir formé le nœud qui réunit par en haut les mailles a, b, descend entre elles pour contourner à l'ordinaire, le moule placé sous la maille b, et y faire un nœud en c, d'où résulte une maille allongée, qui, tenant à la maille b par le haut et par le nœud c, reste pendante en k, comme l'indique la ligne ponctuée, jusqu'au moment où, ayant attaché la dernière maille du second rang au bas de la maille a, on formera avec le fil, sur le moule, une nouvelle maille, laquelle aura son attache en k, et rendra ainsi cet endroit anguleux, après quoi le fil, descendant du nœud k et allant s'attacher en e, produira une autre maille qui commencera le troisième rang ; on continuera ainsi de e en f, g, etc., au moyen du fil h. Cet embranchement d'une rangée à l'autre ne produit aucune difformité.

Il est évident que les filets cylindriques peuvent être commencés indifféremment par un bout ou par un autre, puisque les deux bouts sont semblables.

On est maître aussi de commencer les filets coniques par n'importe quel bout.

CHAPITRE V

**De la manière du faire un filet à mailles en losan-
ges (1). — Filets à une ou plusieurs entrées. —
Trouble. — Guideau. — Verveux. — Trousse.**

DE LA MANIÈRE DE TRAVAILLER LES FILETS A MAILLES EN LOSANGE.

On fait d'abord la levure, composée de demi-mailles
qui forment la tête du filet.

On suit plusieurs méthodes à cet égard. Les uns
ayant fait une anse de ficelle *g* (fig. 16), la passent dans
un crochet, et y attachent, par un nœud simple, le fil
dont ils doivent faire le filet; puis plaçant le fil sous le
nœud qui termine l'anse *g*, ils font la maille *h ;* ils retirent le moule de cette maille, le posent dessous et
font la maille *i*, dont les branches sont d'inégale longueur, ainsi que toutes les autres, jusqu'au bout de la
levure; ils tirent ensuite le moule de la maille *i* pour
le placer dessous et faire la maille *k ;* ils font de même
et successivement les mailles *l,m,n,o*, etc. Comme le
mailleur tire fortement sur les mailles qu'il fait, elles
sont fermées et les fils sont rapprochés tout près les
uns des autres. Cependant on les a représentés un peu
écartés, pour qu'on prenne une idée de la forme des
mailles. D'ailleurs on ne fait usage de cette levure
qu'en ouvrant les mailles, et en passant une ficelle

(1) Duhamel, *Traité des pêches*, t. I, sect. II.

dans celles qui sont cotées h,k,m,o, ce qui est représenté par la ligne ponctuée pq. Mais comme la levure qu'on vient de former se raccourcit auprès du

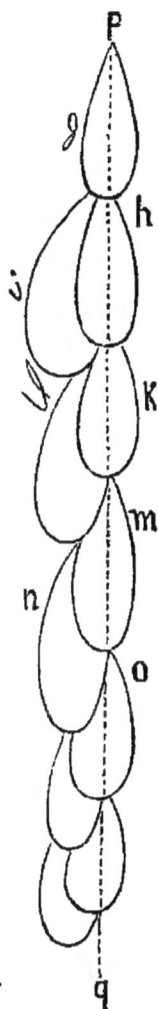

Fig. 17.

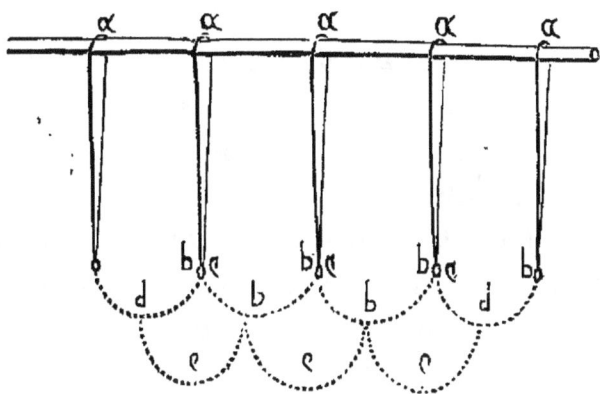

Fig. 16.

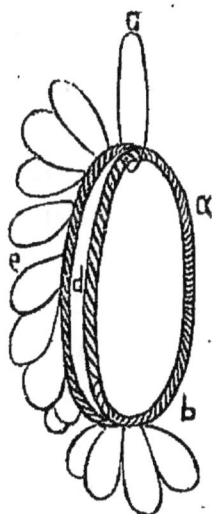

Fig. 18.

moule lorsqu'on ouvre les mailles, il faut la faire une
fois plus longue que ne doit être la tête du filet. Si
cette tête doit avoir $1^m,40$ de longueur, il faut que la
levure ait $2^m,80$.

C'est sur les mailles i,l,n. etc., qu'on attache les mailles qui doivent former le filet.

Il y a des mailleurs qui commencent leurs filets par certaines anses qu'ils nomment des pigeons. Cette levure a, dans quelques circonstances, des avantages sur les autres.

Ces pigeons a,a,a (fig. 17), sont de grandes anses arrêtées en b par un nœud sur le pouce. On doit avoir l'attention d'écarter les nœuds b de la valeur d'une demi-maille bc, pour que les demi-mailles $e,e.e$, qu'on fera dans la suite, s'attachent en d au milieu des espaces $b c$. On ne se sert point de moule pour faire les pigeons, non plus que les demi-mailles d. Pour les tenir d'une longueur pareille, et que les intervalles bc, soient égaux entre eux, on passe les doigts de la main gauche entre les pigeons, et en appuyant dessus on arrête les nœuds à une même hauteur.

Les demi-mailles d étant faites, on continue à travailler le filet sur un moule, comme on l'a dit plus haut.

D'autres mailleurs font d'abord une anse de corde ab (fig. 18), qui est formée de trois branches, dont deux servent à arrêter cette anse dans le crochet c, et c'est sur la troisième branche d qu'ils font les demi-mailles e, en assez grand nombre pour en garnir toute la longueur de la tête du filet.

Pour mieux faire comprendre l'opération qui consiste à établir la levure d'un filet, supposons qu'on forme toutes les demi-mailles qui doivent la composer sur la corde ab, qui est tendue sur une règle de bois cd, suspendue elle-même en équilibre par des cordes f, g, au crochet e, afin de pouvoir aisément tourner le filet à toutes les rangées (fig. 19).

Ayant fait la fausse maille *h*, dans laquelle passe une cheville, et qui sert à arrêter les demi-mailles qu'on fera ensuite sur toute la longueur de la

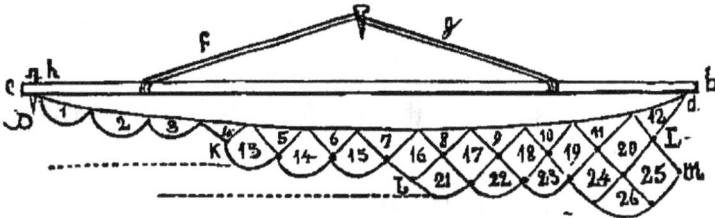

Fig. 19.

corde *ab* (comme sont les mailles numérotées 1, 2, 3, etc.), on garnit cette corde de demi-mailles depuis *a* jusqu'à *b*.

Ces demi-mailles, qui sont faites sur un moule, sont arrondies par en bas, ainsi qu'on le voit par celles 1, 2 et 3 ; mais aussitôt qu'on formera les mailles du premier rang, semblables à 13, 14, 15, etc., qui s'attachent au milieu des demi-mailles 4, 5, 6, elles deviendront triangulaires comme le sont les suivantes, depuis 4 jusqu'à 12. De même, les mailles 13, 14 et 15, qui sont arrondies par en bas, deviendront anguleuses et formeront des losanges semblables à 16, 17 et 18. Quand on aura fait le second rang de mailles, marqué ici depuis 21 jusqu'à 25, il est clair qu'en continuant à travailler les autres rangs de mailles comme il vient d'être dit, on fera toute l'étendue du filet en mailles losangées.

Mais il est bon de faire remarquer qu'on fait toujours les mailles de gauche à droite. Ainsi, quand une rangée est faite dans toute la largeur du filet, on doit le retourner pour revenir sur ses pas, et faire la seconde rangée toujours de gauche à droite, et ainsi de suite, jusqu'à ce que le filet soit achevé.

Pour exécuter ce travail, il faut, quand on fait la levure ou le premier rang de demi-mailles dans toute l'étendue que doit avoir la tête du filet, depuis a jusqu'à b, ou depuis 1 jusqu'à 12, il faut, dis-je, retourner le filet, de sorte que a soit du côté de la main droite et b du côté de la main gauche, pour faire le premier rang de mailles, commençant le rang par le bout i, qui alors est du côté de la main gauche, et le finissant par le bout k, qui, lorsque le filet est retourné, se trouve du côté de la main droite. Quand cette rangée ik est finie, on retourne le filet pour commencer la troisième rangée par le bout l, qui alors sera du côté de la main gauche, et le finir par le bout m, qui répondra à la main droite.

MANIÈRE DE TRAVAILLER UN FILET QUI AIT UNE OU PLUSIEURS ENTRÉES APPELÉES GOULETS. — GUIDEAU, VERVEUX, NASSES.

Je prends, par exemple, un verveux (fig. 20) à goulets.

Il faut commencer le filet en rond, comme il a été expliqué à l'article précédent, et le poursuivre de même jusqu'à ce qu'on soit parvenu à l'endroit où l'on veut commencer le goulet. Alors, comme il faut faire deux filets distincts, un pour le corps du filet, l'autre pour le goulet; ou plutôt, comme il faut, à l'endroit où doit commencer le goulet, détacher un filet dans l'intérieur de celui qui forme le corps du verveux, cela se fait aisément et d'une façon très-ingénieuse, au moyen des mailles doubles. On travaille le filet tout en rond et en

mailles simples, jusqu'à ce qu'on soit parvenu à l'endroit *mn* (fig. 20), où doit commencer l'ouverture du

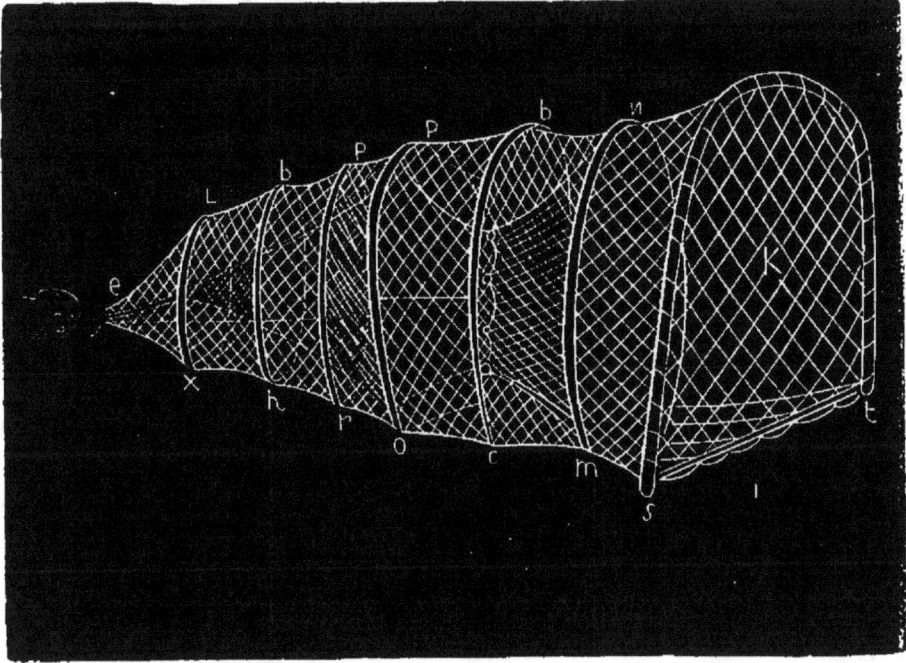

Fig. 20.

goulet. Alors on charge une aiguille avec deux fils qu'on
prend sur deux peletons, et l'on fait avec cette aiguille

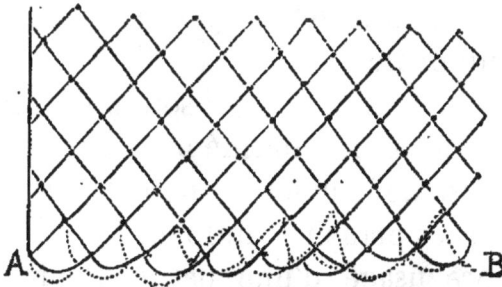

Fig. 21.

un rang de mailles, qui se trouvent doubles (fig. 21),
comme on le voit à la rangée A B, où, pour mieux distin-

guer ces deux mailles, nous avons représenté l'une
par un trait plein, et l'autre par une ligne ponctuée.
Lorsque cette rangée sera faite, on coupera les deux
fils et on recommencera à travailler avec une aiguille chargée d'un fil simple ; mais à chaque maille
il faudra avoir l'attention de ne prendre qu'un des
deux fils de la maille double : par exemple, celui qui
est marqué d'un trait plein, si c'est pour le corps du
filet, réservant pour le goulet le fil ou la maille ponctuée, c'est-à-dire qu'il faudra à chaque maille double
ne prendre qu'un fil pour former le corps du filet, et ré-
server l'autre pour la tête du goulet, qu'on fera ensuite. Arrivé à l'endroit *op*, on fera de la même manière une autre rangée de mailles doubles.

Si l'on veut ménager dans l'intérieur du filet plusieurs goulets les uns au-dessous des autres, comme
cela se pratique quelquefois, il faudra faire autant de
rangées de mailles doubles qu'il y aura de goulets.

Le terme de *trouble* est en quelque sorte générique.
Il signifie un filet en poche dont l'embouchure est attachée à un cercle de bois ou de fer qui porte un
manche ; mais il y en a de différentes grandeurs, et
leur forme varie plus ou moins, ce qui a pu engager à
leur donner différents noms.

En général, c'est un filet en poche, monté sur un
cercle ou sur un ovale.

On fait des troubles carrées, qui sont plus commodes
pour prendre le poisson enfermé dans des réservoirs,
parce que, à cause de leur forme carrée, elles s'appli-
quent mieux sur les planches du fond.

On fait encore usage d'une petite trouble, qu'on
nomme troubleau, pour prendre les écrevisses.

DU GUIDEAU.

Le filet qu'on nomme guideau (fig. 22) a la forme d'une chausse. Il est large à son embouchure *a*, et va toujours en diminuant jusqu'à son extrémité B, qui est fermée de différentes façons.

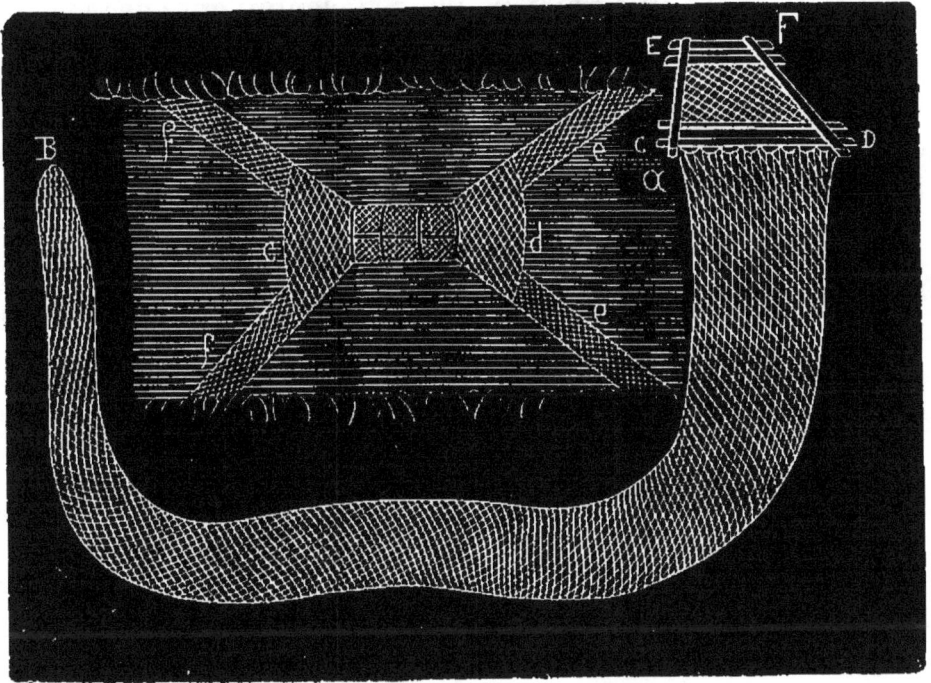

Fig. 22.

Comme ce filet a quelquefois six ou sept brasses de longueur, on ne pourrait pas le retourner pour en tirer le poisson; on laisse ouverte l'extrémité B, qu'on lie avec une corde, et que l'on dénoue pour secouer le poisson sur le sable, ou bien on y ajuste un panier d'osier, dans lequel le poisson se rassemble, et d'où on le retire aisément en ouvrant une porte qui est au bout.

Dans tous les guideaux, les mailles de l'embouchure sont assez larges ; elles ont au moins 55 millimètres d'ouverture en carré ; leur grandeur diminue à mesure qu'on approche du fond. Elles devraient avoir, à cet endroit, 55 millimètres, pour laisser aux petits poissons la liberté de s'échapper, mais souvent on les réduit à 7 ou 9 millimètres, ce qui fait qu'elles retiennent le frai et les petits poissons qui s'y accumulent avec la vase et qui sont entièrement perdus.

On tend les guideaux dans une eau courante à laquelle on oppose la bouche du filet, afin d'arrêter au passage le poisson qui fuit ou est entraîné par la force de l'eau. On fait ordinairement l'embouchure fort évasée, pour qu'elle admette une plus grande masse d'eau ; on conçoit aussi qu'il est nécessaire qu'elle soit maintenue ouverte et de façon à résister au courant. Pour cela, on la tend quelquefois sur un châssis d'assemblage. D'autres fois on l'attache sur des piquets que l'on a enfoncés dans le sable et auxquels on ajuste une traverse en bas et en haut, ce qui forme également un châssis, mais moins solide.

Les poissons entrent donc par l'embouchure *a* et s'enfoncent dans le filet jusqu'à l'autre extrémité B, qui, étant fermée, les arrête ; mais comme le courant les comprime toujours, il en résulte que les petits poissons sont écrasés et que les gros y sont meurtris et y meurent quelquefois. C'est là le défaut des grands guideaux, de ne jamais offrir que des poissons bien moins frais que ceux qu'on prend avec l'épervier ou le carrelet.

Les guideaux sont bons pour prendre : brème, gardon, chevesne, etc., et même carpe et tanche, de nuit, par un temps chaud.

DU VERVEUX.

Le verveux le plus simple est un filet en forme de cloche et un peu conique, de 1 mètre à 1^m,60 de longueur, dont l'entrée a un diamètre plus grand que le fond : le corps va se rétrécissant peu à peu et est terminé en cône à la pointe, à laquelle est formé un œillet pour le fixer dans l'endroit où on le tend.

Le corps du filet est soutenu par quatre, cinq ou six cerceaux, menus et légers, qu'on met en dedans.

Le cerceau de l'entrée est plus grand que les autres, dont les diamètres diminuent de plus en plus.

On ajoute devant le premier cerceau ce qu'on appelle la coiffe. Cette partie, qui s'évase beaucoup, est soutenue par une portion de cercle dont les extrémités sont assujetties par une corde ou une barre de bois qui s'étend de l'une à l'autre au moyen de cette traverse ; la partie inférieure de la coiffe a une forme plate et s'applique plus exactement sur le terrain.

Le verveux, non compris la coiffe, est attaché à toute la circonférence du premier cerceau ; et comme le corps de ce filet est large, assez court, et soutenu en plusieurs endroits par des cerceaux, le poisson en sortirait aisément si l'on ne mettait pas en dedans un goulet, dans lequel on ajoute souvent un petit cerceau pour que l'entrée en soit plus accessible au poisson.

On conçoit que le poisson qui s'engage dans le goulet passe sans difficulté dans le corps du verveux par les fentes qui sont vers la pointe du goulet : il en écarte les fils, comme il fait des herbes qui s'opposent à son passage. Une fois qu'il est dans le verveux, il se trouve à l'aise, et nage de tous côtés sans jamais reprendre,

pour en sortir, la route qu'il a suivie en y entrant. On
le trouve entre le corps du verveux et le goulet, et,
comme il n'est pas gêné, on le retire sain et en vie.

DE LA LOUVE OU VERVEUX A PLUSIEURS ENTRÉES.

Comme les poissons nagent en tous sens dans les
eaux dormantes, et que rien ne les attire dans une direction plutôt que dans une autre, on se sert de verveux qui ont plusieurs entrées, pour qu'ils y pénètrent
plus facilement : la figure 23 en représente un qui a

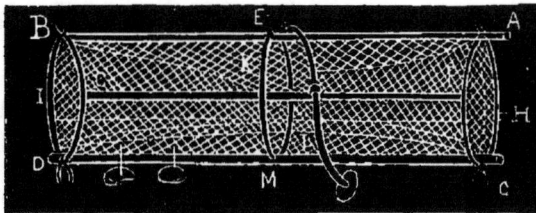

Fig. 23.

deux entrées. Ce filet est cylindrique et se nomme
louve ou verveux à tambour.

Le corps du filet a une largeur égale dans toute son
étendue, et est monté sur trois cerceaux AC, EM, BD ;
quelquefois on en met davantage. Ces cerceaux sont
solidement fixés à quatre perches ; à chaque extrémité il y a un goulet AHC, BID, ce qui offre deux
entrées aux poissons.

On en fait qui ont cinq entrées, et d'une forme cubi-
que, auxquels on donne le nom de *quinque-portes*.

Dans tous les verveux on ménage une porte par laquelle on retire le poisson.

On se sert du verveux garni de sa coiffe simple dans

les rivières et étangs. On le place ordinairement près des crônes ou dans les herbiers. Pour cela, on coupe l'herbe dans l'endroit où on veut le placer, et on a soin de pratiquer de petites routes dans les herbes environnantes qui aboutissent à la place où se trouve le verveux, parce que les poissons, qui se retirent dans les herbes, s'engagent plus volontiers dans les petits chemins qui en sont débarrassés. On attache une pierre au bout du verveux, et une à chaque extrémité de la coiffe ; on le jette ainsi dans l'endroit préparé pour le recevoir, et on le place convenablement avec une perche ; ensuite on le couvre avec les herbes que l'on a coupées ; le poisson se trouvant à son aise sous cette couverture flottante, y nage sans méfiance. On tend ainsi quelquefois une trentaine de verveux. S'il fait frais, on peut les laisser deux nuits sans inconvénient, mais pendant les chaleurs il convient de les relever après une nuit, pour éviter qu'ils ne se pourrissent.

CHAPITRE VI

Raccommodage des filets. — Manière de se servir de l'Épervier, du Carrelet, de l'Échiquier, du Verveux simple, des Louves, des Tambours, des Guideaux. — Des passes du Tramail, des Seines ou Saines et des Troubles.

RACCOMMODAGE DES FILETS.

Beaucoup de personnes, qui savent faire des filets ignorent la manière de les raccommoder. Supposons

un trou au milieu de l'espace où les mailles sont marquées par des points.

Il faut commencer, comme disent les *rhabilleurs*,
par *couper* le filet, c'est-à-dire qu'il faut augmenter
le trou, non-seulement en coupant et en retran-

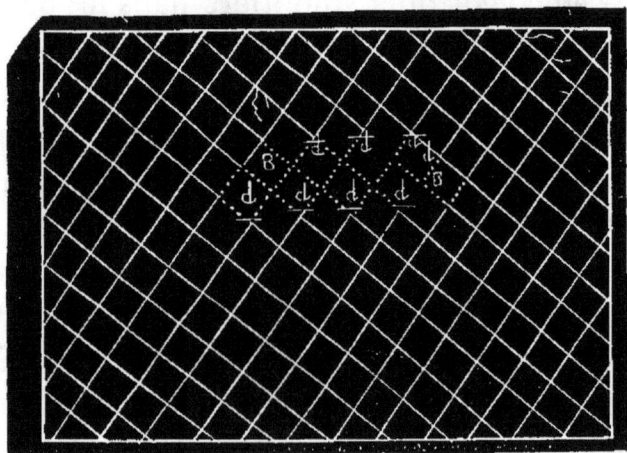

Fig. 24.

chant tout ce qui est endommagé, mais en enlevant même ce qui ne l'est pas; de façon que toute
la circonférence du trou soit terminée par des angles de mailles à la pointe desquels on ménage le
nœud qui retient la maille du vieux filet. Les endroits qu'on doit couper sont indiqués par de petites
lignes transversales, au-dessus desquelles on voit le
nœud du vieux filet, qu'il est important de ménager.
On y arrêtera tant soit peu les branches qui en sor-
taient, pour former une autre maille ; c'est pourquoi
la barre et la lettre *d* sont à quelque distance du
nœud.

Aux endroits marqués *d* les deux jambes des mailles
sont coupées, et on n'a coupé qu'une jambe en deux

endroits marqués *b ;* nous dirons tout à l'heure pourquoi.

Il faut donc s'imaginer que, quand on a coupé le filet, toutes les mailles ponctuées n'existent pas ; elles indiquent seulement les mailles qui ont été détruites et qu'il faut remplacer par des neuves.

Il est évident que cet endroit ne peut être bien rétabli sans que les mailles qu'on formera ressemblent le plus possible à celles qui sont représentées par les lignes ponctuées.

Pour comprendre l'ordre qu'il faut suivre en formant ces mailles, jetez les yeux sur les figures suivantes.

Supposons que l'on commence à droite, on arrête le fil à l'endroit A au-dessus du nœud de l'une des

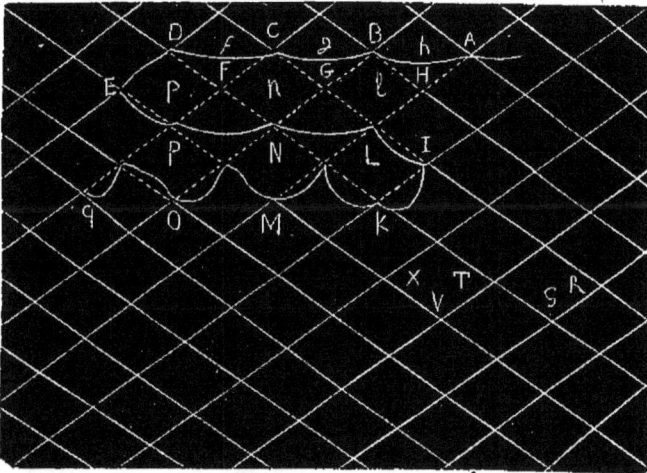

Fig. 25.

mailles qu'on a coupées ; ensuite on fait la maille AB, puis la maille BC et la maille CD.

A tous les angles A,B,C,D, il y a, par conséquent, deux nœuds, dont un est celui qui fournit la maille du vieux filet, et, par-dessus, est celui qu'on a fait pour la nouvelle maille.

Cela doit être de même à tous les angles des mailles qui aboutissent à la circonférence du trou. Il n'en sera pas ainsi pour les mailles qu'on fermera au milieu ; celles-ci n'auront qu'un nœud comme les mailles ordinaires de tous les filets.

Toutes les mailles qu'on vient de faire AB, BC, CD, n'ont pas une forme bien déterminée d'abord, mais elles deviendront anguleuses quand on aura fait dessous un autre rang de mailles ; comme l'indiquent les lignes AHB, BGC, CFD. C'est pourquoi en partant du second rang de mailles, nous ne les ferons pas aboutir en *hgf* qui sont les points où répondra le nœud, mais en HGF parce que les mailles prendront cette forme.

Passons aux autres mailles.

Nous sommes restés en D ; il faut descendre en E pour gagner le niveau du second rang de mailles,

Pour cela on fait la simple jambe qui s'étend de D en E. Ensuite, revenant sur ses pas, ou de gauche à droite, parce qu'on ne peut pas retourner le filet, on fait les mailles EPF, puis la maille FNG, la maille GLH, enfin la jambe HI, comme on a fait à gauche la jambe DE. Si le trou avait plus de largeur que celui qui est représenté dans la première planche de ce chapitre, on ferait un deuxième rang de mailles de droite à gauche et ainsi toujours alternativement jusqu'à ce que toute l'étendue du trou fût remplie de mailles. Dans l'un et l'autre cas il s'agit ensuite de fermer le trou par en bas et de joindre les nouvelles mailles que l'on vient de faire avec celles du vieux filet.

Pour cela on fait une jambe IK en descendant ; puis un autre KL en montant qui s'attache au milieu de la maille HLG, et l'on continue à joindre les nouvelles mailles aux anneaux par des jambes semblables LM, MN, NO, etc.

Le trou qui était au filet et que nous avons marqué par des lignes ponctuées, se trouve ainsi fermé par des mailles régulières, comme l'indiquent les lignes ponctuées.

Il est évident que s'il ne manquait à un filet qu'un brin RS (seconde planche de ce chapitre fig. 25), qui fût rompu, on le rétablirait en remplaçant le fil par une jambe qui s'étendrait de R en S.

S'il y avait des fils rompus comme VT, VX, on réparerait ce petit accident en formant une jambe de T en V et une autre de X en V.

Ces exemples suffisent pour faire comprendre qu'il n'est pas toujours nécessaire de couper le filet et d'augmenter le trou, comme nous l'avons dit plus haut.

Quelques mailleurs qui trouvent de la difficulté à bien couper le filet commencent par former des mailles ; et, à mesure qu'ils sentent avoir besoin d'un nœud pour former les autres mailles, ils coupent du filet ce qui les embarrasse.

Comme on ne se sert pas de moule pour *rhabiller*, on fait tous les nœuds sur le pouce ; et, afin que les mailles soient d'une égale grandeur, on passe deux doigts de la main gauche dans les mailles qui sont faites et le doigt du milieu dans celles que l'on fait actuellement, appuyant avec les doigts dans l'intérieur des mailles : celle qu'on fait devient de la grandeur des autres, quand les trois doigts forment une ligne

droite et horizontale, et, pour peu qu'on soit habitué
à ce travail, toutes les mailles sont régulières.

Voilà en gros la marche à suivre pour *rhabiller* les
filets. Mais ces idées générales ne suffisent pas. En-
trons dans quelques détails.

On appelle *jambe* un fil qui, étant seul et dans une
direction oblique, suffit pour établir la liaison que
doivent avoir réciproquement des nœuds qui ne sont
pas sur une même ligne (voir fig. 26). Nous avons dit

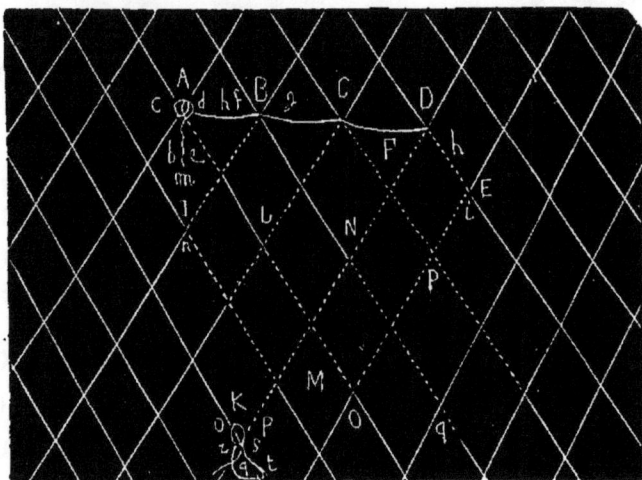

Fig. 26.

qu'il fallait commencer par arrêter le fil en A. Quelques personnes y font un nœud simple, et ensuite
celui qui forme la maille; d'autres passent l'extrémité
de la ficelle ou du fil entre les deux branches *c*, *d*, par-
dessus le nœud A du même filet. Cette extrémité de
la ficelle ou du fil se voit en *m*.

On saisit entre le pouce et l'index les deux branches
d et *c* et le nœud A, puis on fait avec le fil *e* un nœud
sur le pouce.

L'extrémité du fil ou de la ficelle est alors en A (ainsi
qu'on le voit dans les planches 3, 4, 7 et 8 relatives

au nœud sur le pouce, etc.; voir plus haut). Pour former la maille AHB, on porte le fil *e* au nœud B ; on
le passe par-dessous le fil *f* et par-dessus le fil *g;*
et, comme on n'emploie pas de moule pour régler
l'ouverture des mailles, on passe les deux derniers
doigts de la main gauche dans les anciennes mailles et
le doigt du milieu dans l'anse *h ;* on l'appuie suffisamment pour donner à la maille une ouverture convenable. Alors, sans déplacer le doigt du milieu, on
pince avec le pouce et l'index de la même main le
nœud du vieux filet et l'extrémité des branches *fg* ,
on fait le nœud sur le pouce, et afin qu'il se place immédiatement au-dessus du nœud du vieux filet, il faut
toujours ténir bien ferme le nœud et l'extrémité des
deux branches *f, g* jusqu'à ce que le nouveau nœud soit
entièrement serré.

Il s'agit ensuite de faire les jambes DE, et c'est le
nœud E qui mérite quelque attention.

Le fil qui doit faire cette jambe part de D ; il passe
sous la branche *h*, puis sur la branche *i*, et contourne
le nœud ; on met l'index sous ce nœud et le pouce
dessus, pour serrer entre eux le fil DE, l'extrémité des
branches *h i* et le nœud du vieux filet. On tient le tout
bien fermé, jusqu'à ce que le nœud sur le pouce soit
serré. Mais à cause de la position de la maille, il faudra
conduire de *i* en *h*, par-dessous les deux branches *i, h*,
l'aiguille qui doit entrer dans la grande anse qu'on
aura projetée sur la main gauche.

On conçoit que, pour faire régulièrement la maille,
il faut que la jambe DE ne soit ni trop longue ni
trop courte, et cela s'exécute aisément en portant
d'abord le nœud E du vieux filet à la hauteur où il doit
être, pour répondre à l'angle F de la maille CFD.

On procède ensuite au travail des mailles P,N,L.

Cette rangée de mailles se fait à l'ordinaire ; remarquez seulement que quand on doit les travailler de droite à gauche, on change la position de la main gauche.

Pour le rang des mailles qu'on fait de gauche à droite, le dessus de la main doit être en haut ; les deux derniers doigts sont passés au côté gauche, dans deux anciennes mailles, et le doigt du milieu dans celle qu'on fait, ce qui règle la grandeur de celle-ci, comme il a été dit plus haut.

Au contraire, pour les mailles qu'on fait de droite à gauche, dans le second rang et dans les suivants, le dehors de la main gauche étant tourné vers le bas, il faut passer les doigts sous le filet, mettre les deux derniers doigts dans les mailles qui sont faites et le doigt du milieu dans celle qu'on fait actuellement, fermant un peu les doigts pour tendre les mailles et égaliser la maille que l'on fait avec les autres.

Alors on pince avec le pouce et l'index le nœud et les fils de la maille supérieure, par le côté, de sorte qu'il faut que le pouce et l'index soient posés comme horizontalement ; on fait le nœud sur le pouce, comme pour le rang de mailles qui allait de gauche à droite, c'est-à-dire que la projection de l'anse et la marche de l'aiguille, pour fermer le nœud, se portent toujours au côté gauche.

L'habitude fait qu'on exécute sans beaucoup de gêne ces divers mouvements.

Au nœud H, il s'agit de faire la jambe HI pour descendre au rang inférieur d'anciennes mailles. On passe d'abord le fil qui part du nœud H sous le fil *m* et sous le fil *n;* on introduit le doigt index renversé dans la maille entre le fil m et le fil n; on le pose sous le nœud I et le pouce en dessus, afin de serrer entre ses deux doigts le fil de la jambe HI, ces deux fils m, n et le nœud du vieux filet. Pour finir le nœud qui doit arrêter cette jambe, on mène l'aiguille sous le fil HI, ensuite seulement sous le fil m, puis dans la grande anse destinée à former le nœud sous le pouce.

Pour faire la jambe IK, le fil qui part de I passe sous la branche O, ensuite on saisit entre le pouce et l'index le fil de la branche K, observant de lui donner la longueur convenable pour former régulièrement la maille IKL; car, comme le nœud K n'est soutenu par rien, il faut le supporter en l'air par le pouce et l'index en même temps que le fil IK, pour que le nouveau nœud se trouve dans une position relative à celle des branches qui forment les mailles voisines. Conservant donc cette attitude, au lieu de projeter la grande anse sur le pouce, on la forme en devant de soi, c'est-à-dire qu'on la porte en bas vers le dedans du bras gauche; on remonte ensuite le fil vers sp; on contourne l'ancien nœud vers IK et la branche o et, tenant l'aiguille dans un sens contraire à celui où elle était placée pour les autres mailles, on la passe sous le fil r, pour atteindre l'anse q et sortir par-dessus le fil s; alors tenant toujours le nœud élevé et bien serré, on tire vers la droite le fil t, et le nœud est fini.

Pour faire une jambe qui s'étende en K et en L ayant passé le fil dans la maille L, on passe entre le pouce et l'index l'angle de cette maille ainsi que le fil qui forme cette jambe, et l'on fait le nœud sur le pouce.

Nous avons cru devoir développer longuement ce chapitre et les deux précédents : les détails qu'ils con-

tiennent et les figures explicatives (1) indiquent suffisamment au lecteur la meilleure méthode à suivre
pour fabriquer et raccommoder les filets.

DE L'ÉPERVIER.

La levure est de douze mailles de 3 centimètres de
large, ou plus, et le *filet* se fait en rond : on garde le même
moule pour faire dix autres rangs : ensuite on en prend
un autre plus petit de demi-quart pour continuer dix
autres rangs, moins grands, par conséquent que les premiers : ce changement de moule s'observe à tous les
dixièmes rangs jusqu'a la fin du *filet*, où les mailles ont
à peine l'ouverture capable de contenir le petit doigt :
on se sert de cet artifice afin de prendre également les
gros et les petits poissons.

A mesure qu'on travaille, on jette des accrues de
six mailles en six mailles au second rang d'après la
levure; tous les nombres pairs, c'est-à-dire quatrième,
sixième, etc., doivent aussi avoir des accrues jusqu'à
ce que le *filet* ait de deux à trois mètres de hauteur;
si on ne voulait y pêcher que de gros poissons, il ne
faudrait changer de moules que de quinze en quinze
rangs. L'*Epervier* doit être fait de bon fil retors en trois
brins, et ensuite teint en brun.

Quand on veut monter ce *filet* de cordes et de
plomb, on s'y prend ainsi : ayez dix ou douze kilogrammes de balles de plomb, de la grosseur des balles
de fusil, et percées dans le milieu : vous les enfilez avec
une petite corde, et à mesure que vous en passez une,

(1) Figures et principes empruntés à Duhamel : *Traité des
Pêches.*

vous faites un nœud à la corde de manière que le tout
ressemble à un chapelet ; quand vous avez fait le tour
du *filet*, vous nouez ensemble les deux bouts de la
corde et, avec une aiguille chargée de ficelle, vous attachez ces balles enfilées autour de l'extrémité inférieure de l'*Epervier*. Outre cela vous prenez un certain
nombre de ficelles, longues de $0^m,45$ que vous attacherez de $0^m,30$ à $0^m,25$ au-dessus du chapelet, et vous
ferez en sorte, quand toutes seront liées autour du *filet*,
qu'il n'y ait qu'environ $0^m,30$ de longueur de la hauteur
de ces petites ficelles jusqu'aux balles inférieures ; par
ce moyen le *filet* fait un ventre où le poisson se trouvera
pris ; il est nécessaire aussi d'attacher à la pointe du
filet une corde avec une boucle où l'on passe le bras,
afin de retirer l'*Epervier* de l'eau.

On se sert quelquefois d'une autre espèce d'*Epervier*, dont la composition ressemble presque en tout
à celle dont nous venons de parler ; voici les deux
uniques différences. 1° Au lieu de lier une corde au
bout du *filet*, on y met un grand anneau de cuivre ou
de corne, et c'est autour de cet anneau qu'on attache
les douze premières mailles de la levure du *filet*.

On comprend que les mesures données ci-dessus
varient selon la destination de l'épervier ; tout l'ensemble du filet peut, par conséquent, augmenter ou
diminuer de grandeur.

Les éperviers qui servent à prendre le goujon, la
loche, l'ablette et autres petits poissons, auront les
mailles de $0^m,01$; ils seront ourdis en fil très-fin
et chargés de beaucoup de plomb ; il ne faut pas les
jeter dans des eaux trop profondes, autrement ils ne
descendraient pas assez vite pour produire leur
effet.

Les éperviers destinés aux gros poissons ont des mailles de $0^m,02$, de $0^m,03$, de $0^m,04$ jusqu'à $0^m,10$. Les règlements préfectoraux fixent ces détails.

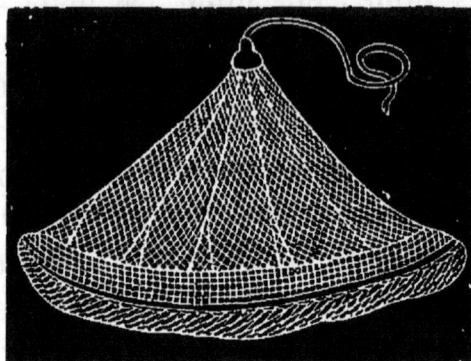

Fig. 27. — Épervier.

Nos éperviers modernes ont d'ordinaire 15 à 20 mètres de circonférence; ils couvriraient donc, étendus à terre, une surface circulaire de 35 à 40 mètres carrés; relevés en fuseau, ils ont une hauteur perpendiculaire de 3 à 4 mètres. Le chapelet de plomb du poids total d'environ 10 ou 15 kilogr. est monté sur une corde solide, de la grosseur d'un tuyau de plume et bordant le filet à environ $0^m,20$, $0^m,30$ de son bord extrême. De cette corde maîtresse partent les autres cordes qui se réunissent à la culasse. On ne laisse pas flotter librement la partie qui déborde la plombée; on la relève à l'intérieur en une sorte d'ourlet non pas attaché directement au filet, mais suspendu à l'aide de cordelettes lâches; c'est dans cet ourlet qu'entrent les poissons quand on relève l'épervier.

Dans certains éperviers, on place la plombée à l'extrême bord du filet, et les cordes mères, au lieu d'être fixées au filet, à la corde et à la culasse, ne sont réunies qu'à la corde de jet (corde du sommet de l'épervier);

ce qui permet, quand on retire le filet, de former une poche beaucoup plus grande qu'avec l'ourlet décrit ci-dessus : c'est l'épervier à *mères libres;* nous l'avons toujours trouvé d'un mouvement plus difficile que l'épervier à ourlet ; d'ailleurs, l'un et l'autre ont leurs avantages particuliers.

D'autres éperviers, plus simples que les précédents, n'ont pas de mères ; il y a toujours un large ourlet flottant à l'intérieur : c'est l'épervier simple à bourses.

Il y a deux manières de pêcher à l'épervier :

1° Le jeter ;

2° Le traîner.

Liez d'abord l'épervier à votre poignet gauche en formant un nœud coulant avec la corde de jet (corde de culasse), rassemblez le filet, tirez légèrement par la culasse, lovez (roulez) la corde-maîtresse du filet et saisissez dans la main gauche l'extrémité de la culasse ; repliez deux ou trois fois sur elle-même (selon la longueur de l'épervier) la partie supérieure jusqu'à environ 0m,70 des plombs ; rapprochez de votre corps la partie encore pendante du filet, de manière à faire toucher les plombs presque à terre. Saisissez de la main droite le quart de cette partie pendante; renversez le filet et jetez-en les plis étendus sur l'épaule gauche.

Alors vous prendrez de la main droite à peu près la moitié du reste, laissant le surplus pendre devant vous tant dans la main gauche que dans l'espace compris entre les deux mains.

Vous vous approcherez de l'eau, l'épaule droite en avant ; vous tournerez brusquement le corps de droite à gauche, et puis, imprimant un mouvement simultané d'impulsion aux deux bras et à l'épaule, lancez hardiment devant vous le filet que votre main gauche laisse aller et qu'arrondit votre bras droit en se déployant ; il faut un peu avant balancer la plombée.

Vous relèverez l'épervier lentement en le balançant de droite à gauche, de manière à rassembler les plombs ; ceux-ci réunis, vous pressez le mouvement. Lavez et tordez.

Choisissez de préférence les estacades, les piles de pont, les écluses, les haïs, etc., pour jeter l'épervier. Ni boucle, ni boutons saillants à vos vêtements ; les mailles pourraient être arrêtées par ces petits obstacles, et alors vous courriez risque de suivre à l'eau votre filet : nous avons dû à une grosse chaîne de montre, traîtreusement engagée dans notre épervier, de prendre un bain de Seine au mois de février.

Le gille est un grand épervier dormant employé surtout pendant les hautes crues, dans les eaux bourbeuses. Deux pêcheurs montent dans un bateau ; l'un prend les rames et se charge de maintenir l'embarcation à la dérive, en travers du courant. Sur le côté du bateau tourné vers l'amont, l'autre pêcheur accroche, sur une longueur d'un mètre, à l'aide de deux chevilles, la corde qui porte la plombée du gille, dont le reste est jeté à l'eau ; il se contente de soulever la culasse, à quelques centimètres au-dessus de l'eau, en tenant solidement la corde de jet ; dès que le poisson est dans le filet, les deux hommes enlèvent les deux chevilles-soutiens ; le filet touche au fond. Il est relevé comme l'épervier ordinaire.

Même méthode pour l'épervier ordinaire traînant. Tantôt on entre à l'eau, tantôt on traîne ce filet, du rivage même. On fait bouler (1) de chaque côté de la

_____

(1) On appelle *bouloirs* de longues perches employées en cette

rivière si l'épervier n'embrasse pas toute la largeur du cours d'eau où l'on pêche.

Quelquefois appâts de fond : son, millet, blé germé, dans les petits cours d'eau ; ils seraient inutiles dans les grandes rivières ; pour la pêche à l'épervier, mêmes amorces que pour la ligne.

DU CARRELET, CARRÉ OU ÉCHIQUIER.

Le carrelet est une nappe simple et carrée de 1ᵐ,30 à 2 mètres de côté et bordé d'une cordelette solide qui lui donne plus de résistance ; les mailles sont assez larges, serrées seulement dans le milieu ; si l'on ne s'en sert que pour les gros poissons, mieux vaut laisser les mailles larges partout, car, de cette manière, elles ne retiennent pas l'eau et le filet se relève avec plus de promptitude, et la promptitude est ici la première condition de réussite. Les nappes presque plates comme on les voit souvent en Normandie, ont un grave inconvénient : elles laissent le poisson sauter joyeusement à l'eau. Deux perches flexibles, amincies à leurs extrémités et placées en croix, selon les diagonales du carré, sont la monture de ce filet ; on les réunit à leur point de section par un lien assez lâche terminé par une boucle qui est destinée à recevoir l'extrémité d'une gaule de 4 à 5 mètres avec laquelle on manœuvre tout cet engin.

Amorces attachées au milieu du carrelet : éponge pleine de sang, viande cuite ou crue, morceau de pain recouvert d'asticots bien écrasés, etc., etc.

circonstance, et *bouleurs* les hommes qui se servent de ces perches.

On descend doucement le filet dont les quatre extrémités, toujours visibles, doivent toucher au fond de
l'eau (jamais à plus de 2 mètres de profondeur).

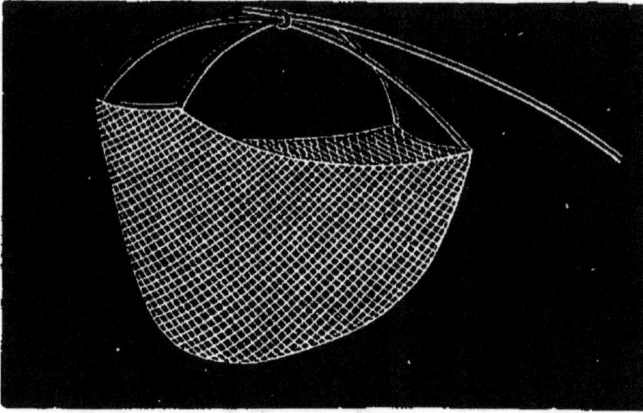

Fig. 28. — Carrelet.

La plupart des pêcheurs, en levant le carrelet hors
de l'eau, tiennent le gros bout de la perche de la main
gauche qu'ils posent contre leurs cuisses, et, de l'autre
main, prennent la perche à environ un mètre de son
extrémité, mais cette méthode entraîne trop de lenteur et donne à la carpe le temps de s'échapper. On
n'y gagne pas davantage à poser la perche sur le bras
gauche, et à peser de la main droite sur le bout, afin
de lever le carrelet comme un pont-levis. L'expérience
prouve qu'il est plus avantageux de mettre le bout de
la perche entre ses jambes, de s'y tenir sans remuer,
tant que le filet reste dans l'eau ; et lorsqu'on veut le
lever, d'allonger les deux mains ensemble, à soixante-
dix centimètres de distance et de peser de tout le poids
de son corps, sur le bout de la perche ; cet expédient
double les forces du pêcheur.

D'autres pêcheurs trouvent beaucoup plus commode

de se placer à califourchon sur la perche, de lever la perche prise très-loin du corps en dressant les deux bras, en pliant les jarrets : c'est un mouvement de bascule.

Si l'eau est trouble, on ne peut pas voir le poisson venu dans le carrelet; on se borne à relever son filet de temps en temps, un peu au hasard. On prend au carrelet, outre le fretin et la blanchaille, les perches, les brochets, les truites, etc.

Le lanet est un échiquier rond dont on se sert surtout en mer, on appelle encore lanet une sorte de trouble. V. plus loin *Trouble*.

DES VERVEUX (VERVEUX SIMPLE, LOUVE, TAMBOURS), DES GUIDEAUX ET DES NASSES.

Le verveux simple est un filet conique (en forme de pain de sucre) long de 1 ou 2 mètres dont le corps est soutenu par trois ou quatre cerceaux de plus en plus petits, en allant de l'ouverture du filet vers la pointe. Un arc de cerceau dont les extrémités inférieures sont réunies par une corde ou par une baguette, soutient la coiffe, sorte d'avancée aux mailles plus grandes. Des *goulets* ou entonnoirs en ficelle, dont les pointes sont retenues par de petites cordelettes réunies elles-mêmes à l'extrémité pointue de l'engin, empêchent les poissons de sortir dès qu'ils sont entrés.

Pour maintenir les cercles loin les uns des autres, malgré le courant, on les roidit droits, arcs-boutés par des baguettes horizontales placées en dehors; on peut employer des piquets perpendiculaires dans le même dessein.

Plus vous aurez de goulets à vos verveux, plus vous

aurez de chances d'y retenir les poissons : les brochets et les carpes ont plus de finesse que les goujons. Les verveux à double ouverture s'appellent louves. La 'ouve se compose d'un tambour à verveux double,

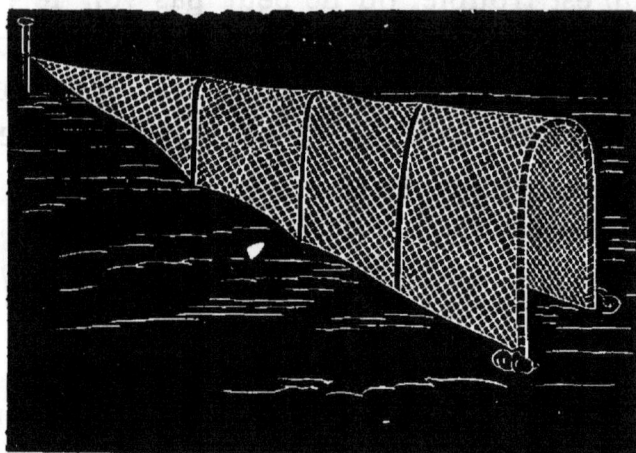

Fig. 29. — Verveux à trois goulets.

dont les ailes sont formées par des gords en filet. Des pierres attachées à l'un des bâtons du tambour le font mieux descendre au fond ; un orin muni d'un paquet de jonc sera fixé sur le dessus, à un bâton opposé pour faire flotter l'extrémité par laquelle on doit retirer la louve. Amorces : viande cuite ou crue ; quelques poissons vivants.

On appelle *verveux à tambours* ou simplement *tambours*, des verveux cylindriques sans coiffe, mais ayant un goulet à chaque extrémité.

Certains verveux sont terminés par des nasses.

On emploie les verveux de jour et de nuit ; si on les a tendus le soir, on les relève le matin. Il est utile de suspendre au-dessus des verveux des joncs, des herbes, etc.

Le courant est-il rapide? tournez vers lui l'ouverture du verveux. Le courant est-il mou? tournez l'ouverture du verveux en aval.

Lavez, faites sécher vos verveux en les retirant de l'eau où ils ne doivent jamais rester plus de deux jours de suite, sans être visités et nettoyés; ils se pourrissent vite.

Largeur des mailles en carré, $0^m,045$ au moins. Embouchure, $1^m,60$ au plus. Trois cercles de bois éloignés de $0^m,65$ environ l'un de l'autre pour tenir l'engin ouvert. Longueur des ailes : 8 mètres.

La nasse Gombin, très-employée dans le Midi, est un tambour qui ne vaut pas la peine d'être décrit d'une façon particulière.

Le guideau est un filet en forme de manche dont vous présentez l'ouverture au courant qui la traverse, au déversoir des moulins, des usines, entre les arches des ponts, etc.

Le guideau a quelquefois 8 et même 10 mètres de long; on place d'ordinaire à son extrémité une nasse ou un verveux.

Les mailles de l'embouchure de guideau ont de $0^m,05$ à $0^m,06$ de côté; celles du fond, $0^m,008$.

En eau vive, on prend anguilles, chevesnes, brèmes, gardons, mais rarement carpes ou tanches (excepté de nuit, par un temps orageux).

Voir pour la pose des guideaux ce que nous avons dit précédemment pour la pose des verveux.

Il n'est pas de filet plus destructeur que le guideau; la loi devrait, dans beaucoup de cas, en interdire l'usage; c'est au guideau que nous attribuons le dépeuplement de beaucoup de nos cours d'eau.

LES NASSES.

Les nasses sont des espèces de paniers faits en joncs, en osier, en cannes et tressés à claire-voie, avec goulet pour retenir le poisson ; à l'opposé du goulet est ménagée une petite porte par laquelle on retire la capture. L'ouverture du goulet est proportionnée à la grosseur du poisson que l'on espère prendre ; des pierres plus ou moins lourdes placées dans l'intérieur de la nasse la font caler convenablement. Une anse

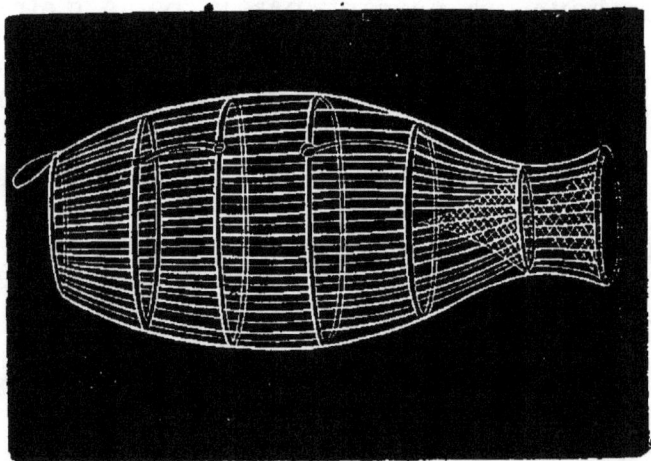

Fig. 30. — Une nasse.

fixée à la partie supérieure de l'engin sert à l'enlever à l'aide d'une gaule.

Amorces : viande cuite ou crue, vers de terre, limaces, moules d'eau douce, écrevisses, limaçons d'eau, grenouilles coupées, etc.

Les meilleurs endroits pour poser les nasses sont : les crônes, les perrés, les digues.

Préférez la nuit au jour, le temps d'orage au temps calme.

Citons : la nasse à anguille à double goulet, la nasse courte à eau morte, la nasse à goulet sur le côté, la nasse longue à lamproie, la nasse longue à eau vive à double goulet, la nasse Gombin ou cylindre à double goulet.

Pêche à l'anguille en eau trouble plutôt qu'en eau claire.

DU TRAMAIL, DE LA SEINE ET DE LA TROUBLE.

Le tramail est formé de trois nappes superposées.

L'intérieure, *toile* ou *flue* à petites mailles.

Les deux extérieures, *hamaux* ou *aumées* à grandes mailles.

Les mailles des aumées sont carrées ou en losanges, de $0^m,15$ à $0^m,30$; les poissons passent à travers pour arriver à la flue qui les arrête en faisant bourse à travers les *mailles* de l'aumée opposée.

Les mailles à la flue, toujours en losange, ont de $0^m,025$ à $0^m,060$ d'ouverture ; elles doivent êtres faites en bon fil retors,

Le flue a toujours deux fois ou deux fois et demie l'étendue des aumées.

Voici comment on s'y prend pour monter convenablement le tramail. Au moyen de quatre pieux étendez une des aumées sur un terrain plat et propre ; passez un bon fil de fouet sans nœuds dans le dernier rang des mailles de la flue, en suivant tout son pourtour ; attachez cette corde aux piquets qui vous ont déjà servi à attacher les angles de l'aumée ; la ficelle du tour est bien tendue mais non la flue ; distribuez, avec toute la régularité possible, les plis de cette flue sur toute l'étendue de l'aumée où elle doit froncer et faire poche uniformément. Alors, mettez sur la flue l'autre aumée que vous tendez comme la première sur les mêmes piquets; vous attacherez avec du fil retors chaque maille de la seconde aumée avec chaque maille correspondante de la première, prenant entre elles deux, une maille de la flue. Bordez les trois filets ensemble, avec une forte corde, garnissez le haut de flottes de liége; le bas de plombées. L'engin est prêt à être employé.

Le tramail se place à poste fixe, en travers du cours d'eau; on le soutient de chaque côté par de grosses pierres ou par des bâtons.

Boulez, à quelques centaines de mètres au-dessous du tramail, dans les petites rivières; dans les grandes rivières et dans les fleuves, chassez les poissons vers le tramail en traînant rapidement une seine, ou une chaîne de fer garnie de cliquetis de bois.

On se sert aussi du tramail pour cerner les crônes, etc.

Tous les poissons se prennent au tramail, même la blanchaille qui s'accroche et s'embrouille dans les mailles de la flue : elle se retirerait saine et sauve si son effroi était moins grand.

Les seines ou saines sont divisées en *seines tendues sur piquets* et en *seines flottées* ou *pierrées*.

A proprement parler, les seines sont des filets simples, plus ou moins grands; les mailles, sans calibre déterminé pour aucune espèce de poissons, ont toujours beaucoup plus de longueur que de chûte. Comme il faut que ces filets se tournent verticalement dans l'eau, la ralingue qui borde la tête est

garnie de flottes de liége ou de bois, et la ralingue
du pied est chargée de lest. Aux extrémités de la ralingue de la tête, sont frappées des cordes plus ou

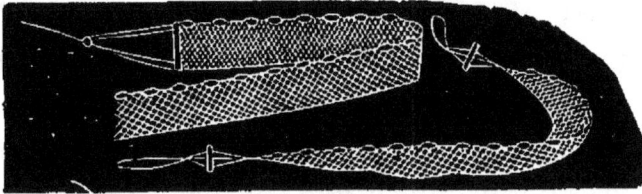

Fig. 31.

moins longues qu'on nomme les bras; elles servent
à tendre ou à traîner le filet.

Toutes les pêches de la seine se faisant en traîne,
on ne peut les pratiquer que sur des fonds unis ; elles
détruisent beaucoup de frai, parce que la ralingue du
bas bouleverse les fonds.

La seine fait surtout une grande destruction de
petits poissons, lorsque la chaleur de l'eau les attire
dans les endroits où il n'y a qu'une épaisseur d'eau
peu considérable.

On proportionne la hauteur ou la chute des seines
à la profondeur de l'eau ; cependant comme il est
avantageux que le filet fasse une poche, mieux vaut
lui donner plus de chute que moins et l'on tient
les mailles plus ou moins grandes selon la grosseur du
poisson qu'on se propose de prendre (Duhamel,
Traité de pêche).

Comme la seine forme dans l'eau une courbe dans
le sens de la longueur et comme le poisson ne s'em-
maille pas, on ne peut relever le filet qu'en joignant
l'une à l'autre les deux ralingues. Ce détail particu-

lier suffit à distinguer la seine d'avec le tramail, le manet et les folles.

On peut pêcher à la seine sans bateau dans les courants qui ont peu de largeur. Pour cela les pêcheurs,
s'étant partagés, moitié d'un côté, moitié de l'autre,
ceux qui ont le filet entre les mains, attachent une
pierre au bout de l'un des bras, et ils le jettent aux pêcheurs qui sont à l'autre bord. Quand ceux-ci ont
saisi le bras qu'on leur a jeté, ils halent sur ce bras et
tirent ainsi le filet vers eux, à mesure que ceux qui l'ont
de leur côté le jettent à l'eau. Quand tout le filet est
établi de la sorte par le travers du courant, les pêcheurs de l'un et l'autre bord halent chacun sur un
bras pour traîner le filet.

Quand la rivière ou le courant ont trop de largeur
pour qu'on puisse jeter un bras de l'autre côté, on
met le filet dans un petit bateau où s'embarquent trois
hommes ; les trois autres qui se tiennent à terre conservent l'un des bras. Deux de ceux qui sont dans le bateau rament pour traverser le courant et le troisième
jette à l'eau le filet pli à pli. Quand le bateau est arrivé
à l'autre bord, les six pêcheurs, trois d'un bord et trois
de l'autre, halent sur les bras et traînent le filet. Lorsqu'ils ont traîné pendant un certain temps, ceux qui
ont mis le filet à l'eau remontent dans le bateau et
gardent le bras sur lequel ils ont halé ; ils repassent
l'eau en décrivant une ligne circulaire, puis finissent
par rejoindre leurs camarades pour tirer le filet à
terre.

Le mot *truble* ou *trouble* est en quelque façon générique : il signifie un filet en poche dont l'embouchure
est attachée à un cercle de bois ou de fer qui porte
un manche ; il y a des troubles de différentes gran-

deurs ; ce qui leur a valu les différents noms de *lanet*, *maniolle*, etc. (voir page 73).

Les grandes troubles sont formées d'un cercle de bois qui est traversé par une perche sur laquelle on forme le manche. On fait des troubles moins grandes.

La plupart des troubles sont rondes, cependant il y en a de carrées ; ces dernières sont plus commodes pour prendre les poissons enfermés dans des huches, dans des réservoirs, etc., parce que cette forme permet mieux au filet de s'appliquer sur les planches du fond.

Quelques petites troubles nommées *louets* ou *sauterelles*, ont leur filet monté sur un morceau de bois contourné (comme celui des raquettes à jouer à la paume) au lieu de l'avoir monté sur un cercle rond.

Indiquons seulement pour mémoire : les *coulettes*, les *salabres*, etc.

SECTION III

CHAPITRE VII

Le Saumon. — La Truite.

Les salmones forment le cent soixante-quatorzième genre de Lacépède, genre ainsi caractérisé :

La bouche à l'extrémité du museau; la tête comprimée; des écailles facilement visibles sur le corps et sur la queue; point de grandes lames sur les côtés, de cuirasse, de piquants aux opercules, de rayons dentelés ni de barbillons; deux nageoires dorsales; la seconde adipeuse et dénuée de rayons; la première plus près ou aussi près de la tête que les ventrales; plus de quatre rayons à la membrane des branchies; des dents fortes aux mâchoires.

Le saumon (1) se plaît dans toutes les mers; on le

(1) Tout ce chapitre est résumé d'après Lacépède, de Savigny, etc. Nous ne faisons pas un cours complet d'ichthyologie; ici, les détails les plus curieux sur les habitudes, les ruses, etc., des poissons, suffiront au lecteur.

trouve sur les côtes occidentales de l'Europe, auprès de tous les rivages de la Baltique, particulièrement dans le golfe de Riga, etc. Il préfère partout le voisinage des grands fleuves et des rivières, dont les eaux douces et rapides lui servent d'habitation pendant une très-grande partie de l'année. Il tient le milieu entre les poissons marins et ceux de rivière. S'il croît dans la mer, il naît dans l'eau douce; si, pendant l'hiver, il se réfugie dans l'Océan, il passe la belle saison dans les fleuves; il en recherche les eaux les plus pures. Il ne supporte qu'avec peine ce qui peut en troubler la limpidité, et c'est presque toujours dans ces eaux claires qui coulent sur un fond de gravier, que l'on rencontre les troupes les plus nombreuses des saumons les plus beaux.

Il parcourt avec facilité toute la longueur des plus grands fleuves. Il parvient jusqu'en Bohême par l'Elbe, en Suisse par le Rhin, et auprès des Hautes Cordillères de l'Amérique méridionale par l'immense Maragnon, etc.

Dans les contrées tempérées, les saumons quittent la mer vers le commencement du printemps; et dans les régions moins éloignées du cercle polaire, ils entrent dans les fleuves lorsque les glaces commencent à fondre sur les côtes de l'Océan. Ils partent avec le flux, surtout lorsque les flots de la mer sont poussés contre les courants des rivières par un vent assez fort que l'onnomme, dans plusieurs pays, *vent du saumon*.

Ils descendent dans la mer vers la fin de l'automne pour remonter de nouveau dans les fleuves à l'approche du printemps. Plusieurs de ces poissons hivernent dans les rivières qu'ils ont parcourues.

Ils s'éloignent de la mer en troupes nombreuses et présentent souvent dans l'arrangement de celles qu'ils forment une certaine régularité. Le plus gros de ces poissons, qui est ordinairement une femelle, s'avance le premier ; à sa suite viennent les autres femelles deux à deux, et chacune à la distance d'un ou deux mètres de celle qui la précède ; les mâles les plus grands paraissent ensuite, observant le même ordre que les femelles, et sont suivis des plus jeunes.

S'ils donnent contre un filet, ils le déchirent ou cherchent à s'échapper par-dessous ou par les côtés de cet obstacle ; et, dès qu'un de ces poissons a trouvé une issue, les autres le suivent, et le premier ordre se rétablit.

Lorsqu'ils nagent, ils se tiennent au milieu du fleuve et près de la surface de l'eau, et comme ils sont souvent très-nombreux, qu'ils agitent l'eau violemment et qu'ils font beaucoup de bruit, on les entend à distance comme le murmure sourd d'un orage lointain; on peut calculer qu'en moyenne ils franchissent par seconde une étendue de huit mètres environ. Leur queue est une rame très-puissante. Les muscles de cette partie de leur corps jouissent même d'une si grande énergie, que des cataractes élevées ne sont pas pour ces poissons un obstacle insurmontable. Ils s'appuient contre de grosses pierres, rapprochent de leur bouche l'extrémité de leur queue, en serrant le bout avec leurs dents, en font par là une sorte de ressort fortement tendu, lui donnent avec promptitude sa première position, débandent avec vivacité l'arc qu'elle forme, frappent avec violence contre l'eau, s'élancent à une hauteur de plus de quatre ou cinq mètres et franchissent la cataracte. Ils retombent quelquefois sans avoir pu s'élancer au delà des rochers, ou l'emporter sur la chute de l'eau ; mais ils recommencent bientôt leurs manœuvres, ne cessent de redoubler d'efforts qu'après des tentatives très-multipliées ; et c'est surtout lorsque le plus gros de leur troupe, celui que l'on a nommé leur conducteur, a sauté avec succès, qu'ils s'élancent avec une nouvelle ardeur.

Les femelles préparent une sorte de petite fosse pour y déposer leurs œufs ; on en a vu alors se frotter si vivement contre le terrain, qu'elles en détachaient avec violence la terre et les petites pierres et qu'en répétant les mêmes mouvements de cinq en cinq minutes, ou à peu près, elles parvenaient, au bout de deux heures, à creuser un enfoncement d'un mètre de long, de 6 ou de 7 décimètres de large, 1 ou 2 décimètres de profondeur, et de 1 ou 2 décimètres de rebord.

Lorsque la femelle a terminé ce travail, dont la principale cause est sans doute le besoin qu'elle a de frotter son ventre contre des corps durs pour se débarrasser d'un poids qui la fatigue et qui la fait souffrir, et lorsque les œufs sont tombés dans le fond de la cavité qu'elle a creusée et que l'on nomme *frayère* dans quelques-uns de nos départements, le mâle vient les féconder en les arrosant de sa liqueur vivifiante.

Les saumons ne fréquentent ordinairement la frayère que pendant la nuit, ou, de jour, par un temps de brouillard.

Après le frai, les saumons, devenus mous, maigres et faibles, se laissent entraîner par les eaux, ou vont d'eux-même reprendre, dans l'eau salée, une force nouvelle.

Les œufs qu'ils ont pondus ou fécondés se développent plus ou moins vite suivant la température du climat, la chaleur de la saison, les qualités de l'eau dans laquelle ils ont été déposés. Le jeune saumon ne conserve ordinairement que pendant un mois ou environ la bourse qui pend au-dessous de son estomac et qui renferme la substance nécessaire à sa nourriture pendant les premiers jours de son existence. Il grandit ensuite assez rapidement et parvient bientôt à la taille de 10 à 12 centimètres. Lorsqu'il a acquis une longueur de 2 ou 3 décimètres, il jouit d'assez de force pour quitter le haut des rivières et pour en suivre le courant qui le conduit vers la mer. A deux ans environ, les jeunes saumons pèsent de 3 à 4 kilogrammes ; à cinq ou six ans, ils pèsent 5 à 6 kilogrammes. En Écosse et en Suède on pêche fréquemment des saumons du poids de 40 kilogrammes et des individus longs de 2 mètres. Les meilleurs saumons de France se trouvent dans la Loire.

Les saumons vivent d'insectes, de vers et de jeunes poissons ; ils s'élancent avec la rapidité de l'éclair sur les moucherons, les papillons, les sauterelles et même sur certains petits oiseaux.

Temps du frai.

Le saumon commun fraie en novembre, février, entre les graviers et les cailloux, en eau douce ; les œufs, au nombre de 10,000 pour une seule femelle pesant environ 5 kilogrammes et âgée de quatre à cinq ans, sont d'un rouge safran pâle ; ils mettent quinze jours à éclore.

Le saumon argenté fraie en mai ; mêmes observations que pour le précédent.

Le saumon Heuch fraie en avril et juin ; environ 10,000 œufs pour une femelle pesant 5 kilogrammes ; ils éclosent au bout d'environ trois mois.

PÊCHE DU SAUMON.

A la ligne, on amorce son hameçon avec l'ammo-dyte, la sangsue, le gros ver de terre bien dégorgé et conservé avec du musc.

Mouche naturelle comme pour la truite, montée sur un hameçon limerick n° 1 ou 2, en empilant deux brins de Florence bien solides; moulinet fonctionnant bien, car le saumon se débat et résiste courageusement; ayez de bonnes jambes, plus d'une fois il vous faudra suivre votre capture à la course, le long de la rivière. On pêche encore le saumon au passer, au poisson vif, au tue-diable monté de poisson mort, à la cuiller. La pêche à la ligne réussit surtout à la source des grands fleuves. Dans l'Allier, on a des lignes de fouet ou de soie de 400 à 500 mètres de longueur.

M. de Savigny raconte ainsi l'histoire d'un pêcheur de saumon de Quimperlé : « Un pêcheur de Quimperlé, fort habile à pêcher le saumon et la truite, passait pour avoir rapporté d'Écosse un appât merveilleux, et s'y prenait de manière à ne jamais jeter ou retirer sa ligne en présence de personne; il usa de ce secret pendant plusieurs années sans pouvoir être surpris.

« Comme le saumon se cantonne et que, quand on l'a vu quelque part, le pêcheur l'y attaque pendant six, huit et même quinze jours de suite, jusqu'à ce que le poisson prenne l'appât, un paysan breton, ayant observé le fait, plaça pendant la nuit un lit d'épines, liées en fascines, dans le lieu où le *sorcier* cherchait à faire mordre un saumon dont il avait eu connaissance. Le lendemain, au troisième coup de ligne, l'hameçon s'accroche et s'engage dans les fascines, la ligne se rompt au-dessus des empiles, et le pêcheur change de place pour ne pas éveiller l'attention; il avait laissé l'hameçon tout amorcé dans le faisceau d'épines et livré son secret au paysan qui l'observait, et qui, la nuit suivante, s'en empara....

« C'était un fort hameçon irlandais recouvert, dans son entier, d'un trousseau de gros vers de terre à tête noire, bien purgés, piqués par le milieu du corps et placés sur le fer, se touchant, se pressant les uns à côté des autres, avec deux émerillons à une ligne ne portant aucune flotte. »

Un saumon d'un grand poids demande environ une heure pour être noyé. Pour la truite, employer aussi le trousseau de vers rouges bien purgés et bien fermés. L'un et l'autre de ces poissons se pêchent aussi au *véron mort*.

On empile deux hameçons, un gros et un petit, de façon que le petit, sur une empile courte, descende à moitié du gros, pour saisir le véron par la tête et par la queue et lui donner de la courbure. La ligne n'a pas de flotte, mais elle est munie de deux émerillons. — Laisser tomber la ligne à l'eau, sans bruit, puis monter, aller à droite et à gauche, agiter sans cesse l'appât en avant, en arrière, en haut et en bas, à droite et à gauche, et sans clapotage.

Le saumon de Heusch se pêche dans le Danube au trident et au lacet; mais un filet de 3 mètres de haut sur 4 mètre de large, garni à chacune de ses extrémités d'une corde que le pêcheur, resté sur le rivage, retient à la main, est plus difficile à lancer que n'importe quel épervier; sa manœuvre demande beaucoup d'adresse et une très-longue habitude.

On prend aussi le saumon avec les verveux, les seines, les guideaux et l'épervier (V. *Filets*). Sur les bords de la Loire, on se sert d'un très-grand carrelet dont le manche forme bascule ; on assomme le saumon dans le filet même.

La chair du saumon est très-délicate ; on la mange fraîche ou salée et marinée.

LA TRUITE.

Même genre que le saumon.

La truite ne diffère des vrais saumons que par les deux rangées de dents dont est armé le corps du vomer (os formant la partie postérieure des fosses nasales). Elle a les dents crochues ; une petite nageoire sans rayon sur le dos. Elle abonde dans les mers circompolaires et dans les eaux douces et vives ; elle est répandue dans un grand nombre de ruisseaux, de rivières et de lacs d'Europe, etc.

On connaît plusieurs espèces de truites, qui toutes sont fort estimées. La truite commune a une teinte généralement grisâtre, avec des reflets dorés et argentés ; ses flancs sont d'un jaune doré mêlé de vert ; ses nageoires sont ornées de nuances pourprées et tout son corps est couvert de taches rouges parfaitement rondes, entourées d'un cercle plus pâle. Les poissons de cette espèce qu'on pêche dans la Seine et ses affluents ont de 30 à 40 centimètres de long et pèsent un demikilogramme ; dans le lac de Genève et dans l'Arve, on en trouve qui pèsent 10 kilogrammes et plus, mais leur chair est moins délicate.

La truite saumonée a la chair rose comme celle du saumon ; les taches de son corps sont noires ; sa tête est petite et en forme de coin. Cette espèce devient plus grande que la précédente ; on la trouve dans les lacs des hautes montagnes et dans les ruisseaux qui

se jettent immédiatement dans la mer ; ce n'est que
vers le milieu du printemps qu'elle entre dans l'eau
douce.

La truite des montagnes a des taches noires, rouges
et argentées, sans anneaux, le dos verdâtre et le ventre
blanc ; c'est la plus petite espèce ; elle est commune en
Suisse ; on la trouve jusque dans le lac élevé du mont
Cenis ; sa chair est rouge et délicate.

La truite ombre-chevalier n'a point de taches sur le
corps ; du blanc changeant en vert, chair grasse et déli-

La Truite.

cate, analogue à celle de l'anguille ; cette espèce est
particulière au lac de Genève.

Les grandes chaleurs, dit Lacépède, peuvent incom-
moder la truite au point de la faire périr. Aussi la voit-
on, vers le solstice d'été, lorsque les nuits sont très-
courtes et qu'un soleil ardent rend les eaux presque
tièdes, quitter les bassins pour aller habiter au milieu
d'un courant, ou chercher près du rivage l'eau fraîche
d'un ruisseau ou celle d'une fontaine. Elle peut d'autant plus aisément choisir entre ces divers asiles qu'elle
nage contre la direction des eaux les plus rapides avec
une vitesse qui étonne l'observateur, et qu'elle s'élance
au-dessus des digues et des cascades de plus de deux
mètres de haut.

La truite se nourrit de petits poissons très-jeunes,
de petits animaux à coquille, de vers, d'insectes, et

particulièrement d'éphémères, de phryganes qu'elle saisit avec adresse lorsqu'elles voltigent auprès de la surface de l'eau.

TEMPS DU FRAI.

Truite commune : septembre-mars, plus tard ou plus tôt, suivant la température ; les œufs, au nombre de 1,000 environ par kilogramme du poids de la femelle, sont gros et ombrés ; ils sont déposés dans les eaux douces, entre les cailloux et le gravier des sources, dans les trous que la femelle creuse avec sa queue ; environ cinquante-huit jours sont nécessaires à l'éclosion, en supposant une température de 5° au-dessus de zéro.

Truite des lacs : septembre-novembre, même proportion pour le nombre des œufs de la grosseur d'environ 6 millimètres et déposés en eaux douces, dans le gravier des courants les plus rapides des montagnes. Même temps nécessaire qu'aux œufs de la truite commune, pour l'éclosion.

Truite saumonée : novembre-février ; environ 1,000 œufs par kilogramme du poids de la femelle ; eaux douces, vives et courantes, fonds de sable et de cailloux ; éclosion, même temps.

PÊCHE DE LA TRUITE.

Quand la truite se repose après sa chasse du soir ou de la nuit, on la pêche assez facilement au grappin, mais en ayant soin de jeter l'amorce un peu en avant de sa tête pour la retirer en passant à sa portée. Si l'on poursuit la truite au moment même où elle chasse, mieux vaut la pêcher à la *grande volée* avec une grosse mouche. Amorces pour les grosses truites : ablette, véron, goujon sur sa bricole. — Pas de bruit ; ligne à la fois très-fine et très-forte ; moulinet fonctionnant bien. Suivez la truite, car elle ne s'écarte pas volontiers de sa route, même pour une mouche de belle apparence. A la *surprise*, il faut descendre la mouche doucement avec un petit mouvement cadencé, sans laisser là florence atteindre l'eau, et non pas en avant du poisson, mais sur le côté.

Préférer le temps de pluie ou l'heure qui suit immédiatement les fortes ondées; un temps sombre; la soirée plutôt que la matinée.

Nous préférons la ligne formée de crins et de soie sans nœuds, sans plomb, ni flotte; plus ou moins longue, selon les lieux où l'on pêche. — Sauterelles et hannetons artificiels en liége, etc.; *diable* ou chenille artificielle faite en soie, en cuir, etc., avec queue en fer-blanc et petits anneaux en fil d'or et d'argent autour du corps; on fait tourner cet appât avec des émerillons.

Comme filets, on emploie les nasses, les louves, le tramail avec vieux linges imbibés d'huile de lin ou de chènevis (V. *Filets*).

La truite des lacs se pêche à la *turlotte,* au moyen d'une petite truite commune accrochée sur un *tue-diable* monté de 8 à 10 hameçons n° 1 ; ou bien avec des lignes de fond tendues la nuit et amorcées de poissons vifs.

Autres amorces : poissons blancs, chevenne, ablette.

Filets dormants qui flottent à une profondeur de 4 à 7 mètres pendant la nuit, non loin des bords, et sont relevés le matin; seine, filet-traînant, trident, pince.

Papillon artificiel, sauterelles, petites écrevisses, etc.

La chair de la truite est un manger délicieux. On peut la saler et la mariner.

CHAPITRE VIII

La Carpe, le Carpeau, le Carrassin, le Barbeau, la Tanche, le Goujon, le Gardon, l'Able, la Brème, la Vandoise, le Bouvier, le Véron, le Chevenne.

La carpe appartient au deux cent onzième genre de Lacépède, genre ainsi caractérisé :

Quatre rayons au plus à la membrane des branchies ; point de dents aux mâchoires ; une seule nageoire du dos.

Toutes les carpes se plaisent dans les étangs, dans les lacs, dans les rivières qui coulent doucement, dit Lacépède. Il y a même dans les qualités des eaux des différences qui échappent aux observateurs les plus attentifs et qui sont si sensibles pour les carpes, qu'elles abondent quelquefois dans une partie d'un lac ou d'un fleuve et sont très-rares dans une autre partie, peu éloignée cependant de la première. Dans la Seine, par exemple, on pêche des carpes à Villequier, mais rarement au-dessous, à moins qu'elles y so iententraînées par les grosses eaux.

On dit que deux ou trois mâles suivent chaque femelle pour féconder sa ponte. A l'époque du frai, les carpes qui habitent dans les fleuves ou dans les rivières s'empressent de quitter leurs asiles pour remonter dans les eaux tranquilles. Si, dans ces sortes de voyage annuel, elles rencontrent une barrière, elles s'efforcent de la franchir. Elles peuvent, pour la surmonter, s'élancer à une hauteur de 2 mètres, et elles s'élèvent dans l'air par un mécanisme semblable à celui que nous avons décrit en traitant du saumon. Elles montent à la surface de la rivière, se placent sur le côté, se plient vers le haut, rapprochent leur tête et l'extrémité de leur queue, forment un cercle, débandent tout d'un coup le ressort que ce cercle compose, s'étendent avec la rapidité de l'éclair, frappent l'eau vivement et rejaillissent en un clin d'œil. Leur conformation et la forme de leurs muscles leur donnent une grande facilité pour cette manœuvre. Leurs proportions indiquent, en effet, la vigueur et la légèreté.

Au reste, leur tête est grosse, leurs lèvres sont épaisses; leur front est large; leurs quatre barbillons sont attachés à leur mâchoire supérieure; leur ligne latérale (ligne de flanc) est un peu courte; leurs écailles sont grandes et striées; leur longue nageoire du dos règne au-dessus de l'anale (nageoire de l'anus), des ventrales (du ventre), et d'une portion des pectorales (de la poitrine).

Ordinairement un bleu foncé paraît sur leur front et sur leurs joues; un bleu verdâtre sur leur dos; une série de petits points noirs le long de leur ligne latérale; un jaune mêlé de bleu et de noir sur les côtés; un jaune plus clair sur leurs lèvres, ainsi que sur leur queue; une nuance blanchâtre sur leur ventre, un rouge brun sur leur anale; une teinte violette sur leurs ventrales et sur leur caudale qui, de plus, est bordée de noirâtre ou de noir. Mais leurs couleurs peuvent varier suivant les eaux dans lesquelles elles séjournent : celles des grands lacs et des rivières sont, par exemple, plus jaunes ou plus dorées que celles qui vivent dans les étangs, et l'on connaît sous le nom de carpes saumonées celles dont la chair doit à des circonstances locales une couleur rougeâtre.

Quand elles sont bien nourries, elles croissent vite et acquièrent une grosseur considérable.

On en pêche dans plusieurs lacs de l'Allemagne septentrionale qui pèsent plus de 15 kilogrammes. On en trouve, près d'Augersbourg, en Prusse, qui pèsent jusqu'à 20 kilogrammes.

Elles peuvent d'autant plus montrer des développements très-remarquables, qu'elles sont favorisées par une des principales causes de tout grand accroissement, le temps. On sait qu'elles deviennent très-vieilles. Buffon parle de carpes de cent cinquante ans, vivantes dans les fossés de Pontchartrain ; dans les étangs de la Lusace, on a nourri des individus de la même espèce âgés de plus de deux cents ans.

Lorsque les carpes sont très-vieilles, elles sont sujettes à une maladie qui, souvent, est mortelle et qui se manifeste par des excroissances semblables à des mousses et répandues sur la tête, ainsi que le long du dos. Elles peuvent, quoique jeunes, mourir de la même maladie, si des eaux de neige ou des eaux corrompues parviennent en trop grande quantité dans leur séjour, ou si leur habitation est pendant trop longtemps recouverte par une couche épaisse de glace qui ne permette pas aux gaz malfaisants, produits au fond des lacs, des étangs ou des rivières, de se dissiper dans l'atmosphère. Ces mêmes eaux de neige, ou d'autres causes moins connues, leur donnent une autre maladie, ordinairement moins dangereuse que la première, et qui, faisant naître des pustules au-dessus des écailles, a reçu le nom de petite vérole. Les carpes peuvent aussi périr d'abcès qui rongent le foie, l'un des organes essentiels des poissons. Elles ne sont pas moins exposées à être tourmentées par des vers intestinaux; et cette disposition à souffrir doit nous étonner dans des animaux dont les nerfs sont plus sensibles qu'on ne le croirait. L'aimant exerce une influence très-marquée sur les carpes même à un décimètre de distance de ces cyprins; la pile galvanique agit sûrement sur ces poissons, principalement lorsqu'ils sont hors de l'eau (1).

Les carpes se multiplient avec une facilité si grande que les possesseurs d'étangs sont souvent embarrassés pour restreindre une reproduction qui ne peut accroître le nombre des individus qu'en diminuant la part d'aliments qui peut appartenir à chacun de ces poissons, et, par conséquent, en rapetissant leurs dimensions, en dénaturant leur qualité, en altérant particulièrement la saveur de leur chair. Lorsque, malgré ces chances et ces efforts, l'espèce s'est soustraite à l'influence des soins de l'homme et qu'il n'a pu imprimer à des individus des caractères transmissibles à plusieurs générations, il peut agir sur des individus isolés, les améliorer par plusieurs moyens et les rendre plus propres à satisfaire ses goûts. Parmi ces moyens, indiquons l'opération imaginée par un pêcheur anglais et exécutée presque toujours avec succès. On châtre les carpes comme les brochets; on leur ouvre le ventre; on enlève les ovaires ou la laite; on rapproche les bords de la plaie, on coud ces bords avec soin; la blessure est bientôt guérie, parce que la vitalité des différents organes des poissons est moins dépendante d'un ou de plusieurs centres communs que si leur

(1) Ce fait est garanti par plusieurs naturalistes; nous répétons une fois pour toutes que les chapitres relatifs aux mœurs des poissons sont des résumés fidèles des ouvrages de nos plus célèbres ichthyologistes.

sang était chaud et leur organisation très-rapprochée de celle des mammifères, et l'animal ne se ressent du procédé qu'une barbare cupidité lui a fait subir, que parce qu'il peut engraisser beaucoup plus qu'auparavant.

Mais il est des soins plus doux qui conservent, multiplient et perfectionnent les générations et les individus ; ce sont particulièrement les précautions que prend un économe habile lorsqu'il veut retirer d'un étang qui renferme des carpes les avantages les plus grands.

Il établit, pour y parvenir, trois sortes d'étangs :

1° Des étangs pour le frai ;

2° Des étangs pour l'accroissement ;

3° Des étangs pour l'engrais.

On choisit, pour les former, des marais ou des bassins remplis de joncs ou de roseaux, ou des prés dont le terrain, sans être froid et très-mauvais, ne soit cependant pas trop bon, pour être sacrifié à la culture des cyprins. Il faut qu'une eau assez abondante pour couvrir à la hauteur d'environ un mètre les parties les plus élevées de ces prés, de ces bassins, de ces marais, puisse s'y réunir et en sortir avec facilité. On retient cette eau par une digue, et, pour lui donner l'écoulement désirable, on creuse dans les endroits les plus bas de l'étang un canal large et profond qui en parcourt toute la longueur et qui aboutit à un orifice que l'on ouvre ou ferme à volonté.

Les étangs pour le frai ne doivent renfermer qu'un hectare environ. Il est nécessaire que la chaleur du soleil puisse les pénétrer ; il est donc avantageux qu'ils soient exposés à l'orient ou au midi et qu'on en écarte toutes sortes d'arbres. Il faut surtout en éloigner les aunes dont les feuilles pourraient nuire aux poissons. Les bords de ces étangs doivent présenter une pente insensible et une assez grande quantité de joncs ou d'herbages pour recevoir les œufs et les retenir à une distance convenable de la surface de l'eau. On n'y souffre ni grenouilles ni autres-animaux aquatiques et voraces. On les garantit, par des épouvantails, de l'approche des oiseaux palmés et on n'en laisse point sortir de l'eau de peur qu'une partie des œufs ne soit entraînée ou perdue. On emploie pour la ponte ou la fécondation de ces œufs, des carpes de sept, de huit et même de douze ans ; mais on préfère celles de six qui annoncent de la force, qui sont grosses, qui ont le dos presque noir et dont le ventre résiste au doigt qui le presse. On ne les met dans l'étang que lorsque la saison est assez avancée pour que le soleil en ait échauffé l'eau. On place communément dans une pièce d'eau d'un hectare seize ou dix-sept mâles et sept ou huit femelles. On a cru quelquefois augmenter leur vertu prolifique en frottant leurs nageoires et les environs de leur anus avec du *castoreum* et des essences d'épicerie ; mais ces ressources sont inutiles et peuvent être dangereuses, puisqu'elles obligent à manier et à presser les poissons pour lesquels on les emploie.

Les jeunes carpes habitent ordinairement pendant deux ans dans les étangs formés pour leur accroissement, et on les transporte ensuite dans un étang établi pour les engraisser, d'où, au bout de trois ans, on peut les retirer déjà grandes, grosses et agréables au goût. Elles y sont nourries, au moins le plus souvent, d'insectes, de vers, de débris de plantes altérées, de racines pourries, de jeunes végétaux aquatiques, de fragments de fiente de vache, de crottin de cheval, d'excréments de brebis mêlés avec de la glaise, de fèves, de pois, de pommes de terre coupées, de navets, de fruits avancés, de pain moisi, de pâte de chènevis et de poissons gâtés.

Si la surface de l'étang se gèle, il faut en faire sortir un peu d'eau afin qu'il se forme au-dessous de la glace un vide dans lequel puissent se rendre les gaz délétères qui, dès lors, ne séjournent plus dans le fluide habité par les carpes.

Il suffit quelquefois de pratiquer dans la glace des trous plus ou moins grands et plus ou moins nombreux et de prendre des précautions pour que les carpes ne puissent pas s'élancer par ces ouvertures au-dessus de la croûte glacée de l'étang, où le froid les ferait bientôt périr. On assure que, lorsque le tonnerre est tombé dans l'étang, on ne peut en sauver le plus souvent les carpes qu'en renouvelant presque en entier l'eau qui les renferme et que l'action de la foudre peut avoir imprégnée d'exhalaisons malfaisantes.

Au reste, il est presque toujours assez facile d'empê-

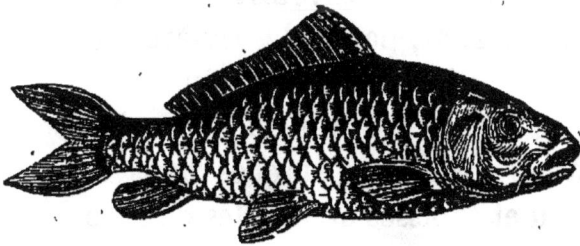

La Carpe.

cher, pendant l'hiver, les carpes de s'échapper par les trous que l'on a pratiqués dans la glace. En effet, il arrive le plus souvent que, lorsque la surface de l'étang commence à se prendre et à se durcir, les carpes

cherchent les endroits les plus profonds et par conséquent les mieux garantis du froid de l'atmosphère,
fouillent avec leur museau et leurs nageoires dans la
terre grasse, y font des trous en forme de bassins, s'y
rassemblent, s'y entassent, s'y pressent, s'y engour-
dissent et y passent l'hiver dans une torpeur assez
grande pour n'avoir pas besoin de nourriture.

Les carpes élevées dans les étangs ne sont pas celles
dont la chair est la plus agréable au goût; on leur
trouve une odeur de vase, qu'on ne fait passer qu'en
les conservant près d'un mois dans une eau très-claire
ou en les renfermant quelques jours dans une *huche*
placée au milieu d'un torrent. On leur préfère celles qui
vivent dans un lac, encore plus celles qui séjournent dans
une rivière et surtout celles qui habitent un étang ou un
lac traversé par les eaux fraîches et rapides d'un grand
ruisseau, d'une rivière ou d'un fleuve. Tous les fleuves
et toutes les rivières ne communiquent pas d'ailleurs
les mêmes qualités à la chair des carpes. Il est des
rivières dont les eaux donnent à ceux de ces cyprins
qu'elles nourrissent, une saveur bien supérieure à celle
des autres carpes; et, parmi les rivières de France, on
peut citer particulièrement celle du Lot.

Les carpes ont la vie très-dure; on les transporte
aisément à de grandes distances dans des tonneaux
remplis d'eau et tapissés de feuilles de roseau et autres
plantes aquatiques. On peut aussi les envelopper dans
des herbes fraîches et molles et de préférence dans des
orties blanches ; on introduit dans leurs ouïes une
tranche de pomme pelée qui les maintient soulevées et
fournit un peu d'humidité à la respiration; si le
voyage doit durer plus d'un jour, on retire les carpes
de leurs boîtes deux fois par jour, on enlève avec pré-

caution les morceaux de pommes et on laisse tranquil-
lement les poissons dans l'eau pendant quelques
heures.

TEMPS DU FRAI.

Cyprin-carpe, mai et août ; environ de 200,000 à
700,000 œufs déposés sur les végétaux aquatiques,
dans les eaux douces ; six ou huit jours d'incubation
par 16 à 20 degrés de chaleur. La carpe est féconde
à trois ans; certaines femelles conservent des œufs
même pendant l'hiver.

PÊCHE DE LA CARPE.

Pour vous assurer si les lieux où vous voulez pêcher
contiennent des carpes, placez vos appâts de fond
(graines cuites, etc.)(1) sur le sable, en des endroits dé-
garnies d'herbes; si le fond est vaseux, posez ces
mêmes appâts sur une planche recouverte de terre
glaise ; une corde fixée à un bâton, sur le rivage, vous
permettra de retirer cette planche en cas de besoin.

Parmi les principaux appâts pour la pêche à la ligne,
citons :

Marc de chènevis, 500 grammes.

Saindoux, 60 grammes.

Miel, 60 grammes.

Huile de héron, 60 grammes.

Pain blanc rassis, 800 grammes.

Musc, 4 grammes.

Mêlez le tout ensemble pour en former une pâte que
vous couperez en petits morceaux et dont vous garnirez
vos hameçons (en automne surtout).

Appât de Walton :

Gros vers rouges gardés pendant environ un mois

----

(1) V. *Amorces.*

dans de la mousse que vous changerez de temps en temps ; les lignes seront garnies de longs tuyaux de plumes d'oie ou de cigogne ; le plomb sera attaché à 0ᵐ,50 au-dessus de l'hameçon, à la mesure bien exacte du fond et de manière à faire enfoncer un peu sous l'eau le liége de la plume.

Autre amorce :

Abeilles ou grosses mouches ; chenilles vertes du chou (au printemps).

Autre appât :

Mettez de la chair de héron dans une bouteille et enterrez cette bouteille dans du fumier chaud pendant quinze jours au moins : la chair prend alors une consistance huileuse ; vous mêlez ce liquide à du chènevis, à de la mie de pain et vous partagerez en boulettes. Bien refermer la bouteilles de peur d'évaporation.

Pour frotter l'hameçon, on emploie la composition suivante :

Camphre, 2 grammes.

Musc, 2 grammes.

Huile d'aspic, 7 ou 8 gouttes.

Momie (1), 2 grammes.

Autre (Adanson) :

Froment, 1 litre.

Chènevis, 1 litre.

Tanaisie, 3 fortes poignées.

Baume vulgaire, 3 fortes poignées.

Bouse de vache fraîche, une quantité très-grande.

Eau, 10 litres.

Faites bouillir jusqu'à consistance de pâte épaisse ; faites-en des boulettes que vous déposerez le soir aux

---

(1) Mélange qu'on trouve chez les marchands d'engins.

endroits où vous voulez pêcher le lendemain matin.

L'amorce suivante, étant un poison, ne doit être employée qu'avec beaucoup de précaution, dans un vivier fermé ou dans un cours d'eau appartenant à un particulier.

Un fiel de bœuf.

Cumin en poudre, 15 grammes.

Coque du Levant pulvérisée, 60 grammes.

Farine, 500 grammes.

Pétrissez avec de l'eau-de-vie; faites cuire au four et jetez, par morceaux, dans l'endroit convenable. Ce mélange se conserve longtemps.

Autre amorce :

Broyez dans un mortier du fromage de Gruyère ou de Hollande avec du vin et de la lie d'huile d'olive, jusqu'à consistance de pâte ; ajoutez quelques gouttes d'eau-de-vie; divisez en boulettes grosses comme des pois.

Quand on pêche la carpe à la ligne dormante, on amorce le soir pour le matin, ou le matin pour le soir. On pêche encore la carpe avec la ligne à tanches et avec la ligne à perches garnie de flotte, hameçon n° 2 ; mouches, blé, vers, etc., mais pas d'appâts artificiels.

On prend au collet les carpes endormies au soleil par une chaude journée d'été. C'est un lacet ou nœud coulant en fil de laiton, attaché à l'extrémité d'un bâton ; il faut tirer la tête hors de l'eau la première ; sans quoi, le poisson échappe. Nous préférons la fouane au collet, qui ne nous a jamais réussi.

On se sert du tramail, de la louve, de l'épervier, de la seine, etc. (V. *Filets*.)

Temps convenable : depuis février jusqu'en juin, par des jours calmes et une douce température, à toutes les heures de la journée ; de juin en septembre, préférez les heures très-matinales et le soir ; de septembre en février, les carpes ne mordent presque jamais, même aux appâts les plus efficaces d'ordinaire. Il ne faut pêcher la carpe dans les étangs qu'à partir du mois de mai.

Silence rigoureux ; n'approcher du bord que le moins possible ; piquer aussitôt que le poisson a mordu. Après le frai, il faut jeter sa ligne dans les eaux profondes. Ligne solide, moulinet libre.

LE CARPEAU DE LA SAÔNE ET LE CARRASSIN.

Même genre que la carpe.

Le carpeau ne diffère de la carpe que par l'aplatissement très-prononcé de son abdomen ; les appendices, les nageoires, la queue, la bouche, les écailles, sont les mêmes que chez la carpe.

Nous serions assez porté à croire que le carpeau n'est qu'une carpe mâle, manquant de laite, et frappée, par conséquent, d'une sorte d'avortement : un eunuque de naissance. Les plus gros carpeaux ne pèsent guère plus de trois ou quatre kilogrammes ; ceux de la Saône ont une chair fine et délicate ; ceux du Rhône sont coriaces.

Pêche, V. plus haut, *Pêche de la carpe.*

Le carrassin, long d'environ 0m,30 sur 0m,10 de haut, offre la même structure que la carpe commune, mais il a le corps très-élevé, la ligne latérale droite, la tête très-petite, la nageoire caudale coupée carrément ; le dos est d'un brun foncé, olive sur la tête ; les côtes sont verdâtres en haut, jaunâtres en bas. Le blanc et le rouge se mêlent sur le ventre.

Quoiqu'il se tienne de préférence dans les fonds glaiseux et marneux, sa chair ne contracte pas le goût de vase ; il vit de débris de substances organisées, de végétaux, de vers, etc. ; on enlève avec soin les écailles qui renferment, dit-on, une substance légèrement vénéneuse. Nous nous sommes bien trouvé d'avoir employé plusieurs fois le carrassin pour empoissonner les mares sans valeur et les tourbières.

Pêche. V. plus haut, *Pêche de la carpe.* Seulement, il ne faut pas oublier que le carrassin mord moins facilement aux esches que la carpe et le carpeau.

Dans quelques pays, le carrassin s'appelle encore : *carpe à la lune.*

LE BARBEAU, BARBIAU OU BARBLAU.

Même genre que la carpe.

Le barbeau est caractérisé par ses barbillons et la brièveté de ses nageoires dorsales et anales. Il porte à la mâchoire supérieure quatre barbillons, dont deux au bout et deux aux angles ; de là lui vient son nom. Le barbeau commun a une longueur d'environ 30 ou 40 centimètres.

La partie supérieure de ce cyprin est olivâtre ; les côtés sont bleuâtres au-dessus de la ligne latérale et blanchâtres au-dessous de cette même ligne qui est droite et marquée par une série de points noirs ; le ventre et la gorge sont blancs ; une nuance rougeâtre est répandue sur les pectorales, sur les ventrales, sur la nageoire de l'anus et sur la caudale qui d'ailleurs montre une bordure noire ; la dorsale est bleuâtre. La lèvre supérieure est rouge, forte, épaisse, et conformée de manière que l'animal peut l'étendre et la retirer facilement. Les écailles sont striées, dentelées et attachées fortement à la peau. L'épine dorsale renferme quarante-six ou quarante-sept vertèbres, et s'articule de chaque côté avec seize côtes.

Le barbeau se plaît dans les eaux rapides qui coulent sur un fond de cailloux ; il aime à se cacher parmi les pierres et sur les rives avancées. Il se nourrit de plantes aquatiques, de limaçons, de vers et de petits poissons ; on l'a vu même rechercher des cadavres. Il parvient au poids de 9 ou 10 kilogrammes. Il ne produit que vers la quatrième année ; pour frayer, il remonte dans les rivières ; sa chair est fine, mais on dit ses œufs malfaisants. Au moindre bruit il se cache sous les rochers saillants, et il se tient sous cette espèce de toit avec tant de constance que, lorsqu'on fouille son asile, il souffre qu'on lui enlève ses écailles, et

Le Barbeau.

reçoit même souvent la mort plutôt que de se jeter contre le filet qui entoure sa retraite, et dans les mailles duquel le rayon dentelé de ses dorsales ne contribuerait pas peu à le retenir.

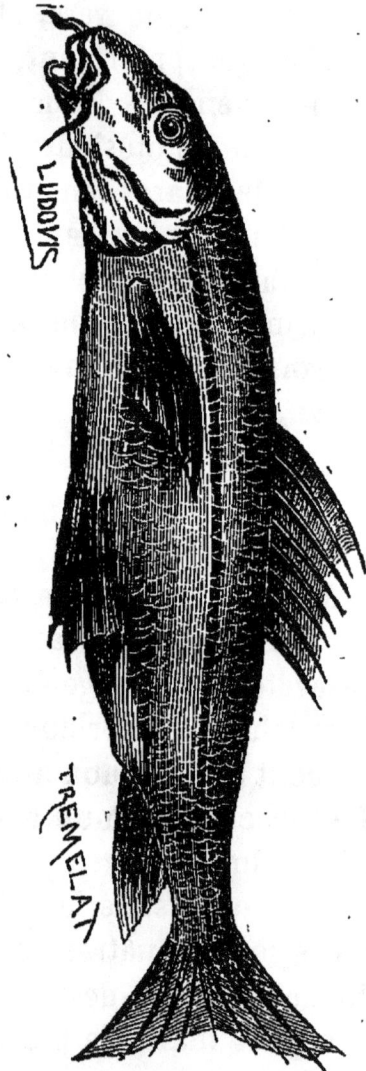

Les barbeaux se réunissent en troupes de douze, de quinze et quelquefois de cent individus. Ils se renferment dans une grotte commune, à laquelle leur association doit le nom de *nichée* que leur donnent les pêcheurs. Lorsque les rivières qu'ils fréquentent charrient des glaçons, ils choisissent des graviers abrités contre le froid et exposés aux rayons du soleil ; et si la surface de la rivière se gèle et se durcit, ils viennent assez fréquemment auprès des trous qu'on pratique dans la glace, peut-être pour s'y pénétrer du peu de chaleur que peuvent leur donner les rayons affaiblis du soleil de l'hiver.

Plusieurs barbeaux se trouvent-ils réunis dans un réservoir où ils manquent de nourriture ; ils suçent la queue les uns des autres, au point que les plus gros ont bientôt exténué les plus petits.

Temps du frai.

Mai, juin, par 8° à 10° au-dessus de zéro ; la femelle dépose de 7,000 à 8,000 œufs, d'un jaune orange, et gros comme un grain de millet, sur les graviers, dans les courants rapides et profonds ; huit à neuf jours sont nécessaires à l'éclosion quand la saison est chaude. Les barbeaux fraient à 4 ou 5 ans.

Pêche du barbeau.

On se sert de la *ligne à soutenir* faite de soie écrue, et longue d'environ 8 mètres ; hameçon n° 2 ou 3 empilé sur deux brins de boyau ; le plomb est placé à 65 centimètres de l'hameçon, on attache la ligne à un scion de baleine.

Pour amorces on prend des jaunes d'œufs, du fromage de Gruyère, des vers à queue de rat, si communs dans les lieux d'aisances, des sangsues, des vers rouges ;

on peut escher avec de la rate de bœuf ou avec une viande cuite quelconque.

En été, nous préférons le fromage de Gruyère pour les lignes de fond. Les meilleures heures de la journée sont celles du soir et du matin ; printemps et été.

La *ligne à pêcher dans les pelotes* ressemble à la *ligne à soutenir,* mais vous empilerez l'hameçon sur la soie de la ligne, et vous n'en éloignerez le plomb que de 54 millimètres ; — depuis 7 heures du soir jusqu'au matin, quand il n'y a pas de clair de lune.

Les *pelotes* se font avec de la terre glaise dont on forme une masse bien garnie d'asticots, de viande, etc. ; et au milieu de cette pelote est l'hameçon amorcé lui-même d'une trentaine de vers ; l'eau dissolvant la terre glaise en dix minutes environ, il faudra renouveler votre pelote dans cet espace de temps. Ne levez l'hameçon que quand vous sentirez un mouvement brusque et une sorte de tremblement uniforme sur le scion ; mais alors, piquez en tirant promptement la ligne.

Pour les jeux ou lignes de fond, les plombs pèsent 500 grammes, et les hameçons n° 5 sont empilés sur deux racines, et amorcés avec des morceaux de fromage de Gruyère détrempé préalablement dans l'urine avec quelques gousses d'ail, pendant environ une demi-heure.

On pêche encore le barbeau avec toutes sortes de filets, mais, de préférence, avec le verveux et l'épervier.

En automne, nous avons souvent pris des barbeaux en lançant sur eux, pendant qu'ils sont agglomérés en masse et engourdis, un grappin fait de deux ou trois hameçons n° 00 ; nous le retirions vivement, et il a souvent retenu trois barbeaux accrochés, celui-ci par la tête, celui-là par la queue, cet autre par le ventre.

LA TANCHE OU TENCHE, ET LE GOUJON.

Même genre que le précédent.

La tanche ne diffère guère du goujon dont nous parlerons plus loin, que par sa taille plus grande, et par la petitesse de ses écailles ; elle a les nageoires dorsales courtes et sans aiguillons ; les barbillons très-petits ; les écailles lisses et presque invisibles. La tanche commune a environ 2 à 3 décimètres de long.

Communément, on remarque du jaune verdâtre sur ses joues, du blanc sur sa gorge, du vert foncé sur son front et sur son dos, du vert clair sur la partie supérieure de ses côtés, du jaune sur la partie inférieure de ces dernières portions, du blanchâtre sur le ventre, du violet sur les nageoires ; mais plusieurs individus montrent un vert plus éclairci, ou plus voisin du noir ;

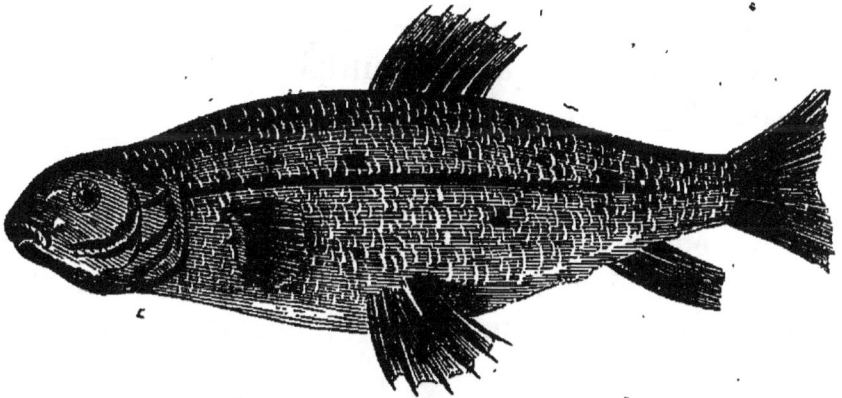

La Tanche.

les mâles particulièrement ont des teintes moins obscures ; ils ont aussi les ventrales plus grandes, les os plus forts, la chair plus grasse et plus agréable au goût. Dans les femelles comme dans les mâles, la tête est grosse, le front large, l'œil petit, la lèvre épaisse ; le dos un peu arqué ; toute la surface de l'animal est couverte d'une matière visqueuse assez abondante pour empêcher de distinguer facilement les écailles.

Les tanches habitent les lacs et les marais ; les eaux stagnantes et vaseuses sont celles qu'elles recherchent ; elles ne craignent point les rigueurs de l'hiver ; on n'a pas même besoin, dans certaines contrées, de casser en différents endroits la glace qui se forme au-dessus de leur asile ; ce qui prouve qu'il n'est pas nécessaire d'y donner une issue aux gaz qui se forment dans leurs retraites : ce qui paraît indiquer qu'elles y passent la saison du froid enfoncées dans le limon et, au moins, à demi engourdies.

On peut mettre les tanches dans les viviers, dans les mares, même dans de simples abreuvoirs ; elles se contentent de peu d'espace. Elles se nourrissent des mêmes substances que les carpes et peuvent, par conséquent, nuire à leur multiplication. Leur poids arrive à 3 ou 4 kilogrammes.

TEMPS DU FRAI.

Mai, juillet par 18° à 25° de chaleur. La femelle dépose environ 297,000 œufs verdâtres et calleux, dans les rivières, dans les étangs, dans les eaux dormantes parmi les plantes aquatiques ; l'incubation dure de six à sept jours.

PÊCHE DE LA TANCHE.

On se sert d'une ligne longue de 8m,15, composée de crins et de soie vert d'eau et façonnée en queue de rat ; petit bouchon ; plomb entre deux nœuds dont le premier se trouve à 65 centimètres de l'hameçon et le second à 1m,30 ; hameçon n° 2 empilé sur racine ; pour amorce, un gros ver de terre. Choisissez un jour couvert ; le soir, le matin, les heures qui suivent les petites ondées ; avril et mai. Laissez filer environ 1ᵐ,30 de ligne, quand le poisson a pris.

Dans les étangs, on pêche les tanches depuis mai jusqu'en septembre; dans les rivières, depuis avril jusqu'en octobre.

On pêche encore les tanches avec le tramail, la seine, les tambours ou louves, les verveux, etc. (V. *Filets*). Amorcer, dans ce cas, avec des intestins de lièvre ou de lapin.

LE GOUJON.

Même genre que le précédent.

On distingue le goujon à la dorsale et à l'anale courtes et dépourvues d'épines, et aux barbillons situés de chaque côté, aux angles de la bouche.

Les couleurs varient avec l'âge des goujons et la

Le Goujon.

nature de l'eau dans laquelle ils sont plongés, mais, le plus souvent, un bleu noirâtre règne sur leur dos; leurs côtés sont bleus dans leur partie supérieure; le bas de ces mêmes côtés et le dessous du corps offrent des teintes mêlées de blanc et de jaune; des taches bleues sont placées sur la ligne latérale; et l'on voit des taches

noires sur la caudale et sur la dorsale qui sont jaunâtres ou rougeâtres, comme les autres nageoires.

L'espèce type est notre goujon commun; une seconde espèce, le goujon *obtusirostris*, a été trouvée
dans la Somme; et une troisième espèce, le goujon *urano-
scopus*, dans le Danube. Les femelles sont cinq ou six
fois plus nombreuses que les mâles.

Les goujons aiment les eaux vives, ni trop froides
ni trop rapides, à fond de sable, riches en insectes
microscopiques. Ils vivent en troupes; dans les étangs,
on donne les goujons comme nourriture aux truites,
aux brochets, aux anguilles, etc. Leur longueur ordinaire est de 56 à 100 millimètres.

TEMPS DU FRAI.

Avril et mai, jusqu'en novembre; un nombre énorme
d'œufs verdâtres, très-petits, déposés entre les pierres,
en eaux douces; il faut un mois entier à la femelle
pour qu'elle se débarrasse de ses œufs.

PÊCHE DU GOUJON.

Corps de ligne de deux ou trois crins tordus avec
une avancée d'un seul brin bien choisi; montez un ou
deux hameçons nᵒˢ 12 à 15; flotte de grosseur
moyenne, équilibrée avec du plomb de manière à lui
faire conserver la ligne verticale; l'hameçon doit toujours traîner sur le sable. Nous nous servons aussi
assez souvent avec succès de la balance. Appât : ver
rouge bien vif pris dans du terreau ou du fumier;
asticot.

Ne ferrez qu'*au coup tirant*.

Boules de terre glaise garnies de son ou d'asticots
pour attirer le goujon; panier rempli de feuilles de
mûrier pilées avec du chènevis ou du pain et descendu
au fond de l'eau.

8

Mois favorables : août, septembre, octobre et novembre en eau claire ; en hiver, préférez l'eau trouble.

On emploie encore la seine à petites mailles ; le goujonnier, petit épervier à mailles très-fines et ne portant qu'environ 5 kilogrammes de plomb ; le carrelet ou échiquier plat, large d'environ 1^m,60.

Pêche à la bouteille. — Bouteille en verre blanc à fond conique rentrant et percé d'un trou d'environ 3 centimètres pour donner passage au poisson ; le goulot est fermé par un bouchon dans lequel est un petit tuyau de plume qui laisse l'air s'échapper. On lance la bouteille avec une ficelle et on la retire au bout de quelques heures.

LE GARDON, L'ABLE OU ABLETTE.

Même genre que le précédent.

Le gardon ou rosse tient le milieu entre la carpe et la brème. Ses nageoires sont rouges ; sa chair blanche est d'assez bon goût, mais garnie d'arêtes fourchues qui rendent ce poisson incommode à manger. Son nom lui vient de *garder*, parce qu'il se garde plus longtemps vivant que beaucoup d'autres poissons, dans un vase plein d'eau.

Le *gardon de fond* s'appelle encore *gardon blanc* et *gardon carpé* parce qu'il ressemble beaucoup à la carpe, quoiqu'il soit moins épais et qu'il ait une forme moins massive et moins brillante ; le gardon rouge s'appelle aussi *rotengle* ou *able rotengle*. Notre gardon commun dépasse rarement 27 centimètres de longueur ; il pèse environ 500 à 750 grammes ; il aime les eaux courantes, les environs des ponts, des vannes, les embouchures des ruisseaux, les fonds propres et sablonneux.

TEMPS DU FRAI.

Mi-mai. Œufs nombreux. On a compté jusqu'à environ 25,000 œufs dans une femelle de médiocre grosseur ; les œufs sont déposés dans les endroits herbeux.

PÊCHE DU GARDON.

Ligne de six crins, longüe d'environ 5 mètres ; hameçon n° 10 ou 12 empilé sur racine ; le plomb sera placé à 27 centimètres de l'hameçon, de manière à maintenir la flotte droite dans l'eau ; l'hameçon doit tomber à environ 55 millimètres du fond ; le gardon nage la tête en bas et ne tire presque pas en mordant. Piquez promptement. Le silence est de rigueur.

Appât : des vers de viande dits *épines-vinettes* ; on amène ces vers à l'état de nymphes d'un rouge de cerise en les tenant enfermés pendant dix ou douze jours dans un sac rempli de son.

Pelotes de terre glaise garnies de crottin de cheval ou d'épines-vinettes pour amorcer le soir, quand on doit pêcher le matin. Blé cuit avec du chènevis et mêlé d'une poignée de sel. On commence la pêche du gardon au mois de mai ; si l'on se sert de blé cuit, un seul grain à l'hameçon suffit. En novembre, vous préférerez des lignes de jeux avec plusieurs hameçons empilés sur une seule racine et des vers rouges pour amorces.

Pendant l'hiver, ligne ordinaire amorcée avec des vers de terreau ou de fumier.

Dans les étangs, amorcez avec des sauterelles vertes.

Carrelet. V. *Filets.*

L'able, ablette ou ablet est un petit poisson ainsi nommé de sa couleur blanche (*albus*, blanc en latin) ; son organisation se rapproche beaucoup de celle de la carpe ; corps aplati, argenté ; tête pointue ; mâchoire inférieure un peu plus longue que l'autre. Il ne dépasse guère 7 centimètres. Il est commun dans la Seine ; on le pêche pour en retirer une substance nacrée, nommée *essence d'Orient*, dont on se sert pour la fabrication des fausses perles. Pour préparer cette essence, on écaille d'abord les ablettes ; on lave ensuite les écailles, on les broie dans l'eau, puis on laisse reposer la matière, qui se rassemble au fond sous forme d'une huile épaisse de la couleur des perles. Il suffit ensuite de décanter et d'introduire une goutte de cette liqueur, à l'aide d'un chalumeau, dans les petites bulles de verre qui forment le corps de la perle fausse et que l'on remplit ensuite de cire pour leur donner plus de solidité. C'est un nommé Jannin, marchand de chapelets à Paris, qui a inventé cette fabrication.

Il faut dédaigner les écailles olivâtres, bleues ou rouges, pour n'employer que les blanches.

On alimente les étangs avec les ablettes ; avec elles, on amorce les lignes à anguilles, à truites et à brochets.

TEMPS DU FRAI.

Mai, juin. Œufs blancs, translucides, très-petits ; déposés sur les plantes aquatiques qui flottent à la surface de l'eau ; entre les cailloux.

PÊCHE DE L'ABLETTE.

La ligne dite *ligne à ablette* est longue de 3ᵐ,25 ; vous attacherez un crin au bas, deux au milieu et trois dans le haut ; vous placerez à 160 millimètres de distance les uns des autres, trois hameçons de 16 ; la flotte sera à 1 mètre de distance de l'hameçon inférieur ; un plomb léger séparera les deux autres hameçons.

La *ligne à fouetter* n'a ni plomb ni flotte ; les hameçons sont attachés sur le seul crin qui forme toute sa longueur.

Amorcez en jetant dans les parages où vous voyez le plus souvent venir les ablettes : vers de viande mêlés de crottin de cheval; c'est avec ces mêmes vers que vous garnissez vos hameçons. Mouches ordinaires. Autre appât : descendez le soir dans un fond d'environ 1^m,50 un panier rempli de sang caillé de bœuf mêlé de crottin de cheval; fixez ce panier à un solide poteau pour que l'eau ne l'entraîne pas et pêchez le lendemain matin à la ligne ou au filet. Les meilleures heures de la journée sont le matin et le soir.

Depuis mars jusqu'en novembre l'ablette mord à toute heure du jour ; eaux profondes d'environ 1^m,30, ni courantes ni tout à fait dormantes : tenez-vous le plus possible éloigné du bord. Silence complet. Les filets les plus employés pour pêcher l'ablette sont : l'épervier dru à mailles de 7 à 9 millimètres de largeur, d'un bon usage dans l'eau trouble; l'ablier, filet spécial pour cette sorte de poisson; la trouble bonne surtout pour les pêches d'hiver. V. *Filets*.

LA BRÈME.

Même genre que les précédents.

La brème est commune dans toutes les eaux douces d'Europe, mais elle multiplie surtout dans les grands lacs du nord et du nord-est de ce continent. Elle ressemble beaucoup à la carpe. En mars 1749, on prit d'un seul coup de filet dans un grand lac de Suède voisin de Nordkiœping cinquante mille brèmes pesant ensemble plusieurs milliers de kilogrammes. Quelques

individus de cette espèce dépassent un mètre en longueur et pèsent dix kilogrammes (Lacépède).

On dirait que la tête de la brème a été tronquée. Sa
bouche est petite; ses joues sont d'un bleu varié de
jaune; son dos est noirâtre; cinquante points noirs ou

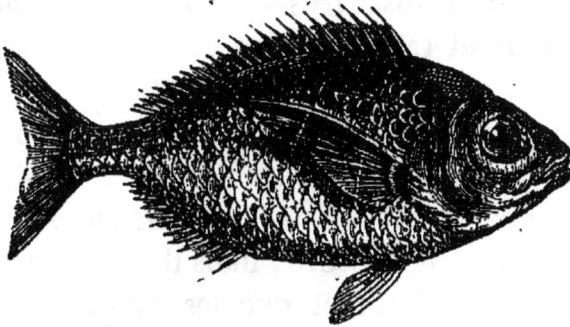

La Brème.

environ sont disposés le long de la ligne latérale; du
jaune, du blanc et du noir sont mêlés sur les côtés; on
voit du violet et du jaune sur les pectorales, du violet
sur les ventrales, du gris sur la nageoire de l'anus.

Lorsque, au printemps, les brèmes cherchent, pour
frayer, des rivages unis ou des fonds de rivières garnis d'herbages, chaque femelle est souvent suivie de
trois ou quatre mâles. Elles font un bruit assez grand
en nageant par troupes nombreuses, et cependant
elles distinguent le son des cloches, celui du tambour,
ou tout autre analogue, qui quelquefois les effraie,
les éloigne, les disperse ou les pousse dans les filets du
pêcheur.

Dans le temps du frai, les mâles, comme ceux de
presque toutes les autres espèces de cyprins, ont sur
les écailles du dos et des côtes de petits boutons qui les
ont fait désigner par différentes dénominations.

Si la saison devient froide avant la fin du frai, les

femelles éprouvent des accidents funestes; l'orifice par lequel leurs œufs seraient sortis se ferme et s'enflamme, le ventre se gonfle, les œufs s'altèrent, se changent en une substance granuleuse, gluante et rougeâtre, l'animal dépérit et meurt.

Les brèmes sont aussi très-sujettes à renfermer des vers intestinaux et très-exposées à une phthisie mortelle.

Elles sont poursuivies par l'homme, par les poissons voraces, par les oiseaux nageurs. Les buses et d'autres oiseaux de proie veulent aussi, dans certaines circonstances, en faire leur capture; mais il arrive que si la brème est grosse et forte et que les serres de la buse aient pénétré assez avant dans son dos pour s'engager dans sa charpente osseuse, elle entraîne au fond de l'eau son ennemi qui y trouve la mort.

Les brèmes perdent difficilement la vie lorsqu'on les tire de l'eau pendant le froid; et alors on peut les transporter à dix myriamètres sans les voir périr, pourvu qu'on les enveloppe dans de la neige et qu'on leur mette dans la bouche du pain trempé dans de l'alcool.

On peut voir à la tête d'une troupe de brèmes un poisson que les pêcheurs ont nommé chef de ces cyprins et que Bloch était tenté de regarder comme un métis provenu d'une brème et d'un rotengle. Ce poisson a l'œil plus grand que la brème; les écailles plus petites et plus épaisses; l'iris bleuâtre; la tête pourpre; les nageoires pourpres et bordées de rouge; plusieurs taches rouges et irrégulières; la surface enduite d'une matière visqueuse très-abondante.

TEMPS DU FRAI.

Avril, mai, quand la température est à + 12. La fcmelle dépose 137,000 œufs d'un blanc transparent, sur les roseaux et autres plantes du rivage ; il y a trois époques du frai ; les grosses brèmes fraient avant les petites ; 8 ou 10 jours d'incubation.

La brème bordelière fraie en mai et juin ; elle dépose 108,000 œufs d'un blanc transparent sur les herbes des rivages peu rapides.

La brème rosse fraie en avril et juin ; mêmes observations que pour la précédente.

PÊCHE DE LA BRÈME.

La ligne pour la pêche de ce poisson doit être faite de huit crins en soie de Chine préparée, ou en boyaux de vers à soie ou en crins ; longueur, 5 mètres à 5^m,50 ; le plomb à 33 centimètres au-dessus de l'hameçon.

Amorces : appâts servant pour la carpe (V. *Carpe*), asticots ; petits vers rouges, par un temps chaud, en juin, juillet, par exemple. En juillet, août et septembre nous employons de préférence le blé cuit mêlé d'un huitième de chènevis, ou le riz.

Aux jeux, nous amorçons avec les vers rouges de fumier et de terreau, des vers à queue de rat (communs dans les lieux d'aisances).

La pêche à la ligne commence en juin pour finir en septembre ; les heures du matin et du soir sont les meilleures.

Égouts, endroits vaseux, eaux peu profondes et pas trop rapides, grand silence ; se tenir assez éloigné du bord ; piquez dès que la flotte reçoit le plus faible mouvement.

On se sert, pour pêcher la brème, de l'épervier, des nasses et de la seine (V. *Filets*). On amorce le soir avec du blé bien cuit, du son et du chènevis ; on pêche dès le matin.

LA VANDOISE OU DARD.

Même genre que les précédents.

La vandoise, ou vaudoise ou dard, longue d'environ 0m,25 sur 0m,08 de hauteur, a le corps allongé, arrondi en dessous, verdâtre et bleu sur les côtés; les flancs et le ventre sont argentés de reflets bleus. La tête est étroite, les lèvres sont violacées, les yeux blanc-jaune avec une tache noire au-dessus; elle a deux pièces à chaque opercule.

La dorsale et la caudale sont d'un vert clair lavé de rougeâtre. La dorsale a 10 rayons, la ventrale 9, l'anale 11, la pectorale 15; rouge pâle lavé d'orangé sur les rayons.

Elle se nourrit d'insectes, de vers, etc.; elle est très-commune dans les fleuves et dans les rivières à fond de sable et à eau courante, près de la chute des moulins, le long des quais et des perrés. Chair peu recherchée parce qu'elle a trop d'arêtes.

TEMPS DU FRAI.

Fin du printemps, parmi les herbages de l'eau douce et courante.

PÊCHE DE LA VANDOISE.

Ayez une ligne fine, avec flotte légère, hameçon n° 14 ou 15; empile fine et peu luisante; traînez légè-rement; piquez dans le plan vertical.

Amorces : sang caillé, vers dit *porte-bois;* boulettes de terre glaise ou de terre qui se trouve sous les excré-ments desséchés. bouse de vache et orge bouillie; mouche naturelle.

Pêche au lancer et à la surprise. — Nous préférons le simple crin à tout autre, et nous laissons toujours

à notre ligne un excédant d'environ 1ᵐ,50 sur la baguette pour pouvoir facilement filer avant de rame-
ner en amont.

Empilage de soie blanche vernie.

Le temps le plus favorable est le matin : juin, juillet
et août.

Toutes sortes de filets (V. *Filets*).

Indiquons seulement pour mémoire :

La vandoise bordelaise qui ressemble au dard; elle
est commune dans la Gironde.

La vandoise aubour qui ressemble au chevenne.

La vandoise blangeon qui ressemble au dard.

LA BOUVIÈRE.

Tous les poissons appartenant au genre bouvière
ont la bouche sans barbillon, le corps plat, large, sans
rayons dentés avec nageoires dorsale et anale; cinq
dents pharyngiennes par côté et sur un seul rang.

La bouvière-amère est longue de 0ᵐ,04 sur 0ᵐ,015
de haut. Elle a le dos et la tête d'un vert-jaune, les
opercules nuancés de noir; les yeux d'un rouge-carmin,
plus foncé en dessous; le ventre d'un blanc éclatant;
l'épine dorsale compte 30 vertèbres; chaque flanc présente 14 côtes.

Vous remarquerez un intervalle noirâtre entre chaque écaille; une bande vert-doré ou bleu d'acier
s'étend de la dorsale à la caudale. La dorsale a
10 rayons et la caudale 20 rayons d'un vert-pâle;
cette dernière est fourchue; la première porte une
épine ou rayon assez raide. L'anale est rouge et formée de 11 rayons; les ventrales lavées de rouge ont
7 rayons; les pectorales 7 rayons pâles; les anales

et la dorsale sont bordées de noir; toutes ces couleurs forment un ensemble très-beau à l'œil; le corps est, pour ainsi dire, transparent dans toutes les parties; la chair n'est pas mangeable; certains pêcheurs prétendent cependant en corriger l'amertume en jetant dans la friture quelques morceaux de fer neuf. Esssayez si le cœur vous en dit; quant à nous, presque toujours nous préférons ce poisson comme étant la meilleure amorce à employer depuis novembre jusqu'en février pour prendre la perche et le brochet dans les étangs et les ruisseaux.

TEMPS DU FRAI.

Temps inconnu; œufs très-petits, très-blancs et très-tendres, déposés au fond des eaux douces.

PÊCHE DE LA BOUVIÈRE.

On comprend que ce poisson ne vaut pas la peine d'une pêche spéciale à la ligne ou au filet; on le prend assez souvent dans les troubles et dans les nasses.

LE VÉRON.

Même genre que la précédente.

Le véron ne dépasse pas 0^m,09 en longueur. Il offre des couleurs très-nuancées : tête vert bouteille, dos noir ou bleu, presque toujours avec des bandes transversales jaunes, bleues ou vertes; les mâchoires sont bordées de rouge; l'iris est couleur d'or. Les nageoires sont arrondies, molles et marquées d'une tache rouge.

Il aime les eaux pures, les remous, si d'autres poissons ne viennent pas troubler sa solitude, les bras-morts, les barrages; dès le mois de septembre il se retire dans les forts et se cache dans la vase; les crues subites l'emportent hors de son asile de prédilection et le livrent à ses ennemis redoutables, la perche, le brochet, etc. Sa chair a un goût analogue à celle du gou-

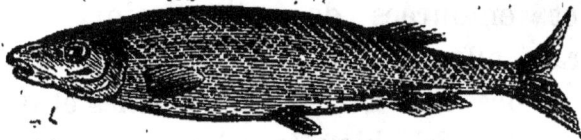

Le Véron.

jon. C'est la meilleure amorce pour prendre la truite, le brochet, la perche et l'anguille.

Il vit lui-même en déchiquetant les poissons morts.

TEMPS DU FRAI.

Mai, juin ; nombre prodigieux d'œufs déposés dans les eaux douces ; le véron fraie à l'âge de quatre ans.

PÊCHE DU VÉRON.

Ce poisson, tout petit qu'il est, ne doit pas être négligé ; mais c'est s'exposer à une grande perte de temps que de le pêcher à la ligne ; d'ailleurs il mord bien au ver rouge, ou ver de fumier, à l'asticot, à la pâte, au morceau de drap rouge ; depuis mars jusqu'en hiver, à toutes les heures du jour, excepté si le froid est trop vif.

Pêche à la bouteille ; filet avec amorces.

LE CHEVENNE (1) OU CHEVESNE, OU MEUNIER, OU BOTTEAU, OU JUERNE, ETC.

Même genre que le précédent.

Le chevenne commun est long de $0^m,60$ et haut de $0^m,12$; il a la tête grosse et large, le museau arrondi, le front large et noirâtre, la bouche excessivement

(1) On dit encore le ou la chevanne, la chevesne.

large ; les yeux d'un jaune pâle avec une tache noirâtre en dessus; le dos verdâtre, les côtes un peu blanchâtres, les flancs et le ventre brillants; les écailles
grandes et entourées de petits points noirs; la
ligne latérale offre 46 points jaunâtres; 7 rangées en
dessus, 4 en dessous. Le bord des écailles et des opercules est quelquefois bleuâtre ; les côtés sont jaunes
au-dessus de la ligne latérale et d'un bleu argenté en
dessous.

Dix-huit côtes de chaque côté ; 40 vertèbres forment
l'épine dorsale.

La dorsale a 14 rayons, 8 rameux derrière 3 simples,
dont un très-petit, verdâtre-clair ; lavée de rougeâtre ;
elle est plus éloignée de la tête que les ventrales ; un
appendice écailleux se trouve près de chaque ventrale.
Les ventrales ont 2 rayons simples et 8 rameux, les
pectorales 17 ou 18 rayons dont 1 simple. La caudale est
de même couleur, mais bordée de noir ou de bleuâtre.
L'anale et la ventrale sont d'un jaune-orange, avec
rayons rougeâtres ou violacés; l'anale a 3 rayons
simples et 8 branchus.

Si le chevenne n'est pas arrivé à toute sa grosseur, sa
chair, quoique bonne, n'est pas assez grasse; elle est
d'ailleurs trop remplie d'arêtes.

Il se plaît dans les barrages, les remous, les haïs,
dans tous les endroits où l'eau n'est pas trop rapide.

Il est très-glouton et mange tout ce qui tombe à
l'eau ; mais il préfère le fretin, les ablettes, le petit
gardon, etc.

Temps du frai.

Du 10 au 20 avril, pendant environ une semaine;
quantité énorme d'œufs jaunes gros chacun comme

9

une graine de pavot et déposés dans les petits fonds tranquilles.

PÊCHE DU CHEVENNE.

Pour les petits chevennes, nous préférons la ligne à ablettes ; pour les moyens, la ligne à gardons, et pour les gros, la ligne à soutenir ; celle-ci doit être amorcée avec les vers à queue ou avec de la viande. Si l'on se sert de jeux ou de lignes à anguille, on amorce avec du goujon.

La ligne à *rouler* est aussi très-bonne ; la ligne à la volée ne nous a guère réussi que le matin et le soir ; d'ailleurs, pour nous résumer en deux mots, toutes les lignes conviennent à cette pêche. — Moulinet à la ligne. Remarquons seulement quelques précautions à prendre selon les saisons et les circonstances.

Depuis novembre jusqu'en mars, vous emploierez les tripes de volaille et le raisin sec, dans les grands courants, dans le voisinage des ponts. De mars en mai : cerises, papillons blancs nocturnes, chenilles, hannetons ; pêchez sous les arbres qui bordent les rives ; pêche à rouler. En juin, juillet et août : groseilles rouges à maquereau, vers rouges ; mouche artificielle en fouettant à la surface des bouillons d'eau, près des barrages, etc. ; pêche à rouler, pêche à la grande volée. Sang caillé de bœuf. En septembre et octobre : raisin rouge, sang caillé de bœuf ou de veau ; vers, asticots, etc., rate cuite ou crue, cervelle, queues d'écrevisses crues, cocons de vers à soie échaudés, etc.

Nous préférons les limericks courbes avec limericks droits ou des grappins très-petits ; ferrez sec et vivement.

Le chevenne méridional a dos plus arqué, à tête plus longue, à corps plus court, à museau plus pointu

que le chevenne commun, n'est pourtant qu'une variété de cette espèce, et se trouve particulièrement dans
la Sorgue (près d'Avignon), dans le Lot et dans la
Garonne. Le chevenne treillagé, plus mince et plus
élancé que le chevenne commun, se pêche dans le
Lot.

CHAPITRE IX

La Perche commune et la Perche goujonnière.

Cent vingtième genre de Lacépède.

Un ou plusieurs aiguillons et une dentelure aux
opercules; ou barbillon ou point de barbillon aux
mâchoires; deux nageoires dorsales.

La perche attire les regards par la nature et par
la disposition de ses couleurs, surtout lorsqu'elle vit
au milieu d'une onde pure. Elle brille d'une couleur
d'or mêlée de jaune et de vert qui rendent plus agréables à voir et le rouge répandu sur toutes les nageoires,
excepté sur le dos, et des bandes transversales et noirâtres. Ces bandes sont inégales en longueur, ordinairement au nombre de six, et ressemblent le plus souvent à des reflets qui ne paraissent que sous certains
aspects, plutôt qu'à des couleurs fortement prononcé-
cées; elles se perdent d'une manière très-douce dans
le vert doré du dos et des côtés de l'animal.

L'iris est bleu à l'extérieur et jaune à l'intérieur.

Les deux dorsales sont violettes, et la première de
ces deux nageoires montre une tache noire à son
extrémité postérieure.

Les dents qui garnissent les deux mâchoires sont petites, mais pointues; d'autres dents sont répandues sur le palais et autour du gosier; la langue seule est lisse. On compte deux orifices à chaque narine; on voit de chaque côté, auprès de ces orifices, entre l'œil et le bout du museau, trois ou quatre pores assez grands, destinés à filtrer une humeur visqueuse. La première pièce de chaque opercule est dentelée, et, de plus, garnie vers le bas de six ou sept aiguillons; la seconde ou troisième pièce se termine en une sorte de pointe aiguë, et tout l'opercule est couvert de petites écailles. La partie osseuse de chaque branchie présente, dans sa concavité, un double rang de tubercules presque égaux et semblables les uns aux autres, excepté ceux de la première dont les extérieurs sont aigus et trois ou quatre fois plus longs que les autres. Des écailles dures, dentelées et fortement attachées à la peau, recouvrent le corps et la queue.

La laite des mâles est double, mais l'ovaire des femelles n'est composé que d'un sac membraneux. L'épine dorsale comprend quarante ou quarante et une vertèbres, et souvent dix-neuf côtes de chaque côté.

La perche ne parvient guère dans les contrées tempérées, et particulièrement dans celles que nous habitons, qu'à la longueur d'un pied et demi, et elle pèse alors environ 2 kilogrammes; mais, dans les pays plus rapprochés du nord, elle présente des dimensions bien plus considérables. On en a pêché en Angleterre du poids de 4 à 5 kilogrammes.

Les perches se plaisent beaucoup dans les lacs. Elles les quittent néanmoins pour remonter dans les rivières et dans les ruisseaux, lorsqu'elles doivent frayer. On

ne les voit guère que dans les eaux douces. Si elles
sont assez rares vers l'embouchure des rivières et
notamment vers celle de la Seine ou d'autres fleuves
de France, elles sont communes auprès de leurs
sources, dans les lacs dont elles tirent leur origine et
particulièrement dans celui de Zurich (Suisse).

La perche nage avec beaucoup de rapidité et se
tient habituellement assez près de la surface. La vessie natatoire qui l'aide dans ses mouvements et dans
sa suspension au milieu des eaux est grande, mais
conformée d'une manière particulière ; elle est composée d'une membrane qui, dans toute la longueur de
l'abdomen, est placée entre le dos et attachée par ses
deux bords.

Pour frayer, elle se frotte contre les roseaux et
d'autres corps aigus ; on dit même qu'elle fait pénétrer la pointe de ces corps jusqu'au sac qui forme son
ovaire, et que c'est en accrochant à cette pointe cette
enveloppe membraneuse, en s'écartant un peu ensuite
et en se contournant en différents sens, que, dans plusieurs circonstances, elle se délivre de son faix.

Quoi qu'il en soit, les œufs, retenus les uns contre
les autres, par une membrane commune ou par une
grande viscosité, forment dans l'eau une sorte de
chaîne semblable à celle des œufs de grenouilles, et
peuvent être facilement rapprochés, retirés de l'eau à
l'aide d'un bâton ou d'une branche d'arbre.

La perche vit de proie. Elle ne peut attaquer avec
avantage que les petits animaux, mais elle se jette
avec avidité non-seulement sur des poissons très-jeunes
ou très-faibles, mais encore sur des campagnols aquatiques, des salamandres, des grenouilles, des couleuvres
encore peu développées. Elle se nourrit aussi quelque-

fois d'insectes ; et lorsqu'il fait très-chaud, on la voit s'élever à la surface des lacs et des rivières, et s'élancer avec agilité pour saisir les cousins qui se pressent par milliers au-dessus de ces rivières ou de ces lacs.

Elle est même si vorace, qu'elle se précipite fréquemment et sans précaution sur des ennemis dangereux pour elle par leurs armes, s'ils ne le sont pas par leur force. Elle veut souvent dévorer des épinoches ; mais ces derniers poissons, s'agitant avec vitesse, font pénétrer leurs piquants dans le palais de la perche, qui, dès lors, ne pouvant ni les avaler ni les rejeter, ni fermer la bouche, est contrainte de mourir de faim.

Lorsqu'elle peut se procurer facilement la nourriture qui lui est nécessaire et qu'elle vit dans les eaux qui lui sont le plus favorables, elle est d'un goût exquis. Sa chair est d'ailleurs blanche, ferme et très-salubre ; Ausone, dans son poëme sur la Moselle, la nomme *délices des festins.*

Les perches du Rhin sont particulièrement estimées.

Les Lapons, dont le pays nourrit un très-grand nombre de grandes perches, se servent de la peau de ces poissons pour faire une colle qui leur est très-utile. Ils commencent par faire sécher cette peau ; ils la ramollissent ensuite dans de l'eau froide, jusqu'au point nécessaire pour en détacher les écailles ; ils la renferment dans une vessie de renne, ou l'enveloppent dans un morceau d'écorce de bouleau ; ils la placent dans un vase rempli d'eau bouillante au fond de laquelle ils la maintiennent au moyen d'une pierre ou d'un autre corps pesant ; et, lorsqu'une ébullition d'une heure l'a pénétrée, et ramollie de nouveau, elle est devenue assez visqueuse pour être employée à la place de la colle ordinaire d'Accipenser Huso.

Parmi les différentes maladies auxquelles la perche est exposée, de même que presque toutes les autres espèces de poissons, il en est une qui produit un effet singulier. Elle gagne cette maladie lorsqu'elle séjourne trop longtemps dans une eau dont la surface est gelée et dont, par conséquent, les miasmes, retenus par la glace, ne peuvent pas se dissiper dans l'atmosphère. Elle devient alors enflée à un tel degré, que la peau de l'intérieur de sa bouche se gonfle et sort en forme de sac. Un gonflement semblable a aussi lieu quelquefois à l'extrémité de son rectum, et c'est l'espèce de poche que produisent à l'extérieur la tension et la sortie de la membrane intestinale qui a été prise par des pêcheurs pour la vessie natatoire de cet animal, que la maladie aurait détachée et poussée en dehors.

De plus, quelques accidents particuliers peuvent agir sur les parties osseuses, ou plutôt sur les muscles de la perche, de manière à fléchir et à courber son épine du dos. Elle est alors non pas *bossue*, ainsi qu'on l'a écrit, mais contrefaite.

Elle a d'ailleurs la vie dure, et, lorsque, par un temps frais, on l'enveloppe dans l'herbe humide, on peut la transporter vivante à plusieurs lieues.

On a eu tort de regarder comme différentes les unes des autres les perches des lacs et celles des rivières, parce que les mêmes individus habitent, suivant les saisons, dans les rivières et dans les lacs; mais on peut distinguer plusieurs variétés de perches plus ou moins passagères, d'après la couleur, le nombre et l'absence des bandes transversales. On a vu ces bandes, au lieu de montrer la couleur noirâtre qu'elles présentent le plus souvent, offrir une nuance blanche ou d'un vert foncé, ou d'un bleu mêlé de noir.

TEMPS DU FRAI.

Mai, avril, par +8° à +12° (1); dans les eaux douces et un peu chaudes; de 300,000 à 992,000 œufs formant des cordons de 2 à 3 mètres qui flottent à la surface de l'eau. Il faut de huit à quatorze jours pour l'incubation.

La perche fraie à trois ans.

PÊCHE DE LA PERCHE.

Prenez une ligne forte et mince, de 5 mètres et composée de huit crins en haut, de six au milieu et de quatre au tiers inférieur; vous attachez à cette ligne cinq brins de boyau de ver à soie, les uns au bout des autres; à la ligne vous adapterez un bouchon et au boyau un plomb qui sera à 160 millimètres de l'hameçon.

Amorces : vers de terre bien purgés, vers rouges, goujons, gardons, vérons, bouvières, petites grenouilles vivantes qu'on laisse nager et que l'on enferre par la peau du dos sur un hameçon n° 4; pattes d'écrevisses crues.

Ne piquez pas de suite; laissez à la perche le temps d'avaler sa proie ; lâchez-lui de la ligne pour la fatiguer à l'eau. Le moulinet est donc nécessaire.

A la pêche à la branlette vous prenez un ver très-vif, et vous eschez une petite bricole de deux numéros 12 avec un véron ; vous lancez doucement entre les roseaux du rivage, entre les roches et les racines. Changez souvent de place.

Pater-noster ; jeux ; cordées de fond ; grelot.

_____

(1) Ce signe + veut dire au-dessus de zéro.

Le meilleur mois pour pêcher la perche est le mois d'août, dès la pointe du jour; s'il y a un grand fond d'eau, vous pourrez mettre deux, trois, quatre, cinq hameçons à votre ligne ; vous empilerez ces hameçons sur des soies de sanglier placées à $0^m,50$ l'un au-dessus de l'autre; faites remonter l'esche du ver rouge à la surface en élevant la main et le bout du scion; laissez-la redescendre pour la faire remonter de nouveau, etc., toujours par un mouvement doux et régulier.

Hameçons limericks à palettes n°s 10 et 12.

De novembre en février, la perche ne mord plus aux esches, excepté par un temps assez chaud; il ne faut donc plus la pêcher qu'au vif.

Tramail pour les rivières; seine, épervier et verveux pour les étangs.

LA PERCHE GOUJONNIÈRE.

Elle est longue d'environ $0^m,20$; elle pèse, tout au plus, 100 grammes. Elle a le corps oblong, comprimé, très-visqueux, la tête et dos d'un vert jaunâtre, les yeux très-grands et noirs; des fossettes creusées sur les os de la joue, du museau et des mâchoires; les côtés jaune-argenté, tachetés de noir irrégulièrement; des écailles rudes; des dents en grand nombre; elle diffère de la perche commune parce qu'elle n'a qu'une seule dorsale parsemée de petites taches noires foncées. Elle se nourrit d'insectes et de fretin; on la trouve surtout dans la Moselle, où elle porte le nom de *gremille*, et dans la Seine. Elle a la vie très-dure. Elle va volontiers en troupe, recherchant l'été les fonds de sable, l'hiver les grands fonds d'eau.

9.

Temps du frai.

Mars, avril, par + 8° à + 10° de chaleur; les œufs, jaunâtres et en grand nombre, sont déposés sur les pierres du fond ou au milieu des roseaux ; l'éclosion exige quinze à vingt-huit jours.

Pêche de la perche goujonnière.

Voir ci-desus les détails donnés sur la pêche de la perche commune.

CHAPITRE X

Le Brochet.

Il appartient au cent quatre-vingt-deuxième genre de Lacépède, genre ainsi caractérisé :

L'ouverture de la bouche grande, le gosier large, les mâchoires garnies de dents nombreuses, fortes et pointues, le museau aplati; point de barbillons ; l'opercule et l'orifice des branchies très-grands ; le corps et la queue très-allongés et comprimés latéralement ; les écailles dures; point de nageoire adipeuse; les nageoires du dos et de l'anus courtes; une seule dorsale; cette dernière nageoire, placée au-dessus de l'anale, ou à peu près, est beaucoup plus éloignée de la tête que les ventrales.

Le brochet, dit Lacépède, est le requin des eaux douces ; il y règne en tyran dévastateur, comme le requin au milieu des mers. S'il a moins de puissance, il ne rencontre pas de rivaux aussi redoutables ; si sa proie est moins variée, elle est souvent plus abondante.

Insatiable dans ses appétits, il ravage avec une promptitude effrayante les viviers et les étangs. Il a été doué d'une grande force, d'un grand volume, d'armes nombreuses, de formes déliées, de proportions agréables, de couleurs brillantes et variées. Il vit plusieurs siècles.

L'ouverture de sa bouche s'étend jusqu'à ses yeux. Les dents qui garnissent ses mâchoires sont fortes, acérées et inégales : les unes sont immobiles, fixes et plantées dans les alvéoles ; les autres, mobiles et seulement attachées à la peau, donnent au brochet un nouveau rapport de conformation avec le requin. On a compté sur le palais 700 dents de différentes grandeurs et disposées sur plusieurs rangs longitudi-

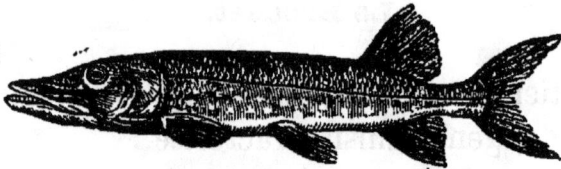

Le brochet.

naux, indépendamment de celles qui entourent le gosier. Le corps et la queue, très-allongés, très-souples et très-vigoureux, ont, depuis la nuque jusqu'à la dorsale, la forme d'un prisme à quatre faces dont les arêtes seraient effacées.

Pendant sa première année, sa couleur générale est verte ; elle devient dans la seconde année grise et diversifiée par des taches pâles qui, l'année suivante, présentent des nuances d'un beau jaune.

Les taches sont irrégulières, distribuées presque sans ordre et quelquefois si nombreuses qu'elles se touchent et forment des bandes ou des raies. Elles acquièrent souvent l'éclat de l'or pendant le temps du frai, et alors le gris de la couleur générale se change en un beau vert.

Lorsque le brochet séjourne dans des eaux d'une nature particulière, qu'il éprouve de la disette ou qu'il peut se procurer une nourriture trop abondante, ses nuances varient. On le voit, dans certaines circonstances, jaune avec des taches noires. Au reste, parvenu à une certaine grosseur, il a presque toujours le dos noirâtre et le ventre blanc avec des points noirs.

Il parvient à la longueur de 2 à 3 mètres et jusqu'au poids de 40 à 50 kilogrammes. Il croît très-promptement. Dès sa première année il est souvent long de 3 décimètres; dès la seconde, de 4; dès la troisième, de 5 ou 6; dès la sixième, de près de 20; dès la douzième, de 25 ou environ.

Le brochet n'est pas seulement dangereux par la grandeur de ses dimensions, la force de ses muscles, le nombre de ses armes; il l'est encore par les finesses de la ruse et les ressources de l'instinct.

Lorsqu'il s'est élancé sur de gros poissons, sur des serpents, des grenouilles, des oiseaux d'eau, des rats, de jeunes chats ou même de petits chiens tombés ou jetés à l'eau, et que l'animal qu'il veut dévorer lui oppose un trop grand volume, il le saisit par la tête, le retient avec ses dents nombreuses et recourbées jusqu'à ce que la portion antérieure de sa proie soit ramollie dans son large gosier, en aspire ensuite le reste et l'engloutit. S'il prend une perche ou quelque autre poisson hérissé de piquants mobiles, il le serre dans sa gueule, le tient dans une position qui lui interdit tout mouvement, et l'écrase ou attend qu'il meure de ses blessures.

Si l'on veut se procurer une grande abondance de

gros brochets, il faut choisir pour leur multiplication des étangs qui ne soient pas propres aux carpes, à cause d'ombrages trop épais, de sources trop froides, ou de fonds trop marécageux; les brochets y réussissent, parce que toutes les eaux douces leur conviennent. On y placera, pour leur nourriture, des cyprins ou d'autres poissons de peu de valeur, comme des rotengles ou des rougeâtres, si le fond de l'étang est sablonneux, et des bordelières ou des hamburges, si ce même fond est couvert de vase. Au reste, on peut les porter facilement d'un séjour dans un autre sans leur faire perdre la vie. On assure qu'ils n'ont été connus en Angleterre que sous le règne de Henri VIII, où on en transporta de vivants dans les eaux douces de cette île.

Chair fine et délicate; foie estimé; il faut s'abstenir des œufs, qui ont des propriétés très-purgatives.

TEMPS DU FRAI.

Février-mai, par + 6° à + 16°; le frai se fait par couples; la femelle dépose environ 148,000 œufs verdâtres, sur les plantes aquatiques, dans les endroits tranquilles. L'éclosion demande huit ou dix jours à l'ombre.

PÊCHE DU BROCHET.

Les meilleurs mois de l'année pour prendre les brochets sont ceux de septembre, de novembre et même de décembre; depuis dix heures du matin jusqu'à deux heures de l'après-midi, pourvu que le vent ne soit pas au nord; ce poisson n'approche de la rive que quand il fait très-chaud; en été il dort à fleur d'eau, au soleil; il chasse toujours en pleine eau; il faut donc une canne très-longue, très-forte et très-flexible; on peut la laisser coucher sur la rive, ou sur des fourches, une fois l'hameçon lancé ; le poisson amorcé nage, se retourne et cherche à fuir ; il pourrait mêler la ligne ; pour éviter cet inconvénient, vous placerez deux ou trois postillons sur la longueur ; la flotte sera solide. Laissez entre l'hameçon (gardon vivant) et le bouchon autant de distance qu'entre l'hameçon et le fond de l'eau. Moulinet.

Nos lignes pour les brochets sont d'ordinaire faites en crin ou en soie, et longues d'environ 24 à 30 mètres ; nos hameçons sont doubles et montés sur une corde de guitare de 33 centimètres de longueur.

Comme amorces, nous préférons les goujons, les gardons, les chevennes, les tanches pour les étangs ; nous transportons tous ces petits poissons vivants dans une boîte de fer-blanc percée de nombreux trous donnant passage à l'air.

Ne vous hâtez pas de piquer, dès que vous verrez la flotte s'enfoncer, car le brochet ne lâche pas volontiers l'amorce dès qu'il l'a saisie ; laissez donc filer.

Servez-vous d'un dégorgeoir pour retirer l'hameçon de la bouche du brochet : ses dents seraient dangereuses pour vos doigts.

Aux lignes dormantes, on attache des hameçons n°s 1 et 2, empilés sur du fil de laiton.

Pour la *pêche au collet*, vous prendrez une perche d'un bois léger, longue de 3 mètres, à l'extrémité de laquelle vous attacherez un collet de crin de cheval en six doubles ou un collet de fil de laiton ; ouvrez le collet le long de la perche et non en travers.

Bricoles.

On tue aussi le brochet à coups de fusil ; il faut viser au-dessous du corps de l'animal, car l'eau fait glisser le plomb.

CHAPITRE XI

L'Anguille commune.

Trente-deuxième genre, que Lacépède caractérise ainsi :

Des nageoires pectorale, dorsale, caudale et anale ; les narines tubulées (1) ; les yeux voilés par une membrane ; le corps serpentiforme et visqueux.

L'anguille a les nageoires pectorales assez petites pour qu'on puisse la confondre de loin avec un véri-

L'anguille commune.

table serpent ; elle a de même le corps très-allongé et presque cylindrique. Sa tête est menue, le museau un peu pointu, et la mâchoire inférieure plus avancée que la supérieure.

Les lèvres sont garnies d'un grand nombre de petits orifices par lesquels se répand une liqueur onctueuse ; une rangée de petites ouvertures analogues compose, de chaque côté de l'animal, la ligne que l'on a nommée *latérale*, et c'est ainsi que l'anguille est perpétuellement

(1) En forme de petits tubes.

arrosée de cette substance qui la rend si visqueuse ;
voilà pourquoi elle se glisse si facilement entre les
mains qui, la serrant avec trop de force, augmentent
le jeu de ses muscles, facilitent ses efforts, et, ne pouvant la saisir par aucune aspérité, la sentent couler et
s'échapper comme un fluide. Les écailles sont si petites
qu'on en a souvent, mais à tort, nié l'existence ; on ne
les découvre que sur l'anguille morte et quand la peau
est assez desséchée pour que les petites lames écailleuses se séparent facilement.

On aperçoit plusieurs rangs de petites dents, non-
seulement aux deux mâchoires, à la partie antérieure
du palais et sur deux os situés au-dessus du gosier,
mais encore sur deux autres os un peu plus longs et
placés à l'origine des branchies.

L'ouverture de ces branchies est petite, très-voisine
de la nageoire pectorale, verticale, étroite et un peu
en croissant.

Les nageoires du dos et de l'anus sont si basses, que
la première s'élève à peine au-dessus du dos d'un
soixantième de la longueur totale. Elles sont d'ailleurs
réunies à celles de la queue, de manière qu'on a bien
de la peine à déterminer la fin de l'une et le commencement de l'autre.

Les couleurs que l'anguille présente sont toujours
agréables, mais elles varient assez fréquemment, et il
paraît que leurs nuances dépendent beaucoup de l'âge
de l'animal et de la qualité de l'eau au milieu de
laquelle il vit.

Le blanc, le rouge et le vert, fondus en nuances
douces, composent sa parure élégante.

L'anguille parvient à une grosseur très-considérable ;
il n'est pas rare d'en trouver en Angleterre et en Italie

du poids de 8 à 10 kilogrammes; on en a pêché en Prusse qui étaient longues de 3 à 4 mètres.

Elle croît très-lentement. En juin 1779 le naturaliste Septfontaines mit soixante anguilles dans un réservoir; elles avaient alors environ 19 centimètres; au mois de septembre 1783, leur longueur n'était que de 43 centimètres; en octobre 1786, de 51 centimètres; en juillet 1788, de 55 centimètres au plus. Ces anguilles ne s'étaient allongées en neuf ans que de 26 centimètres.

L'anguille va périodiquement des lacs ou des rivages voisins de la source des rivières vers les embouchures des fleuves, et tantôt, de la mer, vers les sources et les lacs. Mais, dans ses migrations régulières, elle suit quelquefois un ordre différent de celui qu'observent la plupart des poissons voyageurs. Lorsque le printemps commence de régner, les poissons, en effet, remontent de l'embouchure des fleuves vers les points les plus élevés des rivières; quelques anguilles, au contraire, s'abandonnant alors au cours des eaux, vont des lacs dans les fleuves qui en sortent et des fleuves vers les côtes maritimes.

Les anguilles se nourrissent d'insectes, de vers, d'œufs et de petits poissons. Elles attaquent quelquefois de plus gros animaux, et on en a vu avaler de jeunes canards assez facilement pour qu'on pût les retirer presque entiers de leurs intestins. Dans la Seine, où elles sont très-abondantes, elles détruisent beaucoup d'éperlans, d'aloses et de brèmes.

L'anguille a des ennemis dangereux. Les loutres et plusieurs oiseaux d'eau la pêchent avec habileté et la retiennent avec adresse; les hérons surtout ont dans la dentelure d'un de leurs ongles des espèces de cro-

.chets qu'ils enfoncent dans le corps de l'anguille, et qui rendent inutiles tous les efforts qu'elle fait pour glisser au milieu de leurs doigts. Le brochet et l'esturgeon en font aussi leur proie; et comme les esturgeons l'avalent tout entière, et souvent sans la blesser, il arrive que, déliée, visqueuse et flexible, elle parcourt

L'anguille électrique.

toutes les sinuosités de leur canal intestinal, sort par leur anus et se dérobe par une prompte natation à une nouvelle poursuite. Ce fait a donné lieu à un conte absurde, accrédité depuis longtemps sur la foi de quelques observateurs inhabiles, qui ont avancé que l'anguille entrait ainsi volontairement dans le corps de l'esturgeon pour se nourrir de ses œufs.

Mais voici un fait fort remarquable dans l'histoire de ce poisson. L'anguille, pour laquelle les petits vers de prés, et même quelques végétaux, comme les pois nouvellement semés, sont un aliment peut-être plus agréable encore que des œufs ou des poissons, sort de l'eau pour se procurer ce genre de nourriture. Elle rampe sur le rivage par un mécanisme semblable à celui qui la fait nager au milieu des eaux; elle s'éloigne à des distances assez considérables, exécutant avec son corps serpentiforme tous les mouvements qui donnent aux couleuvres la faculté de s'avancer ou de reculer ; et, après avoir fouillé dans la terre avec son museau pointu, pour se saisir des pois ou des petits vers, elle regagne, en serpentant, le lac ou la rivière dont elle était sortie, et vers lesquels elle tend avec assez de vitesse, lorsque le terrain ne présente pas trop d'inégalités. Ce qui augmente pour l'anguille la facilité d'exécuter ces excursions singulières, c'est l'organisation de ses branchies, qui lui permet de rester longtemps hors de l'eau sans périr. Ce n'est d'ailleurs que la nuit qu'elle se hasarde à quitter l'élément qui lui est propre. Pendant le jour, elle se tient presque toujours dans une retraite qu'elle se creuse avec son museau, et où elle goûte un repos réparateur.

Ce fait est si généralement connu comme vrai, que je passerais pour téméraire si je le niais positivement ; je me bornerai donc à présenter des raisons de doute. L'anguille, comme tous les poissons, respire par des branchies et non par des poumons ; en conséquence, ne pouvant décomposer l'air, aussitôt qu'elle est hors de l'eau, elle est dans un premier degré d'asphyxie qui doit être fort douloureux pour elle. Or, il serait inconcevable que, chez un animal, une curiosité inexplicable lui fît surmonter l'instinct de la douleur. Je dis une curiosité inexplicable, car il serait par trop niais de croire qu'elle sort exprès pour manger des pois dans les jardins. En outre, j'ai plusieurs fois posé des anguilles très-vivaces sur la terre et même sur le gazon d'un jardin mouillé par la pluie. Je les ai vues se débattre, s'agiter dans tous les sens, à la manière des couleuvres blessées, mais jamais avancer en serpentant vers un but déterminé.

Lorsqu'il fait très-chaud, ou dans quelques autres circonstances, l'anguille sort cependant quelquefois, et même vers le milieu du jour, de l'asile qu'elle s'est préparé. On la voit alors s'approcher de la surface de l'eau, se placer au-dessous d'un amas de mousse flottante ou de plantes aquatiques, y demeurer immobile, et paraître se plaire dans cette sorte d'inaction et sous cet abri passager. Un observateur, qui mérite toute confiance, rapporte qu'il a vu plusieurs fois une anguille dans la situation dont nous venons de parler, qu'il était parvenu à s'en approcher, à élever progressivement la voix, à faire tinter plusieurs clefs l'une contre l'autre, à faire sonner très-près de la tête du poisson plus de 40 coups d'une montre à répétition, sans produire dans l'animal aucun mouvement de crainte, et que l'anguille ne s'était plongée au fond de l'eau que lorsqu'il s'était avancé brusquement vers elle, ou qu'il avait ébranlé la plante touffue sous laquelle elle se reposait. Il faut conclure de ce fait que l'anguille observée dans cette situation se livrait au sommeil, car elle a l'ouïe beaucoup plus sensible que beaucoup d'autres poissons. On sait depuis longtemps qu'elle peut devenir familière au point d'accourir vers la voix ou l'instrument qui l'appelle, et qui lui annonce la nourriture qu'elle préfère.

Dans l'anguille, ainsi que dans plusieurs serpents, principalement dans la vipère, le principe vital existe avec une ténacité telle, qu'une heure après la séparation du tronc et de la tête, l'une et l'autre de ces portions peuvent donner encore des signes d'une grande irritabilité; c'est à cette cause sans doute qu'il faut attribuer la longue vie des anguilles. L'expérience a prouvé qu'elle durait souvent plus d'un siècle, quoique

des auteurs aient écrit qu'elle ne s'étendait jamais
au-delà de quinze ans. Comment d'ailleurs explique-
rait-on autrement la prodigieuse multiplication de
ces animaux, puisqu'il est démontré que les femelles
ne deviennent pas fécondes avant l'âge de douze
ans.

 La reproduction de cette espèce si utile et si curieuse
a donné lieu à une foule de conjectures et de systèmes.
Aristote et Athénée ont prétendu qu'elle naissait de la
vase qui se trouve au fond des eaux. Comme les anguilles ont l'habitude de se frotter le ventre contre les rochers et autres corps durs, Pline a écrit que par ce frot-
tement elles faisaient jaillir des fragments de leur corps,
qui s'animaient, et que telle était l'unique origine des
jeunes anguilles. D'autres auteurs ont placé cette même
origine dans les chairs corrompues des cadavres d'animaux que l'on jette à l'eau, et autour desquels doivent
fourmiller de très-jeunes murènes, forcées de s'en
nourrir faute de mieux. Plus récemment, quelques
naturalistes ont cru qu'elles naissaient de la rosée du
mois de mai; mais ce sont là autant de contes inventés
à plaisir. Rondelet a prouvé que les anguilles se repro-
duisent comme les autres poissons, et cette opinion,
que de nombreuses observations ont confirmée, est la
seule admise aujourd'hui. Il est constant que l'anguille
provient d'un œuf. D'après Bloch, cet œuf éclôt dans
le ventre de la femelle comme celui des raies; la pres-
sion sur la partie inférieure du corps de la mère facilite
la sortie des petits. Mais, pour que les œufs éclosent
dans le ventre de la femelle, il faut qu'il y ait accouplement. Cet accouplement a lieu en effet, dans l'espèce
de l'anguille, entre le mâle et la femelle, comme dans
celle des serpents; les œufs sont plus gros et moins

nombreux que dans les autres espèces. Il arrive quelquefois que l'anguille se débarrasse de ses œufs avant
qu'ils soient éclos.

Ce poisson est sujet à quelques maladies qui se ma-
nifestent par des taches blanches sur la peau.

La chair de l'anguille a une saveur délicate qui la fait
rechercher. Cependant sa viscosité, le suc huileux dont
elle est imprégnée, la difficulté avec laquelle les esto-
macs délicats la digèrent, et, par-dessus tout sa ressemblance avec le serpent, l'ont fait regarder par les médecins comme un aliment malsain et comme un être
impur par les esprits superstitieux. Ses écailles étant
presque imperceptibles, l'anguille était comprise parmi
les poissons que les lois religieuses des Juifs interdi-
saient à ce peuple, et les règlements de Numa défen-
daient de la servir dans les sacrifices sur les tables des
dieux; mais les défenses de quelques législateurs et les
conseils des médecins ont été peu suivis. On s'est ras-
suré par l'exemple d'un grand nombre d'hommes, à la
vérité laborieux, qui, vivant au milieu des marais, et
ne se nourrissant que d'anguilles, comme les pêcheurs
des lacs de Commacchio, auprès de Venise, ont cependant joui d'une santé forte, d'un tempérament robuste
et atteint une vieillesse avancée.

On mange l'anguille fraîche, on la sale, on la fume
et on en tire de l'huile : sa peau même forme une
petite branche de commerce ; comme elle a beaucoup de consistance, on en fait dans quelques pays
des liens assez forts. Dans d'autres, dans la Tartarie,
par exemple, cette peau, préparée convenablement,
remplace sans trop de désavantage les vitres des fe-
nêtres.

Il existe plusieurs variétés de l'anguille, dont trois

bien distinctes se trouvent dans la Seine : 1° une espèce
qui remonte dans cette rivière en même temps que les
merlans, et dont la tête est plus menue que celle de
l'anguille ; 2° le *peinpreneau*, dont la couleur est brune ;
3° le *guiseau*, dont la tête est plus courte, l'œil plus
gros, la chair plus ferme, la graisse plus délicate que
dans l'anguille commune. On connaît une quatrième
variété qui est assez abondante dans la rivière d'Eure
et que l'on désigne sous le nom de *breteau*, enfin l'*anguille chien*, ainsi nommée à cause de sa gloutonne-
rie. Sa chair est filamenteuse ; on dit qu'elle a des
barbillons à la bouche ; ses dents sont si fortes, qu'elle
déchire les filets et ronge même les fils de fer des
lignes.

TEMPS DU FRAI.

Mars, avril. En mer, les petites formant une sorte de
masse gélatineuse, remontent les cours d'eau. Remarquons que l'œuf éclôt le plus souvent dans le ventre
de la mère.

PÊCHE DE L'ANGUILLE.

Pour appâts, on emploiera, de préférence, le véron,
la sangsue, l'ammocète, le sept-œil ou chatouille, les
boyaux de volaille, le sang, les débris d'animaux, les
lombrics ou gros vers rouges.

Les meilleurs mois sont : juin, juillet, août, septembre et octobre. Les meilleures heures sont le matin
avant huit heures ; le soir, à partir de quatre à cinq
heures ; les anguilles se creusent des trous sous les
berges, dans la vase un peu molle ; elles se cachent
sous les pierres, dans les perrés, dans les digues, etc.;
cherchez-les donc en ces endroits.

Pour la ligne à soutenir à la main, ayez des hame-

çons limericks très-solides et courbés, mais pas gros,
car l'anguille a la bouche petite, les n°ˢ 9 et 10 par
exemple ; les n°ˢ 5, 6 et 7 ne nous réussissent que rarement. Enlevez l'anguille, mais en lui laissant un peu
de temps quand elle se sera décidée à quitter la pierre ou
la racine auxquelles elle s'était entortillée ; une fois
que vous l'avez entre les mains, frappez-lui fortement
la queue par terre et déposez-la dans un panier fermé.
La cuisinière retirera l'hameçon.

Nous montons tous nos hameçons, pour l'anguille,
sur de la cordelette filée fine où sur du cordonnet de
soie dévrillé, la florence ne nous paraissant pas assez
forte.

Les *cordées* tendues, le soir, sont montées sur soie
ou sur fil de lin dévrillé ; hameçons n° 6 ; pour esches :
petits poissons vifs, sangsues et lombrics, etc.

Les *jeux* tendus le soir dans les endroits profonds,
mais non rapides, portent quatre ou cinq hameçons de
la même espèce que les hameçons des cordées ; mêmes
empiles, c'est-à-dire brin de chanvre non filé et fort,
non tordu mais arrangé en petit écheveau attaché de
place en place ; l'hameçon est empilé à l'une des extrémités, à l'autre on fait une boucle ou ligature en soie
poissée ; au lieu d'hameçon nous employons quelquefois, dans ce cas, une aiguille n° 6 entaillée circulaire-
ment en son milieu, à l'aide d'une lime ; dans cette
entaille, nous attachons le petit écheveau ci-dessus indiqué, avec de la soie. On recouvre cette aiguille d'un
gros lombric ; un tel hameçon, une fois entré dans
l'estomac de l'anguille, n'en sort plus, malgré tous les
efforts de l'animal.

Nous eschons souvent avec des ablettes séchées au
soleil pendant environ une heure et trempées dans de

la bouse de vache; avec des vers de terre passés en chapelets et formés en anses de 0ᵐ,25 environ; nous laissons descendre le paquet en tendant légèrement la ligne; nous relevons vivement dès que les anguilles mordent.

Pour la pêche à la traînée, nous attachons nos hameçons sur une forte ficelle, à une distance d'environ 1ᵐ,62 l'un de l'autre; nous amorçons avec des chatouilles, des goujons ou des loches (en août); nous tendons le soir; en juin et en juillet, nous préférons les lombrics; en septembre et en octobre, les ablettes. Eaux dormantes; milieu de la rivière. On relève la traînée le matin. Dans les rivières, tendez toujours dans le sens du fil de l'eau.

On harponne l'anguille, dans la vase, avec la fouane, sorte de trident placé à l'extrémité d'un long manche.

On sert des nasses, des râteaux, des verveux, des anguillères, des labyrinthes, des bourdigues, etc. V. *Filets*. Les barrages sont des files de pieux formant un angle aigu dont les côtés, partant du rivage, se réunissent au milieu de la rivière; ils exigent une permission des autorités locales. Le long de ces pieux, on établit de simples clayonnages, où l'on tend des nasses, des filets, etc., à la porte du gord on met une sorte de chausse où les anguilles entrent mais d'où elles ne peuvent plus sortir. Le temps obscur, les pluies, l'orage sont favorables pour les barrages.

CHAPITRE XII

Ordre des Poissons à nageoires piquantes (acanthoptérygiens) (1).

LE CHABOT COMMUN OU TÊTE D'ANE, MEUNIER, ETC.

Le chabot est long d'environ 0^{m},12.

Il a la tête grosse et aplatie en dessus, cuirassée et portant une sorte d'épine ou de crochet au-devant de l'opercule. Il a la bouche énorme ; l'iris des yeux rouge ; la couleur brune ou noire domine sur tout le corps ; le dessous est jaunâtre chez les mâles et blanc chez les femelles, celles-ci sont plus grosses et paraissent comme enflées au moment où elles sont pleines d'œufs.

Première nageoire dorsale basse à sept rayons épineux joints par une membrane ; deuxième dorsale de dix-sept rayons. Caudale arrondie de onze rayons. Pectorales en éventail, grandes et dentelées ; épine grosse ; ventrales en arrière avec trois rayons mous. L'anale a treize rayons articulés et flexibles. Pas de vessie natatoire.

Le chabot mène pondre ses femelles dans les trous qu'il leur creuse, à cet effet, dans le sable, le long des rives, etc. ; il veille paternellement sur ses œufs jusqu'à leur éclosion ; on dirait presque qu'il les couve !

Il vit d'insectes, de larves aquatiques : hydrophiles, dytiques, libellules, etc. ; de vers, de fretin, de têtards,

_____

(1) Les caractères de cet ordre sont énoncés en tête du chapitre suivant.

de frai de grenouille. Il nage bien ; il est très-peu-
reux.

Chair rouge et saumonée ; bonne friture.

TEMPS DU FRAI :

Avril, mai ; œufs déposés sur fonds sablonneux ;
environ trente jours d'incubation.

PÊCHE DU CHABOT.

Amorcez votre ligne avec un ver rouge. On prend
quelquefois le chabot à la main ; on le pique avec une
fourchette de fer, la nuit, au flambeau, comme l'écrevisse. On peut barrer le courant d'un ruisseau avec un
filet vers lequel on pousse les chabots en traînant des
branches sur le fonds, en remuant fortement les
pierres, etc. Nous ferons remarquer que le chabot,
ayant le corps enduit d'une matière visqueuse, glisse
facilement entre les doigts.

CHAPITRE XIII

L'ÉPINOCHE OU ÉPINGLOTTE AIGUILLONNÉE.

Premier ordre des poissons osseux à nageoires piquantes (acanthoptérygiens) : nageoires supérieures
mobiles ; branchies en forme de peigne ; rayons osseux
et piquants aux nageoires.

L'épinoche ne dépasse pas $0^m,06$ en longueur ; elle a
la bouche grande, quelquefois rougeâtre, le museau
pointu, et pouvant se retirer un peu ; la mâchoire inférieure avance sur la supérieure, toutes deux sont
garnies de dents fines. Le dos et les côtés sont cui-

rassés de grandes écailles noires argentées et d'aspect métallique verdâtre ou tacheté de noir en petits points irréguliers. Le dos porte trois épines, quelquefois deux, quelquefois quatre ; la dorsale, placée derrière ces épines, est molle et triangulaire ; elle offre de dix à onze rayons ; la pectorale a dix rayons ; l'anale, triangulaire et petite, en a neuf ; la caudale, petite, arrondie, offre douze grands rayons et sept ou huit petits ; plaques écailleuses dans la région de la poitrine.

Les yeux placés haut et près du museau sont d'un blanc mat et ont la pupille noire.

Citons encore : l'épinoche demi-armée commune à l'embouchure de la Seine ; l'épinoche demi-cuirassée commune dans la Somme, l'Orne, etc.

Les épinoches sont si abondantes parfois sur les côtes d'Angleterre, qu'on s'en sert pour fumer les terres, pour nourrir les cochons ou faire de l'huile.

Leur chair est fade.

Le mâle conduit ses femelles dans une sorte de nid fait par lui au fond des eaux ; il féconde leurs œufs, les garde avec une sollicitude toute paternelle et les défend courageusement contre les autres poissons voraces, ses ennemis.

L'épinoche attaque les barbillons ; elle mange les vers, les larves d'insectes ; elle habite les eaux douces, les eaux de mer, et, de préférence, les eaux jaunâtres où elle multiplie d'une façon prodigieuse.

TEMPS DU FRAI :

Avril et mai.

PÊCHE DE L'ÉPINOCHE.

C'est toujours une pêche involontaire, car ce poisson ne se mange pas.

CHAPITRE XIV

LA LOTTE.

Quarante-sixième genre que Lacépède caractérise ainsi :

La tête comprimée ; les yeux peu rapprochés l'un de l'autre et placés sur les côtés de la tête ; le corps allongé, peu comprimé et revêtu de petites écailles ; les opercules composés de plusieurs pièces et bordés d'une membrane non ciliée.

La lotte a le corps très-allongé et serpentiforme. On voit sur son dos deux nageoires très-basses et très-longues comme la nageoire de l'anus ; elles ressemblent à celles qui garnissent le dos et la queue des murènes (V. *Anguille*, etc.). Les écailles sont plus facilement visibles que celles de ces mêmes murènes ; mais elles sont très-minces, molles, très-petites, quelquefois séparées les unes des autres, et la peau à laquelle elles sont attachées est enduite d'une humeur visqueuse, très-abondante comme celle de l'anguille ; aussi échappe-t-elle facilement, de même que ce dernier poisson, à la main de ceux qui la serrent avec trop de force et veulent la retenir avec trop peu d'adresse ; elle se contourne en différents sens et imite si parfaitement toutes les positions et tous les mouvements d'un reptile qu'elle a reçu depuis longtemps plusieurs noms donnés aux animaux qui rampent.

Sa couleur est variée dans la partie supérieure de jaune et de brun et le blanc règne sur sa partie inférieure.

Au lieu d'habiter dans les profondeurs de l'Océan ou
près des rivages de la mer, comme tous les autres
gades de ce genre, elle passe sa vie dans les lacs, dans
les rivières, au milieu de l'eau douce et à de très-
grandes distances de la mer; et ce nouveau rapport
avec l'anguille n'est pas peu remarquable.

Elle préfère le plus souvent les eaux les plus claires,
et afin que, indépendamment de sa légèreté, les animaux dont elle fait sa proie puissent plus difficilement
se soustraire à sa poursuite, elle s'y cache dans des
creux ou sous des pierres; elle cherche à attirer ses

La lotte.

petites victimes par l'agitation du barbillon ou des
barbillons qui garnissent le haut de sa mâchoire inférieure et qui ressemblent à de petits vers; elle y demeure patiemment en embuscade, ouvrant presque
toujours sa bouche qui est assez grande et dont les
mâchoires, hérissées de sept rangées de dents aiguës,
peuvent aisément retenir les insectes aquatiques et les
jeunes poissons dont elle se nourrit.

Quelques auteurs ont écrit que, dans certaines circonstances, la lotte faisait éclore ses œufs dans son
ventre; si ce fait est vrai, il en faudra conclure que la
femelle lotte s'accouple avec son mâle, comme l'anguille, les silures et les blennies.

La lotte croît beaucoup plus vite que plusieurs autres poissons osseux; elle parvient jusqu'à la longueur

de 1 mètre, et Valmont dè Bomare en a vu une, apportée du Danube à Chantilly, qui était longue de 1ᵐ,20.

Sa chair est blanche, agréable au goût, facile à cuire; son foie, qui est très-volumineux, est regardé comme un mets délicat. Sa vessie natatoire est très-grande, souvent égale en longueur au tiers de la longueur totale de l'animal, un peu rétrécie dans son milieu, terminée par deux prolongations dans sa partie antérieure, formée d'une membrane qui n'est qu'une continuation du péritoine, attachée, par conséquent, à l'épine du dos. Ses œufs, comme ceux du brochet et du barbeau, sont toujours difficiles à digérer, plus ou moins malfaisants.

TEMPS DU FRAI.

Décembre, janvier; œufs blancs, microscopiques, au nombre de 198,000 déposés sur les graviers des eaux douces.

PÊCHE DE LA LOTTE.

Voir tout ce que nous avons dit à propos de la pêche de l'anguille. On prend encore la lotte avec des *gole-roux*, sorte de fascines composées de branches fourchues qu'on fait descendre au fond de l'eau.

Nasses, verveux, trouble en hiver. V. *Filets*.

CHAPITRE XV

LA LOCHE.

Cent cinquantième genre : *Cobites.*

Caractères : la tête, le corps et la queue cylindriques ; les yeux très-rapprochés du sommet de la tête, point de dents ; des barbillons aux mâchoires ; une seule nageoire dorsale, la peau gluante et revêtue d'écailles très-difficiles à voir.

La loche ne parvient guère qu'à la longueur de 15 centimètres, mais le goût de sa chair est très-agréable, et, dans plusieurs contrées de l'Europe, on

La loche.

a donné beaucoup d'attention et des soins multipliés à ce poisson. On trouve la loche dans les ruisseaux et les petites rivières qui coulent sur un lit de pierres ou de cailloux, et particulièrement dans ceux qui arrosent les pays montagneux. Elle vit de vers et d'insectes aquatiques. Elle se plaît dans l'eau courante et paraît éviter celle qui est tranquille ; mais des torrents très-rapides ne lui conviennent pas ; elle se tient comme collée dans le sable ou le gravier, et semble s'y nourrir de ce que l'eau y dépose. Au printemps et à l'automne, on la préfère à presque tous les autres habitants des eaux, et les gourmets prétendent qu'elle est sans rivale, lorsqu'elle a expiré dans du vin ou dans du lait.

On peut la conserver longtemps en vie en la renfermant dans une sorte de huche trouée que l'on met au milieu du courant d'une rivière.

Lorsqu'on veut la transporter un peu loin, il faut avoir soin d'agiter continuellement l'eau du vase dans lequel on la fait entrer et choisir un temps frais, comme, par exemple, la fin de l'automne. C'est avec cette double précaution que Frédéric Ier, roi de Suède, fit venir d'Allemagne des loches qu'il parvint à naturaliser dans son pays.

La loche franche, longue de 0^m,15, est couverte d'une matière visqueuse et d'écailles à peine visibles ; elle est surtout remarquable par six barbillons placés à la lèvre supérieure.

La loche de rivière, *cobitis tænia*, diffère de la loche franche par la place de ses six barbillons, dont deux seulement sont attachés à la lèvre supérieure, et quatre à l'inférieure, et par une épine fourchue auprès de chaque œil. Sa couleur est brune en dessus et jaune en dessous, avec des taches latérales brunes. Elle a les mêmes habitudes que la loche franche, qu'elle surpasse ordinairement en longueur ; elle est aussi plus vive, mais sa chair est maigre et coriace. Quand on la prend, elle fait entendre une espèce de bruissement.

TEMPS DU FRAI :

Avril et mai ; sur les pierres du fond.

Citons encore :

La loche d'étang, longue de 0^m,30 ; elle subsiste dans les étangs même gelés ou desséchés en partie. Sa chair molle sent la vase.

La loche à queue rayée.

PÊCHE DES LOCHES.

Trouble, nasses et carrelet, V. *Filet*. On se sert des loches comme appâts pour les anguilles et les gros poissons.

CHAPITRE XVI

L'ÉPERLAN.

Cent soixante-quinzième genre :

La bouche à l'extrémité du museau ; la tête comprimée ; des écailles facilement visibles sur le corps et sur la queue ; point de grandes lances sur les côtés, de cuirasse, de piquants aux opercules, de rayons dentelés, ni de barbillons ; deux nageoires dorsales ; la seconde adipeuse et dénuée de rayons ; la première plus éloignée de la tête que les ventrales ; plus de quatre rayons à la membrane des branchies ; des dents fortes aux mâchoires.

L'éperlan ne dépasse guère $0^m,21$; mais il brille par ses couleurs très-agréables. Son dos et ses nageoires présentent un beau gris ; ses côtés et sa partie inférieure, sont argentés, et ces deux nuances, dont l'une est très-douce, et l'autre très-éclatante, se marient avec grâce, et sont, d'ailleurs, relevées par des reflets verts, bleus et rouges, qui, se mêlant ou se succédant avec vitesse, produisent une suite variée de taches chatoyantes. Ses écailles et ses autres téguments sont si diaphanes, qu'on peut distinguer dans la tête le cerveau, et dans le corps les vertèbres et les côtes. Cette transparence, ces reflets fugitifs, ces nuances irisées, ces teintes argentines ont fait comparer l'éclat de sa parure à celui des perles les plus fines ; et de cette ressemblance est venu le nom qui lui a été donné.

L'éperlan répand une odeur assez forte ; des obscrvateurs, que ses couleurs avaient séduits, voulant trouver une perfection de plus dans leur poisson favori, ont dit que cette odeur ressemblait beaucoup à celle de la violette ; il s'en faut cependant de beaucoup qu'elle en ait l'agrément, et l'on peut même, dans plusieurs circonstances, la regarder presque comme fétide.

L'ensemble de l'éperlan présente un peu la forme d'un fuseau. La tête est petite, les yeux sont grands et ronds. Des dents minces et recourbées garnissent les deux mâchoires et le palais ; on en voit quatre ou cinq sur la langue. Les écailles tombent aisément.

L'éperlan se tient dans les profondeurs des lacs sablonneux. Vers le printemps, il quitte sa retraite et remonte dans les rivières en troupes très-nombreuses pour déposer ou féconder ses œufs. Il multiplie d'une façon prodigieuse.

Il vit de vers et de petits animaux à coquille.

Les pêcheurs des environs de Paris appellent *éperlan* ou *éperlan bâtard*, un petit poisson blanc assez analogue à l'ablette, et d'une chair fine et délicate ; il se réunit en bandes et se pêche avec succès en septembre, au filet ou à la ligne.

Temps du frai :

Mars et avril + 8° à 10°. Œufs nombreux d'un blanc jaunâtre déposés dans les rivières, dans les eaux saumâtres ; de cinq à dix jours d'incubation. Dès que l'éperlan fraye, les autres poissons s'éloignent des eaux qu'il habite.

Pêche de l'éperlan.

Quelquefois à la mouche, mais on réussit rarement par ce moyen ; mieux vaut donc employer le carrelet à petites mailles et le grand épervier.

CHAPITRE XVII

L'ALOSE.

Deux cent troisième genre :

Des dents aux mâchoires ; plus de trois rayons à la membrane des branchies ; une seule nageoire dorsale ; le ventre caréné ; la carène du ventre dentelée ou très-aiguë.

On doit remarquer dans l'alose la petitesse de la tête ; la transparence des téguments qui couvrent le cerveau ; la grandeur de l'ouverture de la bouche ; les petites dents qui garnissent le bord de la mâchoire supérieure ; la surface unie de la langue, qui est un peu libre dans ses mouvements ; l'angle de la partie inférieure de la prunelle, le double orifice de chaque narine, les ciselures des opercules, le très-grand aplatissement des côtes, la facilité avec laquelle les écailles se détachent, la forme carénée du ventre, le peu d'étendue de toutes les nageoires, les deux taches brunes de la caudale, la couleur grise et la bordure bleue des autres, les quatre ou cinq taches noires que l'on voit de chaque côté du poisson, au moins lorsqu'il est jeune, les nuances argentées du corps et de la queue, le jaune verdâtre du dos. Les aloses habitent l'océan Atlantique, la Méditerranée, etc.; elles quittent leur séjour marin lorsque le temps du frai arrive, elles remontent alors dans les grands fleuves, et l'époque de ce voyage annuel est plus ou moins avancé dans le printemps, dans l'été, dans l'automne, ou même dans l'hiver, suivant le climat dans lequel coulent ces fleuves, les époques où la fonte des neiges et des pluies abondantes en remplissent le lit, et la saison où elles jouissent, avec plus de facilité dans l'eau douce, du

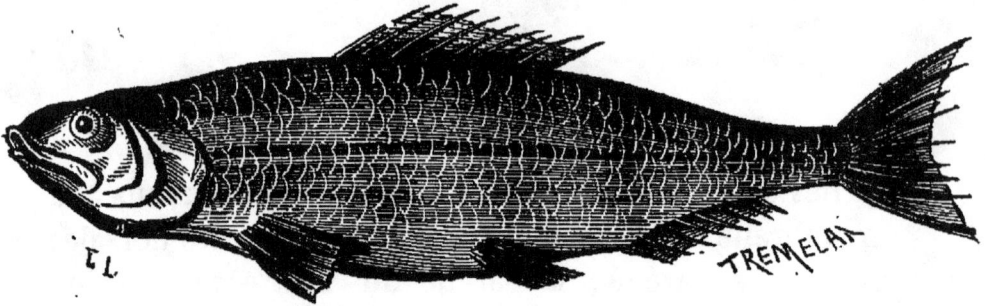

L'alose.

terrain qui convient à la ponte et à la fécondation de leurs œufs, etc.

En remontant les fleuves, elles forment des troupes nombreuses. Elles sont le plus souvent maigres et de mauvais goût en sortant de la mer; mais le séjour dans l'eau douce les engraisse; elles parviennent à la longueur d'un mètre; néanmoins, comme elles sont très-comprimées, et, par conséquent, très-minces, leur poids ne répond pas à l'étendue de cette dimension. Les femelles sont plus grosses et moins délicates que les mâles. Dans plusieurs contrées de l'Europe où l'on en pêche une très-grande quantité, on en fume un grand nombre que l'on envoie au loin; les Arabes les font sécher à l'air pour les manger avec des dattes.

Les aloses vivent de vers, d'insectes et de petits poissons.

La Seine inférieure est, de toutes nos rivières, la plus abondante en aloses; dans certaines années, on en a pris jusqu'à 12 et 14,000 entre le Havre et Rouen.

Citons encore :

L'alose feinte ou finte, longue de 0ᵐ,45, qui a la dorsale plus haute et les ventrales plus petites que l'alose commune, mais qui, d'ailleurs, lui ressemble beaucoup ; les pêcheurs de la Loire l'appellent *feinte bretonne* ; les pêcheurs normands appellent *cahuhau* le mâle de la feinte.

L'alose rousse ou clupée rousse.

TEMPS DU FRAI.

Pour l'alose vraie ou commune : mai, juin, + 10° à + 12° ; œufs nombreux déposés dans les rivières et dans les fleuves ; il leur faut de 20 à 25 jours d'incubation.

Pour l'alose feinte : fin juin à juillet ; mêmes remarques que pour l'alose vraie.

PÊCHE DE L'ALOSE.

Toutes les aloses se pêchent avec le tramail, la trouble, la seine et la nasse (V. *Filets*), à fleur d'eau et dans les fonds.

Par un temps orageux, les aloses descendent jusqu'à 2 mètres de profondeur, et sont alors plus difficiles à atteindre ; par les chaleurs fortes et continues elles viennent dans les anses abritées. S'il tonne, elles ont peur et retournent brusquement à la mer. Choisissez des nuits obscures, sans lune, des eaux troubles. La pêche dure de mars en juillet ; l'araignée est un filet spécialement destiné aux aloses.

CHAPITRE XVIII

L'Esturgeon.

Neuvième genre, acipensères :

L'ouverture de la bouche, située dans la partie inférieure de la tête, est rétractile et sans dents ; des barbillons se voient au-devant de la bouche, le corps est allongé et garni de plusieurs rangs de plaques dures.

Parmi les différentes espèces d'acipensères qui attirent l'attention par la nourriture variée et abondante qu'elles fournissent à l'homme, la mieux connue et la plus anciennement observée est celle de l'esturgeon.

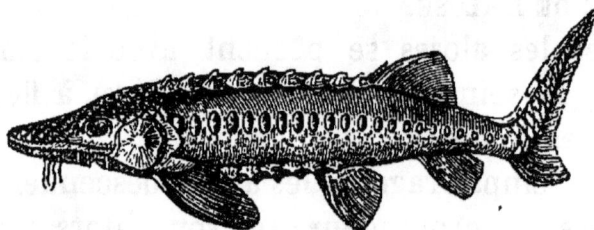

L'esturgeon.

L'esturgeon, comme les autres poissons de sa famille, ressemble aux squales, par l'allongement de son corps, la forme de la nageoire caudale, qui est divisée en deux lobes inégaux, et celle du museau dont l'extrémité plus ou moins prolongée en avant, est aussi plus ou moins arrondie.

L'ouverture de la bouche est placée, comme dans le plus grand nombre de squales, au-dessous de ce museau avancé. Des cartilages assez durs garnissent les deux mâchoires et tiennent lieu de dents ; la lèvre supérieure est, ainsi que l'inférieure, divisée au moins en deux lobes, et l'animal peut les avancer l'une et l'autre ou les retirer à volonté. Entre cette ouverture de la bouche et le bout du museau, on voit quatre filaments déliés, rangés sur une ligne transversale. Ces filaments ou barbillons, très-menus, très-mobiles, et un peu semblables à de petits vers, attirent souvent des poissons imprudents jusqu'auprès de la gueule de l'esturgeon, qui avait caché sa tête au milieu de plantes marines ou fluviatiles.

Au-devant des yeux sont les narines, dont l'intérieur présente une organisation admirable. Dix-neuf membranes doubles s'y élèvent en forme de petits feuillets et aboutissent à un centre commun comme autant de rayons.

La couleur de l'esturgeon est bleuâtre avec de petites taches brunes sur le dos et noires sur la partie inférieure du corps. Sa grandeur est très-considérable : il a plus de 6 mètres lorsqu'il a atteint tout son développement.

Sa tête est longue, couverte de huit pièces osseuses en losange ; son corps est très-allongé, pentagone (à cinq pans) ; le dos est couvert d'une rangée de pièces osseuses, rayonnantes, saillantes dans le milieu, qui se termine par une pointe recourbée en arrière. D'autres plaques de même forme, mais plus petites, s'étendent sur ses côtés.

Cet énorme cartilagineux habite toutes nos mers ; il remonte dans les fleuves et dans les rivières, lorsque le printemps arrive et que le besoin de pondre ou de féconder ses œufs le presse et l'aiguillonne. On le trouve dans la Garonne, dans la Loire et principalement dans le Rhin.

L'esturgeon grandit et engraisse selon qu'il ren-

contre la température et les aliments qui lui conviennent
le mieux. Il est parvenu souvent à un poids énorme,
et Pline rapporte que, de son temps, on en voyait un
dans le Pô qui pesait plus de 500 kilogrammes.

Lorsqu'il est encore dans la mer, l'esturgeon se
nourrit de harengs et de maquereaux. Quand il s'est
engagé dans les fleuves ou dans les rivières, il attaque
les saumons qui les remontent à peu près dans le
même temps que lui; et comme souvent il se mêle à
leurs légions nombreuses, dont il cherche à faire sa
proie, et au milieu desquelles il paraît semblable à un
géant, on l'a comparé à un chef, et on l'a nommé le
conducteur des saumons.

Il dépose dans les fleuves une immense quantité
d'œufs, et sa chair y acquiert un degré de délicatesse
très-rare, surtout dans les poissons cartilagineux. Ce
goût fin et exquis est réuni dans l'esturgeon avec une
sorte de compacité que l'on remarque dans ses muscles; aussi sa chair a-t-elle été prise très-souvent pour
celle d'un jeune veau, et a-t-elle été de tout temps très-
recherchée. Non-seulement on le mange frais, mais,
dans les pays où on en prend en grande quantité,
on emploie diverses préparations pour le conserver
et l'envoyer au loin. La laite du mâle est la portion
de cet animal qu'on préfère à toutes les autres. A
Rome, du temps des empereurs, on portait les esturgeons en triomphe sur des tables fastueusement dé-
corées.

L'esturgeon peut rester hors de l'eau pendant quelque temps. Cette faculté provient de la conformation
de l'opercule qui ferme de chaque côté l'ouverture
des branchies, et qui, étant bordé dans presque tout
son contour d'une peau assez molle, peut s'appliquer

plus facilement à la circonférence de l'ouverture, et la clore plus hermétiquement.

C'est avec les œufs de l'esturgeon que les Russes font leur *caviar*.

TEMPS DU FRAI :

Avril, mai; en mer, dans les algues, près des rivages; œufs d'un rouge-pâle.

PÊCHE DE L'ESTURGEON.

Il est très-rare qu'on prenne des esturgeons à la ligne; d'ailleurs ce poisson ne se défend pas quand il a mordu ou plutôt sucé fortement l'hameçon. (V. *Filets*) Il y a des esturgeons qui pèsent jusqu'à 200, 300 et 500 kilogrammes, et qui mesurent 6, 7 et 8 mètres de long; d'un seul coup de queue ils peuvent tuer un homme; aussi est-il prudent, quand on a l'heureuse chance de pêcher de ces gros poissons, de leur passer une corde par les ouïes et de leur prendre aussi la tête et la queue en les obligeant à une immobilité plus ou moins complète.

Mois de mai et d'août.

CHAPITRE XIX

La Lamproie.

Première division; premier ordre : poissons cartilagineux apodes (1), sans opercules, sans nageoires ventrales.

Premier genre : sept ouvertures branchiales de chaque côté du cou, un évent sur la nuque, pas de nageoires pectorales.

(1) Littéral. *sans pieds*, c.-à-d. sans nageoires pectorales ou ventrales.

Donnons d'abord les généralités qui conviennent à la lamproie marine comme aux lamproies des lacs et des rivières ; ensuite, nous nous arrêterons plus particulièrement à ces dernières.

Dans le pétromyzon ou lamproie, nous remarquons, au-devant d'un corps très-long et cylindrique, une tête étroite et allongée. L'ouverture de la bouche n'étant contenue par aucune partie dure et solide, ne présente pas toujours le même contour ; sa conformation se prête aux divers besoins de l'animal ; mais le plus souvent sa forme est ovale, et c'est un peu au-dessous de l'extrémité du museau qu'elle est placée ; les dents, au nombre de cent ou cent vingt, au lieu d'être attachées à des mâchoires osseuses, sont maintenues par de simples cellules charnues.

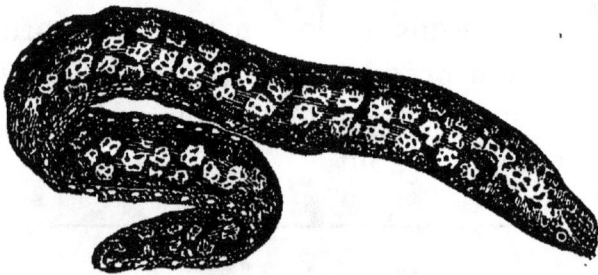

Lamproie marine.

La peau qui recouvre le corps ainsi que la queue, qui est très-courte, ne présente aucune écaille visible pendant la vie de la lamproie, et est toujours enduite d'une mucosité abondante qui augmente la facilité avec laquelle l'animal échappe à la main qui le presse et veut le retenir.

La lamproie manque de nageoires pectorales et de nageoires ventrales ; elle a deux nageoires sur le dos, une au delà de l'anus, et une quatrième arrondie à

l'extrémité de la queue; mais ces quatre nageoires
sont courtes et peu élevées, et ce n'est presque que
par la force des muscles de sa queue, et de la partie
postérieure de son corps, ainsi que par la facilité qu'elle
a de se plier dans tous les sens, qu'elle nage avec constance et avec vitesse.

La couleur générale de la lamproie est verdâtre,
quelquefois marbrée de nuances plus ou moins vives;
la nuque présente souvent une tache ronde et blanche; les nageoires du dos sont orangées et celle de la
queue bleuâtre.

Derrière chaque œil, on voit sept ouvertures, disposées en ligne droite, comme celles d'une flûte : ce sont
les orifices des branchies ou de l'organe de la respiration.

Les lamproies offrent encore une particularité extrêmement remarquable, c'est que des blessures graves,
et même mortelles pour la plupart des poissons, ne
sont pas dangereuses pour elles; et même, par une
singulière conformité d'organisation et de facultés
avec les serpents, surtout avec la vipère, elles peuvent
perdre de très-grandes portions de corps sans être à
l'instant privées de la vie; et on a vu des lamproies à
qui il ne restait plus que la tête et la partie antérieure
du corps, coller encore leur bouche avec force, et
pendant plusieurs heures, à des pierres et à d'autres
substances dures qu'on leur présentait.

Les lamproies marines parviennent à une grandeur
assez considérable. On en a pris qui pesaient 3 kilogrammes. Leur chair, quoiqu'un peu difficile à digérer, est
très-délicate lorsqu'elles n'ont pas quitté depuis longtemps les eaux salées; mais elle devient dure et de
mauvais goût lorsqu'elles ont fait un long séjour dans
l'eau douce.

Le nom grec de la lamproie, *Pétromyzon*, signifie *suce-pierre*, et certes il est bien mérité par la prodigieuse énergie de succion propre à ces poissons.

En tenant les lamproies enveloppées dans de la neige ou de la glace, on peut les transporter sans inconvénient pour elles à de très-grandes distances.

Elles vivent de gros et de petits poissons, de vers, d'insectes, de viande morte, etc.

La lamproie fluviatile est longue de 0^m,40. Elle a le dos brun olivâtre; les côtés passent au gris; le ventre est argenté, blanc, un peu grisâtre.

Les nageoires dorsales sont séparées l'une de l'autre; la seconde se confond presque avec la caudale. Les dents sont en une seule rangée circulaire; la mâchoire supérieure porte deux dents sur une lame cornée demi-circulaire; l'inférieure est munie de sept dents petites et aiguës, placées sur une lame transversale.

Les femelles ont la bouche plus large que les mâles et le ventre très-développé; dès le mois de mars et d'avril, mâles et femelles se réunissent par paires et font, dit-on, une sorte de nid.

La lamproie fluviatile est un manger délicieux, surtout pendant l'hiver; elle se trouve dans toutes nos ri-

Lamproie fluviatile.

vières, mais jamais en abondance ; c'est une excellente amorce pour la truite en mars et en avril.

Le pétromyzon pricka ou lamproie des lacs, confondu quelquefois avec la lamproie fluviatile, ne dépasse guère 4 décimètres en longueur. La seconde nageoire de la queue se confond avec cette dernière et présente un angle saillant dans son contour supérieur. La tête est verdâtre ; les nageoires sont violettes ; le dessus du corps est noirâtre, ou d'un gris tirant sur le bleu ; les côtés présentent quelquefois une nuance jaune ; le dessus du corps est d'un blanc argenté et éclatant ; au lieu de taches vives sur le dos, on remarque de petites raies transversales et ondulantes ; cette lamproie demeure toujours dans les eaux douces.

TEMPS DE FRAI POUR LES LAMPROIES DES FLEUVES ET DES LACS :

Mai ; grande réunion de mâles et de femelles aux mêmes endroits ; sortes de nids.

PÊCHE DES LAMPROIES DES FLEUVES ET DES LACS.

Filets à main ou dormants : tramail, louve, verveux, guideau ; quelquefois carrelet et épervier. (V. *Filets*.) Mêmes moyens pour pêcher la lamproie en mer.

CHAPITRE XX

Les Grenouilles.

Premier genre : quadrupèdes ovipares, sans queue, dont la tête et le corps sont allongés, et l'un et l'autre anguleux. — Ordre des Batraciens.

Dans un traité de pêche vraiment complet, on ne doit pas laisser de côté les grenouilles: elles sont un mets délicat et justement estimé ; elles servent à garnir les hameçons employés pour prendre les perches, les brochets, les chevennes, les truites, etc. ; la nuit, on les met comme amorces aux lignes de fond pour les anguilles. Voilà donc au moins deux titres à l'attention du lecteur !

Les grenouilles se distinguent des crapauds par l'extrémité des doigts et des orteils, qui ne sont pas dilatés en disque, par la mâchoire supérieure qui est armée de dents, par la forme de leur langue qui est fourchue en arrière et libre dans le tiers postérieur de sa longueur ; enfin, par leur forme svelte, élancée, moins ramassée que celle du crapaud.

Les grenouilles mâles ont de chaque côté de la gorge une vessie vocale qui est très-apparente lorsqu'elle est remplie d'air : c'est à l'aide de cet organe que se produit leur coassement ; la grenouille femelle, qui est privée de cette vessie, ne fait entendre qu'un léger grognement.

Les grenouilles vivent de larves, d'insectes aquatiques, de vers et de petits mollusques.

Elles passent l'hiver engourdies dans la vase et s'accouplent au printemps : il croît alors aux pouces des pieds de devant de la grenouille mâle une espèce de verrue plus ou moins noire et garnie de papilles. Le mâle s'en sert pour retenir plus facilement sa femelle ; il monte sur son dos et l'embrasse d'une manière si étroite, avec ses deux pattes de devant, dont les doigts s'entrelacent les uns dans les autres, qu'il faut employer beaucoup de force pour les séparer, et qu'on n'y parvient pas en arrachant les pieds de derrière du

mâle. Spallanzani a écrit qu'ayant coupé la tête à un
mâle qui était accouplé, cet animal ne cessa pas de
féconder pendant quelque temps les œufs de sa femelle et ne mourut qu'au bout de quatre heures. Quelque mouvement que fasse la femelle, le mâle la retient
avec ses pattes, et ne la laisse pas échapper, même
quand elle sort de l'eau ; ils nagent ainsi accouplés
pendant un nombre de jours d'autant plus grand que
la chaleur de l'atmosphère est moindre ; ils ne se quittent point avant que la femelle n'ait pondu ses œufs.

Au bout de quelques jours, la femelle pond ses œufs
en faisant entendre un coassement un peu sourd :
ses œufs forment une espèce de cordon, étant collés
ensemble par une matière glaireuse dont ils sont en-
duits. Le mâle saisit le moment où ils sortent de l'anus
de la femelle pour les arroser de sa liqueur séminale,
en répétant plusieurs fois un cri particulier ; il peut les
féconder d'autant plus aisément que son corps dépasse,
par le bas, celui de sa compagne.

On remarque, dans les œufs nouvellement pondus,
un petit globule, noir d'un côté et blanchâtre de
l'autre, placé au centre d'un autre globule dont la
substance glutineuse et transparente doit servir de
nourriture à l'embryon et est contenue dans deux
enveloppes membraneuses et concentriques : ces
membranes représentent la coque de l'œuf.

Après un temps plus ou moins long, suivant la température, ce globule se développe et prend le nom
de *têtard* : cet embryon déchire alors les enveloppes
dans lesquelles il était renfermé, et nage dans la
liqueur glaireuse qui l'environne et qui s'étend et se
délaye dans l'eau, où elle flotte sous l'apparence d'une
matière nuageuse ; il conserve, pendant quelque temps,

son cordon ombilical qui est attaché à la tête, au lieu
de l'être au ventre, comme dans la plupart des autres
animaux. Il sort de temps en temps de la matière
gluante, comme pour essayer ses forces, mais il rentre
souvent dans cette petite masse flottante qui peut le
soutenir; il y revient non-seulement pour se reposer,
mais encore pour prendre de la nourriture ; cependant
il grossit toujours ; on distingue bientôt sa tête, sa poitrine, son ventre et sa queue, dont il se sert pour se
mouvoir.

La bouche des têtards n'est point placée, comme
dans la grenouille adulte, au-devant de la tête, mais
en quelque sorte sur la poitrine : aussi, lorsqu'ils veulent suivre quelque objet qui flotte à la surface de
l'eau, ou chasser l'air renfermé dans leurs poumons, ils
se renversent sur le dos, comme les poissons dont la
bouche est située au-dessous du corps; et ils exécutent
ce mouvement avec tant de vitesse que l'œil a de la
peine à le suivre.

Au bout de quinze jours, les yeux paraissent quelquefois encore fermés ; mais on découvre les premiers
linéaments des pattes de derrière. A mesure qu'ils
croissent, la peau de derrière s'étend à proportion.
Les endroits où seront les doigts sont marqués par de
petits boutons ; et, quoiqu'il n'y ait aucun os, la forme
du pied est très-reconnaissable. Les pattes de devant
restent encore entièrement cachées sous l'enveloppe ;
plusieurs fois, au contraire, ces pattes de devant sont
les premières à paraître.

C'est ordinairement deux mois après qu'ils ont commencé à se développer que les têtards quittent leur enveloppe pour prendre la vraie forme de grenouille.
D'abord la peau extérieure se fend sur le dos, près de

la véritable tête, qui passe par la fente qui vient de se faire ; la dépouille, toujours repoussée en arrière, laisse enfin à découvert le corps, les pattes de derrière et la queue qui, diminuant toujours de volume, finit par s'oblitérer et disparaître entièrement.

Les couleurs de grenouilles communes ne sont jamais si vives qu'après leur accouplement ; elles pâlissent ensuite plus ou moins et deviennent assez ternes et assez rousses pour avoir fait croire au peuple de plusieurs pays que, pendant l'été, les grenouilles se métamorphosent en crapauds.

Lorsqu'on ne blesse les grenouilles que dans une seule de leurs parties, il est très-rare que toute leur organisation s'en ressente et que l'ensemble de leur organisme en soit dérangé au point de les faire périr. Bien plus, lorsqu'on leur ouvre le corps et qu'on en arrache le cœur et les entrailles, elles ne conservent pas moins, pendant quelques moments, leurs mouvements accoutumés.

Elles ont pour ennemis les serpents d'eau, les anguilles, les brochets, les taupes, les putois, les oiseaux d'eau et de rivage, etc.

On compte jusqu'à vingt espèces de grenouilles dont les principales sont :

1. La grenouille verte ou grenouille commune qui est d'une belle teinte verte avec trois bandes dorsales d'un beau jaune d'or ; elle habite indifféremment les eaux courantes ou dormantes.

2. La grenouille rousse, dite aussi grenouille muette (*rana temporaria* ou marquée à la tempe), qui tire son nom de muette de ce que le mâle n'a pas de sacs vocaux. Elle est uniformément rousse ; elle habite les

champs, les vignes, les lieux humides ; elle ne va à l'eau que pour la ponte.

3. La pluviale ; elle est couverte de verrues ; elle se montre surtout après les pluies du printemps et de l'été ; de là son nom.

4. La sonnante ; elle est noire ou presque noire ; elle a le corps couvert de points saillants ; elle ressemble beaucoup au crapaud ; on trouve, à tort ou à raison, quelque analogie vague entre son coassement et le son lointain des cloches ; de là son nom.

Pêche de la grenouille.

On prend les grenouilles comestibles, au printemps et en automne : elles sont meilleures dans cette dernière saison.

A la ligne on amorce l'hameçon avec des chenilles, des papillons, des scarabées, des vers, ou même de simples petits morceaux de drap rouge. La lumière des torches les effraie ; la pêche de nuit est donc très-favorable : les grenouilles tombent par douzaines et quelquefois par centaines dans une trouble. En Suisse, on enfonce dans l'eau de grands râteaux aux dents longues et acérées, et on ramène à terre une capture abondante. Enfin on la tire à l'arbalète. Le conducteur de la flèche doit avoir environ $1^m,40$ de longueur, l'arc $1^m,30$. La flèche porte une pointe à crochet ; à sa partie inférieure est une corde qui la fixe à la corde même de l'arc ; ce qui naturellement ne permet que de viser à une distance déterminée.

Il faut beaucoup de silence à la pêche à la grenouille.

CHAPITRE XXI

L'Écrevisse.

Genre de crustacés à dix pieds, de la famille des macroures (à longue queue) ; tout le monde connaît ce
crustacé : il n'est donc pas nécessaire de le décrire
longuement.

L'écrevisse a six pattes antérieures terminées chacune par une pince à deux doigts ; les deux premières
pattes très-grosses et très-fortes ; ces pattes, ainsi que
les antennes, ont la propriété de repousser, si elles sont
arrachées ; la carapace est allongée, demi-cylindrique ;
l'abdomen ou queue a six anneaux très-convexes et
terminé par des écailles qui peuvent s'écarter en forme
d'éventail.

Le corps est d'un brun verdâtre et devient rouge à
la cuisson ; on a trouvé dans le département de l'Eure
des écrevisses naturellement rouges ; il en existe également de couleur bleu clair.

L'écrevisse habite les eaux douces, cachée sous les
pierres, et change de test chaque année ; dans les écrevisses prêtes à muer, on remarque sur les côtés de l'estomac deux concrétions pierreuses nommées *yeux
d'écrevisses*, qui étaient employées autrefois en méde-
cine comme fondant.

C'est une vieille erreur de croire que l'écrevisse
marche à reculons : toutefois les pêcheurs savent qu'elle
nage rapidement en arrière pour échapper à ses
ennemis. Dans certaines rivières, elle se promène toute
la journée en quête de proie ; dans d'autres, elle ne sort
de son trou que la nuit.

Elle se nourrit de tout ce qui vit ou a vécu : larves d'insectes, frai, animaux et poissons morts ou vivants, mollusques, etc. ; c'est le grand nettoyeur des eaux.

La femelle est très-féconde; elle pond de trente à quarante œufs qui restent fixés par un pédicule aux filaments dont l'intérieur de la queue est garni, formant ainsi une sorte de grappe jusqu'à l'éclosion; les jeunes n'ayant pas, en naissant, un test très-dur, se réfugient pendant quelque temps sous cette queue protectrice.

PÊCHE DES ÉCREVISSES.

Amorces et appâts : viande, tantôt presque pourrie, tantôt fraîche ; intestins de volaille arrosés d'essence de térébenthine et même d'essence d'aspic; foie de bœuf; grenouille entière dépouillée de sa peau ; harengs saurs dits *gendarmes* ; morue et sardines salées.

La pêche de jour vous force à vous mettre à l'eau, et vous expose, pendant que vous fouillez les trous à écrevisses, à avoir les mains mordues par les rats d'eau; mieux vaut donc la nuit : pêche aux flambeaux, par un temps chaud pendant ou après un orage.

Une personne tient le flambeau, une autre le baquet ou le seau, pendant que vous ramassez vos écrevisses mises en mouvement par cette lumière extraordinaire.

Les pêchettes ou balances doivent leur dernier nom à leur forme qui rappelle, en effet, celle de nos balances.

Les balances simples pour la pêche des écrevisses se composent d'un cercle de fort fil de fer, d'environ 30 centimètres de diamètre, sur lequel est monté un filet en gros fil retors et à mailles petites, d'une profondeur d'environ $0^m,15$; vous posez au milieu de ce filet une des amorces indiquées ci-dessus; pour faire caler le filet, vous attachez dessous, au centre, des pierres ou des balles de plomb.

Trois ficelles partent du cercle de fer pour se réunir à environ 0^m,40 au-dessus de ce cercle même ; du point de réunion de ces ficelles part une petite corde de 1^m,20 environ ; si vous pêchez dans une eau profonde, de 1^m,50 ; vous en nouez l'extrémité à une baguette de même longueur que vous fixez horizontalement, par l'autre extrémité, dans la terre ou le sable du rivage, et votre balance est en position.

Dans les balances doubles, il y a un cercle inférieur semblable au cercle des balances simples ; puis, à 0^m,15 au-dessus de lui, un second cercle semblable au premier, ou, ce qui vaut mieux, un peu plus grand, et qu'une bande de filet de 0^m,15 relie à l'autre ; à ce second cercle sont attachées les trois petites cordes de suspension ; le cercle du dessous conserve le lest.

Il y a de petites nasses qui remplissent le même office que les balances.

Beaucoup de pêcheurs emploient un piège assez primitif qui consiste en une pièce de bois, longue d'environ 2 mètres sur 0^m,12 de diamètre, percée de bout en bout par un trou de tarière, un peu plus gros que les plus fortes écrevisses ; le soir, ils jettent cette planche à plat sur le fond de l'eau après avoir fermé l'ouverture opposée à la plus grande par un bouchon ; les écrevisses se fourrent bêtement dans ce long boyau où le lendemain les pêcheurs en trouvent un long chapelet ; ils vident ce piège et le replacent.

La *pêche aux bourrées* ou *fagots* consiste à enfermer des intestins de volaille, etc., dans une bourrée d'épines, de la lester avec une pierre placée sous la hart et de mettre le tout à l'eau à la tombée de la nuit, pour relever le lendemain matin.

Seine, épervier, verveux, tambours. V. *Filets.*

Quelquefois on met à sec une partie plus ou moins grande d'un ruisseau après avoir eu soin de faire, avec des pieux serrés et des mottes de gazon, un barrage où s'arrêtent les écrevisses qui accourent en cet endroit au fur et à mesure qu'elles voient l'eau abandonner leur retraite accoutumée; on les prend alors à la main.

CHAPITRE XXII

Transport du poisson d'eau douce mort.

On arrange les poissons morts en les couchant tout de leur long dans des paniers, avec de la paille fraîche ou des orties : quelques personnes les vident et mettent dans le corps une mie de pain trempée dans du vinaigre.

Quand il ne fait pas chaud, les gros brochets peuvent se conserver 4 ou 5 jours et les grosses carpes 2 ou 3; ces poissons n'en sont que plus délicats; mais les petits ne sont jamais meilleurs que quand on les apprête au sortir de l'eau.

Tout le monde sait que le moyen de conserver le poisson et de le transporter au loin est de le saler, de le sécher, de le fumer et de le mariner; ainsi l'on fait pour le hareng, le saumon, les anchois, le thon, etc., etc.

En Chine, on charge des bateaux avec des poissons et de la neige; on les couvre d'une épaisse couche de paille et on les garde dans les glacières fort longtemps et quelquefois on les transporte à des distances considérables.

La glace conserve le poisson, mais non sans l'empêcher de perdre bien vite toute sa saveur; nous déclarons, à la suite d'une expérience personnelle faite surtout aux Halles de Paris, que *tout poisson préservé de la décomposition au moyen des réfrigérants devient une nourriture fade et quelquefois, sinon dangereuse, vraiment purgative.*

Transport du poisson vivant.

Pour transporter à de petites distances le poisson vivant, on l'enferme dans des tonnes qui ont, au lieu de bonde, une ouverture carrée d'environ 25 ou 30 centimètres; on remplit ces tonnes aux trois quarts avec de l'eau claire ; on peut mettre les tanches avec les carpes et les perches avec les brochets. On achève de remplir les tonnes et on ferme l'ouverture avec une trappe qui joint assez exactement, ou avec une espèce de natte faite de joncs de marais dont on forme comme un tampon; on charge les tonnes sur des charrettes. Tous les poissons ne supportent pas également bien le transport : les poissons voraces sont plus délicats que les autres. Il est presque impossible de transporter le saumon.

En cas de chaleur, il faut donner de l'air aux tonnes, mettre de la paille dessus et renouveler l'eau. En temps de gelée, couvrez les tonnes avec de la paille ou des herbes de marais.

DES BASCULES.

Les poissons enfermés dans des bascules ou boutiques s'y portent bien et y vivent très-longtemps, à moins qu'il ne survienne des circonstances fâcheuses : orages, tonnerre, forte gelée, débordement à la suite de la fonte des neiges.

Quand il fait très-chaud, on découvre les bascules et l'on étend dessus des bannes mouillées. Quand il gèle, on casse de la glace et l'on jette les glaçons à l'eau; s'il tombe de la neige, on balaie le dessus des bascules; si les eaux sont très-basses, on essaie d'échouer les bascules dans les endroits où l'eau est profonde; ces précautions prises, il meurt peu de poissons, lorsqu'on n'a pas trop rempli les bascules.

On a soin de diviser l'intérieur des bascules en six ou huit compartiments ou étuis qui ne communiquent pas les uns avec les autres; on met séparément les diverses espèces de poissons; dans les étuis destinés aux brochets, on met moins de poissons que dans les compartiments destinés aux carpes.

CHAPITRE XXIII

Des Réservoirs et des Étangs.

EMPOISSONNEMENT DES ÉTANGS. — PÊCHE DES ÉTANGS (1).

Les poissons d'eau douce ont ordinairement la vie plus dure que les poissons de mer; ceux de rivière et d'étang sont d'ailleurs plus abondants dans l'intérieur

---

(1) Duhamel, *Traité des pêches.*

des terres, où chacun est intéressé à en trouver au besoin.

Les réservoirs plus simples et les plus en usage sont
ceux que chacun peut avoir à portée de sa demeure,
lorsqu'il y a une rivière, une source ou même une mare.
Ces réservoirs ne sont autre chose qu'une caisse en
planches de chêne avec une trappe que l'on ferme à
clef. Cette caisse est percée de plusieurs trous qui
laissent l'eau entrer et sortir librement. Elle doit être
enfoncée dans l'eau presque de toute sa hauteur et
assujettie par de forts pieux.

Des réservoirs.

Les réservoirs plus grands se font en cannes ou en
clayonnage; on y dépose le beau poisson pris dans
l'étang ou ailleurs; ordinairement ils sont à compartiments séparés. Mais le poisson y maigrit, si l'on n'a pas
soin de nourrir les *carpes* et les *tanches* avec du gros
pain bis ou du blé qu'on a fait cuire dans l'eau et
qu'on pétrit avec de la terre grasse. On remplit de
cette terre un panier ou baril défoncé, et les *carpes*
sucent la terre et le grain. Les fèves à demi-cuites
sont aussi fort bonnes.

Des viviers.

Les viviers sont de larges fossés qui ont de 30 à 60 mè
tres de longueur, etc. ; on y dépose le poisson quand
il est parvenu à une grosseur déjà considérable;
on y pêche journellement pour la provision de la
maison. Les viviers étant plus étendus que les réservoirs, le poisson s'y porte mieux, surtout quand

ils sont entretenus par une source ou par un courant
d'eau.

Il est bon, tant pour nettoyer le vivier que pour y
pêcher, qu'on puisse le vider en ouvrant une petite
vanne. Quand l'eau n'est pas renouvelée, la *carpe* et la
tanche y prennent un goût de vase fort désagréable ;
dans ce cas, il faut, avant de les emporter à la cuisine,
les faire dégorger dans une eau vive. On doit éviter de
mettre trop de carpes dans un vivier : elles y maigri-
raient, à moins qu'on n'eût l'attention de les nourrir,
ce qui deviendrait d'autant plus coûteux, que le vivier serait plus rempli de poissons. La *perche*, la *tanche*, le *gardon* y prospéreront mieux que la *carpe ;* le
brochet y grossira beaucoup, mais aux dépens des autres
poissons.

Lorsque l'on construit des viviers ou des réservoirs,
il faut leur donner une grande profondeur d'eau ; sans
cette précaution, les fortes gelées d'hiver feraient
périr les poissons.

Les étangs sont des pièces d'eau qui diffèrent des
réservoirs et des viviers, en ce que le poisson y grossit
et se multiplie sans qu'on soit obligé de le nourrir ; il
doit y trouver sa subsistance.

On n'appelle pas étangs des trous ou des mares très-
profondes qui ne tarissent jamais. Cependant, si on y
jette une douzaine de *carpes* œuvées avec trois ou quatre laitées, on pourra se procurer plusieurs milliers de
feuilles ou d'alevin, pourvu qu'il n'y ait ni *brochets* ni
perches, et qu'on n'y envoie pas les bestiaux se baigner
et boire.

Il y a des étangs de plusieurs espèces ; mais on peut
dire en général que, comme on doit être maître de
vider un étang lorsqu'on veut le pêcher, il est indis-

pensable qu'il soit assis sur un terrain en pente. A la partie qu'on nomme la tête de l'étang, on fait une levée bien solide pour retenir la quantité d'eau suffisante.

On comprend que les étangs doivent être placés dans un endroit bas, large et spacieux, où l'eau se rende de toutes parts. Il y en a qui sont traversés par une petite rivière dont l'eau est quelquefois assez abondante pour faire tourner un moulin à la décharge. Les poissons se plaisent singulièrement dans ces étangs et ils y sont excellents. On en peut dire autant de ceux qui sont alimentés par un petit ruisseau. Ces derniers étangs ont même cet avantage, que l'eau de ces ruisseaux étant ordinairement très-claire, la vase n'y pénètre pas ; au lieu que les rivières un peu fortes étant sujettes à déborder, entraînent presque toujours une grande quantité de limon qui finit par combler l'étang.

Si l'on pouvait disposer d'un petit ruisseau d'eau claire, il serait plus convenable de lui laisser traverser l'étang, en ayant soin de mettre à son entrée une grille pour arrêter le poisson, qui ne manquerait pas de remonter dans le ruisseau au préjudice de l'étang ; mais la plupart des étangs reçoivent leurs eaux de l'égout des terres, des forêts, ou des montagnes voisines. En ce cas, il faut pratiquer des fosses qui aillent de tous côtés rassembler l'eau, que retiennent les terres et les mares dans les endroits qui sont plus élevés que l'étang. Si l'on trouve quelques sources, on ne manquera pas d'en profiter. Il y aura une pente régulière depuis le fond de l'étang jusqu'à la chaussée. Comme il est très-important pour pêcher l'étang que toute l'eau s'écoule par ce qu'on appelle la *bonde*, on pratiquera dans la longueur de l'étang un fossé avec des embranche-

ments qui s'étendront à droite et à gauche et aboutiront tous à celui du milieu, pour que les eaux
s'y rendent lorsqu'on videra l'étang et qu'on voudra le
pêcher.

La chaussée est une élévation de terre faite à
la tête de l'étang pour y retenir l'eau qui, dans cet
endroit, doit avoir de 3 à 4 mètres. S'il y en
avait moins, le poisson souffrirait lorsque l'eau diminue par la sécheresse de l'été et les fortes gelées
de l'hiver. Néanmoins il ne faut pas que la chaussée
soit placée dans l'endroit le plus bas du terrain, puisqu'il doit y avoir derrière un terrain qu'on nomme *la
fosse*, et qui est nécessaire à l'écoulement des eaux
lorsqu'on vide l'étang. D'ailleurs, un étang qui a
20 hectares d'eau au printemps, n'aura communément
que 12 à 13 hectares à la fin de l'été, à moins qu'il
ne soit alimenté par un ruisseau. L'étendue d'un
étang est toujours avantageuse ; le poisson y trouve
plus de nourriture et y prospère mieux.

On doit proportionner l'épaisseur de la *chaussée* à sa
hauteur ; quand elle n'est pas destinée à servir de chemin, on lui donne par en haut de 2 à 3 mètres de largeur.

Pour pêcher un étang, il y aura auprès de la bonde un
endroit plus profond que le reste, et dans lequel tout
le poisson doit se rendre à mesure que l'eau s'écoule.
On creuse donc auprès de la bonde une étendue de
terrain qu'on nomme *poêle :* si l'étang a 100 hectares, la poêle aura 100 mètres sur chaque face.

La poêle fournit une bonne retraite aux poissons
par les temps de gelée ou de chaleur excessive.

En construisant la chaussée de l'étang, il faut ménager au milieu un endroit qu'on puisse ouvrir pour
laisser écouler l'eau, lorsqu'on veut pêcher l'étang. On

12

pourrait y pratiquer une vanne ou une pelle; mais comme il se perd toujours ainsi une certaine quantité d'eau, parce que les planches, qui touchent à l'eau seulement d'un côté, se déjettent, on préfère y mettre une bonde formée d'une auge et assujettie sur un patin de charpente et du pilon, dont la queue traverse l'entretoise et le chapeau. Ces pièces sont assemblées avec des jumelles qui, par le bout d'en bas, répondent au patin et par celui d'en haut au chapeau.

L'auge est faite d'un gros corps de chêne bien sain, franc d'aubier, sans roulures, gélivures, ni cadranures au cœur ; elle doit être creusée en gouttière, et la tête, qui est du même morceau, est creusée en dessous. Cette pièce doit nécessairement être fort grosse, pour que les joues qui bordent l'auge aient au moins 8 décimètres d'épaisseur, et qu'à la tête, qui est dans l'étang, il reste 1^m,30 de bois autour du trou qui reçoit le pilon.

La tête du pilon doit être faite de cœur de chêne de la meilleure qualité. Sa forme étant conique, le trou de l'auge où il entre doit être évasé. Quand la tête du pilon est bien ajustée dans le trou, on y met une queue de bois de chêne, qui y est arrêtée par des chevilles de fer. Cette queue traverse l'entretoise et le chapeau. On fait en haut des trous dans lesquels on passe au-dessus du chapeau une cheville de fer, lorsqu'on veut tenir la bonde ouverte; et quand elle est fermée, on passe la cheville dans un trou sous le chapeau, en mettant un cadenas dans un œil qui est au bout de la cheville de fer, pour empêcher qu'on ne lève le pilon lorsqu'on veut que la bonde reste fermée. Cependant, comme les gens mal intentionnés pourraient rompre le cadenas et lever la bonde, il est mieux de mettre un bou-

lon ou cheville de fer qui, dans la partie du côté de
l'étang, est à vis et entre dans un écrou. Cet écrou est
encastré dans le chapeau et retenu avec des clous. Le
boulon, du côté de la chaussée, est à quatre carres ;
on se sert d'une forte clef pour l'ouvrir et le fermer.
Cette clef a la forme d'une clef de voiture.

Les jumelles sont deux pièces de bois carrées qui
s'élèvent verticalement et sont assemblées, par en bas,
dans le solin qui fait partie du patin, et par en haut,
dans le chapeau. De plus, elles sont fortement assujetties
par des liens que quelques-uns appellent des jarretiè-
res, sur lesquelles on cloue, du côté de l'étang, des planches qui forment la cage. On les perce de trous pour
que l'eau s'écoule et que le poisson ne passe pas dans
la bonde ; ainsi il faut que les trous soient assez petits
pour que l'alevin ne puisse pas les traverser. On doit
mettre les meilleures planches en haut, parce que
celles qui sont toujours couvertes d'eau durent beaucoup plus longtemps que celles qui sont tantôt à l'eau,
tantôt à l'air.

La bonde étant faite, il faut la placer vers le milieu
de la longueur de la chaussée, ou au milieu de la
poêle, et l'établir de façon que le dessus de l'auge soit
placé de 30 à 33 centimètres plus bas que le fond de
la poêle ; l'autre extrémité de l'auge, qui excède la
chaussée du côté de la fosse, doit être de 15 à 17 centimètres plus bas, pour qu'au moyen de cette pente,
l'eau coule rapidement dans toute la longueur de
l'auge ; et quand on ne l'a pas établie assez bas, on est
obligé d'achever l'épuisement en baquetant l'eau avec
des écopes.

Comme il est important qu'il ne s'échappe point
d'eau par aucune partie de la bonde, il faut avoir une

bonne provision de la meilleure glaise qu'on pourra trouver, la plus pure, la moins graveleuse, et la faire bien corroyer par un potier de terre ou par un tuilier.

Avant de commencer à élever la chaussée, et après creusé suffisamment l'endroit où l'on doit établir la bonde, on y fera un lit de 40 centimètres d'épaisseur de glaise bien corroyée. On placera dessus les pièces qui forment le patin, en les enfonçant un peu dans cette glaise, de sorte que l'auge, qui doit être dessus, se trouve par la tête, qui est du côté de l'étang, de 44 centimètres plus bas que le fond de la poêle. On mettra en place les jumelles, l'entretoise, le chapeau et les liens; puis on remplira de glaise bien corroyée l'épaisseur des pièces de bois qui forment le patin, qu'on couvrira de 5 décimètres de glaise, et, sur cette couche de glaise bien battue, on placera l'auge en lui donnant la pente nécessaire de 17 centimètres. On placera la queue du pilon et le pilon, afin de s'assurer que ce dernier se rencontre bien avec le trou de la tête de l'auge. Pour que la situation de l'auge ne change pas, on mettra de chaque côté, entre les jumelles et l'auge, un bout de membrure qui la tienne bien assujettie, en ayant soin que ces pièces n'excèdent pas l'épaisseur des jumelles. Il y en a qui élèvent ensuite un mur avec du moellon de pierre dure piqué et bien échantillonné, posé à chaux et ciment, dont le parement affleure le côté des jumelles qui regarde la chaussée. On élève ce mur jusqu'à la hauteur que doit avoir la chaussée, et on l'étend au delà de la bonde de 4 ou 6 mètres de chaque côté. Ce mur sert à empêcher que l'eau ne dégrade la glaise, et que les carpes, qui sucent la glaise, les rats d'eau et les canards n'entament le corroi. Lorsque la pierre est rare, on garnit de planches la place où doit

être le corroi. Cette construction est assez bonne,
parce que les bois qui sont dans l'eau, ainsi que la
glaise humide, durent fort longtemps.

S'il se déclare quelque voie d'eau, on l'étanche en y
jetant du frasil, qui se trouve dans les forêts, aux
endroits où l'on a cuit du charbon.

Aussi, on a soin d'avoir sur les chaussées et auprès
de la bonde une provision de ce frasil, pour que les
gardes puissent s'en servir, lorsqu'ils aperçoivent quelque écoulement d'eau.

Si, par quelques accidents imprévus, ou par la mauvaise qualité des matériaux, il s'écoulait de l'eau par la
bonde, il n'y aurait point d'autre remède que de faire
autour de la fosse qui est derrière la chaussée un bâtar-
deau pour retenir celle qui s'échapperait : c'est ce qu'on
appelle un cul-de-lampe : quand l'eau retenue par ce
cul-de-lampe sera parvenue au niveau de celle de l'étang,
il ne s'en échappera plus.

Certains étangs sont exposés à recevoir trop d'eau,
soit à cause de débordements des rivières qui y about-
tissent, soit par la grande quantité d'eau que fournissent quelquefois les sources, soit par les eaux de
pluie qui découlent trop abondamment des coteaux,
ce qui pourrait tellement gonfler l'eau de l'étang,
qu'elle se répandrait par-dessus la chaussée, ou qu'elle
se déchargerait dans un endroit bas, sur quelque partie
de la circonférence de l'étang.

Des déchargeoirs naturels sont très-avantageux dans
cette circonstance, surtout lorsqu'ils ne laissent échapper l'eau que quand l'étang est trop plein ; mais pour
que le poisson ne sorte pas de l'étang avec l'eau, il
faut établir en ces endroits des grilles en bois, ou, encore mieux, en fer, dont les barreaux soient assez ser-

rés pour que le poisson ne puisse pas passer à travers.

Quand les déchargeoirs naturels ou artificiels sont trop larges pour que la face qui regarde l'étang soit fermée par une seule pierre, il faut y mettre une pièce de bois noyée dans la maçonnerie, les joints de pierre ne pouvant pas résister à l'écoulement rapide de l'eau. A quelque endroit qu'on les place, il faut qu'ils soient précédés d'une grille qui retienne le poisson dans l'étang.

Si, malgré les déchargeoirs, on s'apercevait que l'eau est sur le point de dépasser la chaussée, il faudrait lever la bonde, ce qui n'aurait aucun inconvénient, pourvu que la cage ou les planches qui précèdent la bonde, du côté de l'étang, fussent en bon état, et on baisserait le pilon lorsque la force de l'eau serait passée.

Quand on pêche de grands étangs, on y prend des barbeaux, des dards ou vandoises, des meuniers, des chevennes ou chevenneaux, des goujons, des vérons et autres menuises ; des anguilles, des écrevisses, des grenouilles, etc. Il se trouve toujours de ces poissons qu'on appelle roussaille ou blanchaille, quoiqu'on n'en mette point pour peupler les étangs. Les poissons les plus estimés sont : la carpe, le brochet, la perche, la tanche, la truite. On peut y ajouter le gardon et l'anguille.

On ne s'avise pas d'empoissonner un étang avec du gardon, qu'on met au nombre des blanchailles, et qui se transporte difficilement ; mais, comme il multiplie beaucoup, on en trouve toujours en quantité dans les étangs. Sa principale utilité est de nourrir les poissons voraces, le brochet, la perche et la truite.

La tanche se plaît partout, particulièrement dans

les étangs limoneux. Ce poisson peuple beaucoup et se
transporte aisément en vie. D'ailleurs, les grosses tanches sont estimées quand elles ne sentent point la
vase; mais on prétend assez généralement qu'il faut
plus de terrain pour nourrir cent tanches que pour
engraisser cinq cents carpes.

La perche est un excellent poisson. Il est vrai qu'il
est vorace, mais pas aussi redoutable que le brochet.
Il se nourrit de petites blanchailles dont il débarrasse
les étangs. Ce poisson se plaît dans les eaux vives. On
assure qu'en relevant une arête qu'il a sur le dos, il ne
craint point le brochet; mais il est certain que le brochet parvient à le saisir par la tête et à s'en nourrir,
puisqu'on en a souvent trouvé dans son estomac.

La truite, le meilleur des poissons d'eau douce, est
plutôt de rivière que d'étang. Elle prospère néanmoins
dans les étangs où l'eau est vive, mais elle ne s'y multiplie pas. Ce poisson est vorace comme le brochet, et
encore plus difficile à transporter que la perche. On se
borne donc pour la truite aux rivières d'eau vive, fond
de gravier, où elle se plaît. Si cependant on voulait en
conserver pour son propre usage, on ferait pour ce
poisson une espèce de vivier sur un fond de gravier,
où couleraient des eaux de sources; il suffirait de
donner à ce vivier 3 mètres de largeur; mais plus on
l'étendra en longueur, plus on pourra y mettre de
truites. Celles qu'on prendra dans la rivière se conser-
veront très-bien dans le vivier; elles y multiplieront
même si on les nourrit avec de la blanchaille et si le
vivier est grand.

L'anguille est un très-bon poisson mais vorace;
comme il n'attaque que la menuise, il ne fait de
tort que dans les étangs, où on garde de l'alevin. Il a

l'avantage de se transporter aisément, et quoiqu'on ne soit pas dans l'usage d'en mettre dans les étangs, il s'y en trouve toujours. Quelquefois on en met dans des fosses ou des viviers ombragés, dont on proportionne la grandeur à la quantité qu'on désire avoir. Les anguilles se nourrissent de grenouilles et de têtards; cependant elles prospèrent mieux si on leur jette quelques menuises, quelques tripailles, des fruits tendres, etc.

Les écrevisses d'étang ne sont pas à beaucoup près aussi bonnes que celles qu'on pêche dans les eaux vives et courantes. Comme elles mangent du frai, elles font tort aux alevinières.

Les grenouilles multiplient beaucoup et on en trouve partout; elles mangent le frai, détruisent l'alevin; mais elles ne font aucun tort aux grands étangs; au contraire, quelques poissons s'en nourrissent, et surtout des têtards ou jeunes grenouilles qui se trouvent en grande quantité au bord de l'eau.

Le brochet est un poisson vorace qui coûte au propriétaire de l'étang plus qu'il n'en retire. Si l'on ne mettait dans un étang que des brochetons gros comme des harengs, au bout d'un an à peine on en trouverait à peine six de chaque cent qu'on y aurait mis. Il faut donc faire son possible pour qu'il n'y ait point de brochets dans les étangs qu'on destine à avoir de l'alevin; mais cela n'est pas aisé; quand il y a une fois eu du brochet dans un étang, on ne peut l'en purger qu'en le laissant plusieurs années à sec. S'il y reste un peu d'eau en quelques endroits, il s'y conservera des petits brochetons qui détruiront, quand l'étang sera plein, beaucoup de frai et de poisson. Il ne faut pas mettre de brochets avec l'alevin dans les grands étangs; mais si

l'alevin est fort, on peut y jeter de très-petits brochetons. Cependant il est mieux de n'en mettre que la seconde année, lorsqu'on ne pêche que tous les trois ou
quatre ans, ou après deux étés révolus. En général,
quand les carpes sont plus grosses que les brochets, on
prétend que ce poisson, qui les chasse sans pouvoir les
manger, leur fait du bien par l'exercice qu'il les oblige
à prendre ; dans les étangs qui ne sont pas destinés
à produire de l'alevin, on regarde comme un avantage
que le brochet détruise la menuise.

Les étangs sont particulièrement destinés pour la
carpe, dont elle est la reine ; elle y prospère singulièrement bien. Les carpes, avons-nous dit, s'accom-
modent assez de toutes sortes de fonds, limoneux,
sablonneux, etc., ainsi que de toutes sortes d'eau ; mais
elles sont meilleures dans certains terrains et dans certaines eaux que dans d'autres. Des carpes qui ne seraient
pas mangeables au sortir des étangs limoneux se
dégorgent dans les bascules. En les tenant quelques
jours dans une eau vive, elles deviennent très-bonnes.

On estime qu'on peut mettre quinze, dix-huit à vingt
milliers d'alevin de carpes dans un étang qui a 30 hectares d'eau, en augmentant ou en diminuant cette quantité suivant la force de l'alevin, l'étendue de l'étang et
la nature du fond ; car il y en a qui sont plus propres
que d'autres à nourrir beaucoup de poissons. Il serait
sur cela difficile de donner des principes certains :
l'expérience en apprendra plus que tous les préceptes.

Il serait bon, quand on pêche un étang, d'en avoir
un à empoissonner, dans lequel on mettrait les carpes
pas encore assez grosses pour être d'une vente
avantageuse. Mais comme on ne trouve souvent dans
les grands étangs que peu d'alevin, surtout si dans ce-

lui qu'on pêche il y avait du brochet et de la perche, le propriétaire de plusieurs étangs doit avoir de quoi aleviner ceux qu'il doit empoissonner. Il faut donc qu'il ait de petits étangs, qu'on nomme carpures ou alevinières, uniquement destinés à fournir de l'alevin.

Il suffit que ces étangs aient de 2 à 3 hectares d'eau, mais il est très-important qu'ils n'en manquent point en été, afin que les carpes qu'on y mettra pour frayer puissent s'égayer sur l'herbe des rivages où il restera peu d'eau; car c'est l'endroit où elles déposent leur frai, surtout dans les parties qui sont exposées au midi et au couchant.

Les meilleures carpes pour peupler ne doivent être ni trop grosses ni trop petites. On les choisit à peu près de 27 à 30 centimètres, rondes et à ventre plein; il ne faut au plus qu'un quart de mâles de ce qu'on met de femelles. Ainsi, dans un étang d'environ 2 hectares, il ne faut avoir que vingt-cinq mâles et cent femelles; ces dernières produiront chacune plus d'un millier d'œufs.

Dans les mois d'avril et d'août, temps du frai pour les carpes, il faut bien garder les étangs; car le poisson, alors engourdi et presque à sec dans l'herbe, se laisse prendre à la main. Il faut aussi empêcher que les bestiaux n'aillent boire à l'étang; ils feraient avec leurs pieds une énorme destruction de frai. Les cochons surtout sont fort à craindre, parce qu'ils mangent le frai avec avidité.

La première et la seconde année, la carpe n'étant grande que comme une feuille de saule, on la nomme *feuille* en plusieurs endroits. Quelquefois, au bout de deux étés, elle a 106 millimètres de longueur, lorsque le fond est très-bon; mais c'est encore de la feuille, et elle prend le nom d'*alevin* lorsqu'après le troisième été elle a 13 millimètres depuis le bas de l'œil jusqu'à l'angle de la fourchette de la queue : ce qu'on appelle entre œil et bas.

On doit exiger que ce poisson ait l'écaille nette et le corps assez gros, mais proportionné à la tête. Celui qui aurait une grosse tête et un corps menu ne vaudrait rien. On rejette encore l'alevin qui a l'écaille noire. qui provient d'un étang bas et vaseux dans lequel il tombe beaucoup de feuilles d'arbres. Il pourrait néanmoins s'améliorer dans les grands étangs où il trouverait de bonne eau.

Lorsqu'on empoissonnera un grand étang avec de l'alevin de 17 à 19 centimètres, on fera bien d'y mettre du brocheton pour empêcher que la carpe ne peuple trop et ne force dans cet étang.

Il faut visiter de temps en temps toutes les parties des étangs, pour voir si la chaussée, la bonde, les déchargeoirs, la grille, sont en bon état. Il faut nettoyer les fossés qui conduisent l'eau à l'étang; faire la chasse aux renards et aux lapins qui fouillent dans les chaussées et les endommagent; affûter et tendre des pièges pour prendre les loutres; tuer les hérons et les autres oiseaux pêcheurs, même les canards, principalement sur les alevinières; ne pas souffrir qu'on aille pêcher dans l'étang à la ligne, à la trouble, au carrelet, à l'épervier, et encore moins à la seine et au tramail : ce serait épuiser l'étang et montrer le chemin aux voleurs.

Il est bon d'avoir sur l'étang un petit bateau pour se mettre à portée de tirer sur les oiseaux, hérons, grues, canards, etc. ; pour faire la chasse aux loutres, arrachez avec un croc les roseaux qui forment quel-

quéfois à la longue des îles flottantes qui servent de
retraite aux loutres et aux autres animaux malfaisants.
On prétend cependant que les coups de fusil étonnent
le poisson et le rendent malade. Enfin il faut tendre
de grandes ratières pour détruire les rats d'eau qui
s'y prennent d'autant plus facilement qu'ils sont très-
gourmands.

Si l'eau baisse beaucoup dans l'étang, il faut essayer
d'en amener ou d'un ruisseau, si on en a à sa portée,
ou même d'un étang supérieur, dût-on pêcher l'étang
supérieur hors de saison et mettre le poisson dans celui
qui est plus bas.

Quand un étang est en bon fond et qu'il a été peuplé de bon alevin, on peut le pêcher trois ans après
qu'il a été aleviné, c'est-à-dire lorsque l'alevin est resté
trois étés dans l'étang. Par exemple, s'il avait été mis
dans l'étang en janvier où février 1876, on compterait
qu'il a trois ans en octobre 1878.

Dans un bon étang qui a été peuplé avec de l'alevin
très-fort, les carpes se trouvent quelquefois assez grosses au bout de deux ans pour être vendues.

On est encore obligé de pêcher un étang au bout de
deux ans quand il y a de grandes réparations à faire à
la chaussée ou aux bondes, ou quand il y a de gros
brochets qui détruiraient toutes les carpes ; enfin quand
l'étang a été à sec l'année qui a précédé son empoissonnement, car on compte qu'une année à sec et les
deux années suivantes de bonne eau valent trois ans.

Lorsqu'on a été obligé d'empoissonner un étang
avec de fort petit alevin, le poisson n'est ordinairement parvenu à une bonne grosseur qu'au bout de
quatre ans. Il ne faut alors mettre du brocheton dans
l'étang que la troisième année.

Plusieurs pisciculteurs pensent qu'il ne faut pêcher les étangs qu'à l'approche du carême ; mais il y a bien des raisons qui doivent déterminer à les pêcher en octobre :

1° On ne court point le risque des gelées, des crues d'eau et d'autres accidents qui arrivent fréquemment pendant l'hiver. D'ailleurs, le poisson n'augmente pas dans cette saison, et s'il y a beaucoup de brochets, ils vivent, pendant le retard, aux dépens de l'étang ;

2° En pêchant en octobre, lorsque le pilon est rabaissé aussitôt après la pêche, l'étang se remplit pendant l'hiver, et il n'est pas rempli entièrement par des eaux de neige, qui sont contraires au poisson ;

3° L'alevinière, qu'on pêche en novembre, a le temps de se remplir pendant l'hiver, au lieu que si l'on ne pêchait ces étangs qu'en février ou mars, l'étang n'aurait peut-être pas le temps de se remplir suffisamment d'eau pour n'être pas à sec l'été, à moins qu'on ne pût conduire à volonté, dans l'étang, l'eau de quelque rivière ou de quelques sources abondantes ;

4° Quand on pêche en octobre, on est plus maître de ces eaux qu'en février, où il en tombe quelquefois trop abondamment ;

5° En pêchant en octobre, on a le temps de faire les réparations nécessaires à la levée, à la bonde, aux déchargeoirs et aux grilles.

Quand on veut pêcher un étang, on lève le pilon de la bonde pour laisser écouler l'eau peu à peu. Il faut néanmoins l'ouvrir assez pour que l'eau baisse dans l'étang, car dans ceux où il se rend des sources considérables, on n'avancerait à rien si l'eau qu'on laisse couler par la bonde n'était pas en plus grande quantité

13

que celle que les sources fournissent. Mais si l'on tirait l'eau trop vite, le poisson, n'ayant pas le temps de se débarrasser des herbes, resterait à sec et serait perdu. Il arriverait encore que celui qui se cacherait sous des îles flottantes y serait pris comme sous une trappe, au lieu que, en laissant couler l'eau lentement, le poisson qui sent que l'eau lui manque, cherche des endroits où elle est plus profonde ; peu à peu il gagne le fossé du milieu et se rend dans la poêle voisine de la bonde. C'est pourquoi l'eau est quelquefois six semaines ou deux mois à s'écouler. Enfin, lorsqu'il n'y a plus d'eau que dans la poêle, il s'y est rassemblé une quantité prodigieuse de poissons, et on les prend avec de petites seines ou des troubles. C'est alors qu'il faut garder l'étang jour et nuit, car un voleur aurait bientôt fait une pêche abondante avec un épervier.

Pendant que l'eau s'écoule, on construit des parcs de claies ou de planches à un endroit où il reste de l'eau, et le matin, à la fraîcheur, quand on pêche la poêle, des hommes accoutumés à juger par habitude de l'espèce et de la grosseur des poissons les mettent promptement dans différents compartiments, les anguilles à part, la menuise dans d'autres parcs, la blanchaille ailleurs ; il en est de même des perches, des brochets.

Il y a des étangs vaseux où l'on ne peut pas former une bonne poêle ; en ce cas, on ne pêche pas dans l'étang, mais on fait dans la fosse, à la décharge de l'étang, avec des planches, de la maçonnerie ou des gazons, ce qu'on nomme un tombereau. C'est une enceinte dans laquelle, après avoir ôté la cage de la bonde et levé le pilon, on laisse passer le poisson avec l'eau, et c'est dans cet endroit qu'on le pêche.

Vis-à-vis du trou de la bonde, on fait un évasement pour que la vitesse du courant s'amortisse et ne blesse pas le poisson. Quand tout l'espace est rempli d'eau, on baisse le pilon de la bonde et on pêche dans le tombereau. Lorsqu'on a pris tout le poisson, on ouvre la vanne pour laisser écouler l'eau du tombereau, et on met un panier de bonde derrière cette vanne pour arrêter le poisson qu'on n'aurait pas pris. Lorsque le tombereau est vide, on ferme la vanne et on ouvre la bonde pour la laisser se remplir de nouveau : ainsi on pêche l'étang par éclusées. Il est important que le fond du tombereau soit bien uni et ferme ; quelques-uns le planchéient.

Il peut survenir beaucoup d'accidents à un étang aleviné jusqu'à ce qu'il soit en pêche. Le plus fâcheux est de manquer d'eau pendant l'été ; c'est la saison où les poissons profitent le plus, c'est aussi celle où ils ont le plus besoin de nourriture. Ainsi, s'il était possible, il faudrait mettre beaucoup d'eau dans l'étang pour qu'en étendant la nappe liquide, ils eussent abondamment de quoi se nourrir. C'est là ce qui fait comprendre le grand avantage des étangs alimentés par de riches sources ou par une rivière. Dans les années très-sèches, on est quelquefois obligé de pêcher hors de saison un étang supérieur pour fournir de l'eau à celui qui est plus bas. On a même vu acheter l'eau et le poisson d'un petit étang élevé pour ne pas perdre le poisson d'un grand étang.

Pour prévenir ces inconvénients, on doit, dans le mois de mars, curer les fossés qui conduisent l'eau à l'étang, réparer les déchargeoirs ainsi que la chaussée et particulièrement la bonde, derrière laquelle on fera un cul-de-lampe, s'il est nécessaire. Avec ces précau-

tions, si la poêle est suffisamment profonde, on per-
dra peu de poissons.

Quand les étangs sont bien pleins, les gelées ne font
pas périr le poisson. Il a l'instinct, lorsqu'il sent l'eau
froide, de se retirer dans les endroits où il y a plus
d'eau et de se bourber. Ainsi, quand il n'y aurait dans
la poêle que 1^m,65 d'eau, comme il est rare que dans
les forts hivers la glace ait 66 centimètres d'épaisseur,
il resterait suffisamment d'eau sous la croûte, pour que
le poisson y subsistât. Ceux qui mettent du poisson
dans des fossés et des viviers doivent donner assez de
profondeur à leurs réservoirs pour ne point craindre
les grands hivers.

Une circonstance bien fâcheuse et à laquelle il n'y a
souvent point de remède, est une gelée très-forte
et très-subite, car alors les poissons qui n'ont pas
gagné les endroits où l'eau est profonde, sont surpris sous la glace et périssent infailliblement quand le
froid continue. En ce cas, si l'on peut jouir de l'eau
d'une rivière, il faut en verser beaucoup dans l'étang
pour rompre la glace. Il y a bien des cas où ce moyen
est insuffisant : par exemple, dans les faux dégels,
si la glace est formée sur toute la superficie de l'étang
et s'il survient une pluie, cette eau s'amasse sur la
glace. Dans cette circonstance, les poissons trouvant quelque ouverture au banc de glace, se pressent de sortir de dessous pour s'égayer dans cette
eau nouvelle, et alors, si le froid reprend, ils se trouvent enfermés dans la glace, et ils meurent infailliblement. Le seul moyen de parer à cet inconvénient serait
de tirer par les déchargeoirs, ou même par la bonde,
l'eau qui couvre la glace. C'est à quoi sert admirable-
ment une vanne, si l'on en a établi aux déchargeoirs ;

elle tire l'eau de la superficie, et produit un meilleur effet que la bonde qui tire celle du fond.

Cassez la glace en plusieurs endroits.

Dans le temps de la gelée, faites garder soigneusement vos étangs jour et nuit, car les voleurs ne manquent pas d'aller la nuit faire des trous à la glace ; ils y attirent avec de la lumière tout le poisson qu'ils prennent aisément avec une trouble.

Il pousse dans les étangs des touffes de jonc ou de roseaux, qu'on nomme des jonchères. Elles grossissent journellement et forment des îles qui ont quelquefois assez de consistance pour qu'on puisse marcher dessus. Ce sont des retraites assurées pour les rats d'eau, qui détruisent les petits poissons, et pour les loutres, qui attaquent les plus gros. Le moyen de parer à cet inconvénient est de détruire, avec des crocs, ces touffes d'herbes avant qu'elles aient pris un grand développement ; mais comme elles ne manqueraient pas de s'enraciner de nouveau, il faut les transporter hors de l'étang.

Exterminez grenouilles et crapauds.

Il arrive que quand on a pêché tard, l'étang ne se remplissant pas, on est obligé de le laisser à sec. Il en est de même si l'on manque d'alevin, et encore quand il y a des réparations considérables à faire à la chaussée, à la poêle, à la bonde ou aux déchargeoirs. Dans tous ces cas, on est obligé de laisser l'étang vide ; mais, indépendamment de ces raisons, on fera bien de le tenir à sec pendant un, deux ou trois ans, tous les neuf à douze ans, pour raffermir le fond, détruire les roseaux et les grands joncs. Lorsqu'on empoissonnera l'étang ainsi reposé, on prendra d'abord peu de blanchaille, mais la carpe y prospérera tellement, qu'au bout de deux ans, elle sera aussi forte qu'elle l'aurait été à la troisième année. Outre ce dédommagement, l'étang tenu à sec produira de bon foin, et en labourant les parties susceptibles de culture, on pourra y semer des menus grains qui y réussiront parfaitement. Ces labours réitérés détruisent les plantes aquatiques qui endommagent les étangs; ainsi on formera un terrain neuf où le poisson trouvera en abondance de quoi se nourrir.

SECTION IV

Loi du 15 avril 1829 relative à la pêche fluviale.

TITRE PREMIER. — DU DROIT DE PÊCHE.

ARTICLE PREMIER. Le droit de pêche sera exercé au profit de l'État :

1° Dans tous les fleuves, rivières, canaux et contre-fossés navigables ou flottables, avec bateaux, trains ou radeaux, et dont l'entretien est à la charge de l'État ou de ses ayants cause ;

2° Dans les bras, noues, boires et fossés qui tirent leurs eaux des fleuves et rivières navigables et flottables, dans lesquels on peut en tout temps passer ou pénétrer librement en bateau de pêcheur, et dont l'entretien est également à la charge de l'État.

Sont toutefois exceptés les canaux et fossés existants, ou qui seraient creusés dans des propriétés particulières, et entretenus aux frais des propriétaires.

ART. 2. Dans toutes les rivières et canaux autres que ceux qui sont désignés dans l'article précédent, les propriétaires riverains auront, chacun de leur côté, le droit de pêche jusqu'au milieu du cours de l'eau, sans préjudice des droits contraires établis par possessions ou titres.

Art. 3. Des ordonnances royales, insérées au Bulletin des Lois, détermineront, après une enquête *de commodo et incommodo*, quelles sont les parties des fleuves et rivières, et quels sont les canaux désignés dans les deux premiers paragraphes de l'art. 1ᵉʳ, où le droit de pêche sera exercé au profit de l'État.

De semblables ordonnances fixeront les limites entre la pêche fluviale et la pêche maritime dans les fleuves et rivières affluant à la mer. Ces limites seront les mêmes que celles de l'inscription maritime; mais la pêche qui se fera au-dessus du point où les eaux cesseront d'être salées, sera soumise aux règles de police et de conservation établies pour la pêche fluviale.

Dans le cas où des cours d'eau seraient rendus ou déclarés navigables ou flottables, les propriétaires qui seront privés du droit de pêche auront droit à une indemnité préalable, qui sera réglée selon les formes prescrites par les articles 16, 17 et 18 de la loi du 8 mars 1810, compensation faite des avantages qu'ils pourraient retirer de la disposition prescrite par le gouvernement.

Art. 4. Les contestations entre l'administration et les adjudicataires, relatives à l'interprétation et à l'exécution des conditions des baux et adjudications, et toutes celles qui s'élèveront entre l'administration ou ses ayants cause, et des tiers intéressés, à raison de leurs droits ou de leurs propriétés, seront portées devant les tribunaux.

Art. 5. Tout individu qui se livrera à la pêche sur les fleuves et rivières navigables ou flottables, canaux, ruisseaux ou cours d'eau quelconques, sans la permission de celui à qui le droit de pêche appartient, sera condamné à une amende de vingt francs au moins, et de cent francs au plus, indépendamment des dommages-intérêts.

Il y aura lieu, en outre, à la restitution du prix du poisson qui aura été pêché en délit, et la confiscation des filets et engins de pêche pourra être prononcée.

Néanmoins, il est permis à tout individu de pêcher à la ligne flottante tenue à la main, dans les fleuves, rivières et canaux désignés dans les deux paragraphes de l'article 1ᵉʳ de la présente loi, le temps du frai excepté.

TITRE II. — DE L'ADMINISTRATION ET DE LA RÉGIE DE LA PÊCHE.

ART. 6. Nul ne peut exercer l'emploi de garde-pêche, s'il n'est âgé de vingt-cinq ans accomplis. (*Code.forestier*, art. 3.)

ART. 7. Les préposés chargés de la surveillance de la pêche ne pourront entrer en fonctions qu'après avoir prêté serment devant le tribunal de première instance de leur résidence, et avoir fait enregistrer leur commission et l'acte de prestation de leur serment au greffe des tribunaux dans le ressort desquels ils devront exercer leurs fonctions.

Dans le cas d'un changement de résidence qui les placerait dans un autre ressort en la même qualité, il n'y a pas lieu à une prestation de serment. (*Code forestier*, art. 5.)

ART. 8. Les gardes-pêche pourront être déclarés responsables des délits commis dans leurs cantonnements et passibles des amendes et indemnités encou-

rues par les délinquants, lorsqu'ils n'auront pas dû-
ment constaté les délits.

ᵉArt. 9. L'empreinte des fers dont les gardes-pêche
font usage pour la marque des filets sera déposée au
greffe des tribunaux de première instance.

TITRE III. — DES ADJUDICATIONS DES CANTONNEMENTS DE PÊCHE.

Art. 10. La pêche au profit de l'État sera exploitée
soit par voie d'adjudication publique aux enchères et
à l'extinction des feux, conformément aux dispositions
du présent titre, soit par concession de licence à prix
d'argent.

Le mode de concession par licence ne pourra être
employé qu'à défaut d'offres suffisantes.

En conséquence, il sera fait mention, dans les procès-verbaux d'adjudication, des mesures qui auront été
prises pour leur donner toute la publicité possible et
des offres qui auront été faites.

Art. 11. L'adjudication publique devra être an-
noncée au moins quinze jours à l'avance, par des affiches apposées dans le chef-lieu du département, dans
les communes riveraines du cantonnement et dans les
communes environnantes.

Art. 12. Toute *location* faite autrement que par adjudication publique sera considérée comme clandes-
tine et déclarée nulle. Les fonctionnaires et agents qui
l'auraient ordonnée ou effectuée, seront condamnés
solidairement à une amende *égale au double* du fermage
annuel du cantonnement de pêche. (*Code forestier,*
art. 18.)

Sont exceptées les concessions par voie de licences.

ART. 13. Sera de même annulée toute adjudication qui n'aura point été précédée des publications et affiches prescrites par l'art. 11, ou qui aura été effectuée dans d'autres lieux, à autres jour et heure que ceux qui auront été indiqués par les affiches ou les procès-verbaux de remise en location.

Les fonctionnaires ou agents qui auraient contrevenu à ces dispositions, seront condamnés solidairement à une amende égale à la valeur annuelle du cantonnement de pêche, et une amende pareille sera prononcée contre les adjudicataires en cas de complicité. (*Code forestier*, art. 19.)

ART. 14. Toutes les contestations qui pourront s'élever pendant les opérations d'adjudication, sur la validité des enchères ou sur la solvabilité des enchérisseurs et des cautions, seront décidées immédiatement par le fonctionnaire qui présidera la séance d'adjudication. (*Code forestier*, art. 20.)

ART. 15. Ne pourront prendre part aux adjudications, ni par eux-mêmes, ni par personnes interposées, directement ou indirectement, soit comme parties principales, soit comme associés ou cautions :

1° Les agents et gardes-forestiers et les gardes-pêche dans toute l'étendue du royaume ; les fonctionnaires chargés de présider ou de concourir aux adjudications, et les receveurs du produit de la pêche, dans toute l'étendue du territoire où ils exercent leurs fonctions.

En cas de contravention, ils seront punis d'une amende qui ne pourra excéder le quart ni être moindre du douzième du montant de l'adjudication, et ils seront, en outre, passibles de l'emprisonnement et de l'interdiction qui sont prononcés par l'art. 175 du Code pénal.

2° Les parents et alliés en ligne directe, les frères et beaux-frères, oncles et neveux des agents et gardes-forestiers et gardes-pêche, dans toute l'étendue du territoire pour lequel ces agents ou gardes sont commissionnés.

En cas de contravention, ils seront punis d'une amende égale à celle qui est prononcée par le paragraphe précédent.

3° Les conseillers de préfecture, les juges, officiers du ministère public et greffiers des tribunaux de première instance, dans tout l'arrondissement de leur ressort.

En cas de contravention, ils seront passibles de tous dommages et intérêts, s'il y a lieu.

Toute adjudication qui serait faite en contravention aux dispositions du présent article sera déclarée nulle. (*Code forestier*, art. 21.)

Art. 16. Toute association secrète ou manœuvre entre les pêcheurs ou autres, tendant à nuire aux enchères, à les troubler ou à obtenir les *cantonnements de pêche* à plus bas prix, donnera lieu à l'application des peines portées par l'art. 412 du Code pénal, indépendamment de tous dommages-intérêts, et si l'adjudication a été faite au profit de l'association secrète ou des auteurs desdites manœuvres, elle sera déclarée nulle. (*Code forestier*, art. 22.)

Art. 17. Aucune déclaration de commande ne sera admise si elle n'est faite immédiatement après l'adjudication, et séance tenante (*Code forestier*, art. 23.)

Art. 18. Faute par l'adjudicataire de fournir les cautions exigées par le cahier des charges dans le délai prescrit, il sera déclaré déchu de l'adjudication par un arrêt du préfet, et il sera procédé, dans les formes ci-dessus prescrites, à une nouvelle adjudication du cantonnement de pêche, à sa folle-enchère.

L'adjudicataire déchu sera tenu par corps de la différence entre son prix et celui de la nouvelle adjudication, sans pouvoir réclamer l'excédant, s'il y en a. (*Code forestier*, art. 24.)

ART. 19. Toute personne capable et reconnue solvable sera admise, jusqu'à l'heure de midi du lendemain de l'adjudication, à faire une offre de surenchère, qui ne pourra être moindre du cinquième du montant de l'adjudication.

Dès qu'une pareille offre aura été faite, l'adjudicataire et les surenchérisseurs pourront faire de semblables déclarations de simple surenchère, jusqu'à l'heure de midi du surlendemain de l'adjudication, heure à laquelle le plus offrant restera définitivement adjudicataire.

Toutes déclarations de surenchère devront être faites au secrétariat qui sera indiqué par le cahier des charges, et dans les délais ci-dessus fixés, le tout sous peine de nullité.

Le secrétaire commis à l'effet de recevoir ces déclarations sera tenu de les consigner immédiatement sur un registre à ce destiné, d'y faire mention expresse du jour et de l'heure précise où il les aura reçues, et d'en donner communication à l'adjudicataire et aux surenchérisseurs, dès qu'il en sera requis, le tout sous peine de trois cents francs d'amende, sans préjudice de plus fortes peines en cas de collusion.

En conséquence, il n'y aura lieu à aucune signification des déclarations de surenchère, soit par l'administration, soit par les adjudicataires et surenchérisseurs. (*Code forestier*, art. 25.)

Art. 20. Toutes contestations au sujet de la validité des surenchères seront portées devant les conseils de préfecture. (*Code forestier*, art. 26.)

Art. 21. Les adjudicataires et surenchérisseurs sont tenus, au moment de l'adjudication ou de leurs déclarations de surenchère, d'élire domicile dans le lieu où l'adjudication aura été faite ; faute par eux de le faire, tous actes postérieurs leur seront valablement signifiés au secrétariat de la sous-préfecture. (*Code forestier*, art. 27.)

Art. 22. Tout procès-verbal d'adjudication emporte exécution parée et contrainte par corps contre les adjudicataires, leurs associés et cautions, tant pour le paiement du prix principal de l'adjudication que pour accessoires et frais.

Les cautions sont en outre contraignables solidairement et par les mêmes voies au paiement des dommages, restitutions et amendes qu'aurait encourus l'adjudicataire. (*Code forestier*, art. 27)

TITRE IV. — CONSERVATION ET POLICE DE LA PÊCHE

Art. 23. Nul ne pourra exercer le droit de pêche dans les fleuves et rivières navigables ou flottables, les canaux, ruisseaux ou cours d'eau quelconques, qu'en se conformant aux dispositions suivantes :

Art. 24. Il est interdit de placer dans les rivières navigables ou flottables, canaux et ruisseaux, aucun barrage, appareil ou établissement quelconque de pêcherie, ayant pour objet d'empêcher entièrement le passage du poisson.

Les délinquants seront condamnés à une amende de cinquante francs, et en outre aux dommages-intérêts, et les appareils ou établissements de pêche seront saisis et détruits.

ART. 25. Quiconque aura jeté dans les eaux des drogues ou appâts qui sont de nature à enivrer le poisson ou à le détruire, sera puni d'une amende de trente francs à trois cents francs, et d'un emprisonnement d'un mois à trois mois.

ART. 26. Des ordonnances royales détermineront :

1° Les temps, saisons et heures pendant lesquels la pêche sera interdite dans les rivières et cours d'eau quelconques ;

2° Les procédés et modes de pêche qui, étant de nature à nuire au repeuplement des rivières, devront être prohibés ;

3° Les filets, engins et instruments de pêche qui seront défendus comme étant aussi de nature à nuire au repeuplement des rivières ;

4° La dimension de ceux dont l'usage sera permis dans les divers départements pour la pêche des différentes espèces de poissons ;

5° Les dimensions au-dessous desquelles les poissons de certaines espèces qui seront désignées ne pourront être pêchés et devront être rejetés en rivière ;

6° Les espèces de poissons avec lesquelles il sera défendu d'appâter les hameçons, nasses, filets et autres engins.

ART. 27. Quiconque se livrera à la pêche pendant les temps, saisons et heures prohibés par les ordonnances, sera puni d'une amende de trente à deux cents francs.

ART. 28. Une amende de trente à cent francs sera prononcée contre ceux qui feront usage, en quelque temps et en quelque fleuve, rivière, canal ou ruisseau que ce soit, de l'un des procédés ou modes de pêche, ou de l'un des instruments ou engins de pêche prohibés par les ordonnances.

Si le délit a eu lieu pendant le temps du frai, l'amende sera de soixante à deux cents francs.

ART. 29. Les mêmes peines sont prononcées contre ceux qui se serviront, pour une autre pêche, de filets permis seulement pour celle du poisson de petite espèce.

Ceux qui seront trouvés porteurs ou munis, hors de leur domicile, d'engins ou instruments de pêche prohibés, pourront être condamnés à une amende qui n'excédera pas vingt francs et à la confiscation des engins ou instruments de pêche, à moins que ces engins ou instruments ne soient destinés à la pêche dans des étangs ou réservoirs.

ART. 30. Quiconque pêchera, colportera ou débitera des poissons qui n'auront point les dimensions déterminées par les ordonnances, sera puni d'une amende de vingt à cinquante francs, et à la confiscation desdits poissons. Sont néanmoins exceptées de cette disposition les ventes de poissons provenant des étangs ou réservoirs.

Sont considérés comme des étangs ou réservoirs, les fossés et canaux appartenant à des particuliers, dès que leurs eaux cessent naturellement de communiquer avec les rivières.

ART. 31. La même peine sera prononcée contre les pêcheurs qui appâteront leurs hameçons, nasses, filets ou autres engins, avec des poissons des espèces prohibées qui seront désignées par les ordonnances.

ART. 32. Les fermiers de la pêche et porteurs de licences, leurs associés, compagnons et gens à gage, ne pourront faire usage d'aucun filet ou engin quelconque, qu'après qu'il aura été plombé ou marqué par les agents de l'administration de la police de la pêche.

La même obligation s'étendra à tous autres pêcheurs compris dans les limites de l'inscription maritime, pour les engins et filets dont ils feront usage dans les cours d'eau désignés par les paragraphes 1er et 2e de l'art. 1er de la présente loi.

Les délinquants seront punis d'une amende de vingt francs pour chaque filet ou engin non plombé ou marqué.

ART. 33. Les contre-maîtres, les employés du balisage et les mariniers qui fréquentent les fleuves, rivières ou canaux navigables ou flottables, ne pourront avoir dans leurs bateaux ou équipages aucun filet ou engin de pêche, même non prohibé, sous peine d'une amende de cinquante francs et de la confiscation des filets.

A cet effet, ils seront tenus de souffrir la visite sur les bateaux et équipages, des agents de police de la pêche, aux lieux où ils aborderont.

La même amende sera prononcée contre ceux qui s'opposeront à cette visite.

ART. 34. Les fermiers de la pêche et les porteurs de licences, et tous pêcheurs en général dans les rivières et canaux désignés par les paragraphes de l'art. 1er de la présente loi, seront tenus d'amener leurs bateaux, et de faire l'ouverture de leurs loges et hangars, bannetons, huches et autres réservoirs ou boutiques à poisson, sur leurs cantonnements, à toute réquisition des agents et préposés de l'administration de la pêche, à l'effet de constater les contraventions qui pourraient être par eux commises aux dispositions de la présente loi.

Ceux qui s'opposeront à la visite où refuseront l'ouverture de leurs boutiques à poisson seront, pour ce seul fait, punis d'une amende de cinquante francs.

ART. 35. Les fermiers et porteurs de licences ne pourront user, sur les fleuves, rivières et canaux navigables, que du chemin de halage ; sur les rivières et cours d'eau flottables, que du marche-pied. Ils traiteront de gré à gré avec les propriétaires riverains pour l'usage des terrains dont ils auront besoin pour retirer et assener leurs filets.

TITRE V. — DES POURSUITES EN RÉPARATION DE DÉLIT.

SECTION Ire. — *Des poursuites exercées au nom de l'administration.*

ART. 36. Le gouvernement exerce la surveillance et la police dans l'intérêt général.

En conséquence, les agents spéciaux par lui institués à cet effet, ainsi que les gardes-champêtres, éclusiers des canaux et autres officiers de police judiciaire, sont tenus de constater les délits qui sont spécifiés au titre IV de la présente loi, en quelques lieux qu'ils soient commis ; et lesdits agents spéciaux exerceront, conjointement avec les officiers du ministère public, toutes les poursuites et actions en réparation de ces délits.

Les mêmes agents et gardes de l'administration, les gardes-champêtres, les éclusiers, les officiers de police judiciaire, pourront constater également le délit spécifié en l'art. 5, et ils transmettront leurs procès-verbaux au procureur du roi.

Art. 37. Les gardes-pêche nommés par l'administration sont assimilés aux gardes-forestiers royaux.

Art. 38. Ils recherchent et constatent par procès-verbaux les délits dans l'arrondissement du tribunal près duquel ils sont assermentés.

Art. 39. Ils sont autorisés à saisir les filets et autres instruments de pêche prohibés, ainsi que le poisson pêché en délit. (Art. 161 du *Code forestier*.)

Art. 40. Les gardes-pêche ne pourront, sous aucun prétexte, s'introduire dans les maisons et enclos y attenant, pour la recherche des filets prohibés.

Art. 41. Les filets et engins de pêche qui auront été saisis comme prohibés ne pourront, dans aucun cas, être remis sous caution : ils seront déposés au greffe, et y demeureront jusqu'après le jugement pour être ensuite détruits.

Les filets non prohibés, dont la confiscation aurait été prononcée en exécution de l'art. 5, seront vendus au profit du trésor.

En cas de refus, de la part des délinquants, de remettre immédiatement le filet déclaré prohibé après la sommation du garde-pêche, ils seront condamnés à une amende de 50 francs.

Art. 42. Quant au poisson saisi pour cause de délit, il sera vendu dans la commune la plus voisine du lieu de la saisie, à son de trompe et aux enchères publiques, en vertu d'ordonnance du juge de paix ou de ses suppléants, si la vente a lieu dans un chef-lieu du canton, ou dans le cas contraire, d'après l'autorisation du maire de la commune; ces ordonnances ou autorisations seront délivrées sur requêtes des agents ou gardes qui auront opéré la saisie, et sur la présentation du procès-verbal, régulièrement dressé et affirmé par eux.

Dans tous les cas, la vente aura lieu en présence du receveur des domaines, et, à défaut, du maire ou adjoint de la commune, ou du commissaire de police.

ART. 43. Les gardes-pêche ont le droit de requérir directement la force publique pour la répression des délits en matière de pêche, ainsi que pour la saisie des filets prohibés et du poisson pêché en délit.

ART. 44. Ils écriront eux-mêmes leurs procès-verbaux, ils les signeront et les affirmeront, au plus tard, le lendemain de la clôture desdits procès-verbaux, par-devant le juge de paix du canton, ou l'un de ses suppléants, ou par-devant le maire ou l'adjoint, soit de la commune de leur résidence, soit de celle où le délit a été commis ou constaté ; le tout sous peine de nullité.

Toutefois, si, par suite d'un empêchement quelconque, le procès-verbal est seulement signé par le garde-pêche, mais non écrit en entier de sa main, l'officier public qui en recevra l'affirmation devra lui en donner préalablement lecture et faire ensuite mention de cette formalité ; le tout sous peine de nullité. (Art. 165 du *Code forestier.*)

ART. 45. Les procès-verbaux dressés par les agents forestiers, les gardes généraux et les gardes à cheval, soit isolément, soit avec le concours des gardes-pêche royaux et des gardes-champêtres, ne seront point soumis à l'affirmation. (Art. 166 du *Code forestier.*)

ART. 46. Dans le cas où le procès-verbal portera saisie, il en sera fait une expédition qui sera déposée, dans les vingt-quatre heures, au greffe de la justice de paix, pour qu'il en puisse être donné communication à ceux qui réclameraient les objets saisis.

Le délai ne courra que du moment de l'affirma-tion pour les procès-verbaux qui sont soumis à cette formalité.

ART. 47. Les procès-verbaux seront, sous peine de nullité, enregistrés dans les quatre jours qui suivront celui de l'affirmation, ou celui de la clôture du procès-verbal, s'il n'est pas sujet à l'affirmation.

L'enregistrement s'en fera en débet. (Art. 170 du *Code forestier*.)

ART. 48. Toutes les poursuites exercées en répara-tion de délits pour fait de pêche seront portées devant les tribunaux correctionnels.

ART. 49. L'acte de citation doit, à peine de nullité, contenir la copie du procès-verbal et de l'acte d'affir-mation. (Art. 172 du *Code forestier*.)

ART. 50. Les gardes de l'administration chargés de la surveillance de la pêche pourront, dans les actions et les poursuites exercées en son nom, faire toutes cita-tions et significations d'exploits, sans pouvoir procé-der aux saisies-exécutions.

Leurs rétributions pour les actes de ce genre seront taxées comme pour les actes faits par les huissiers des juges de paix. (Art. 173 du *Code forestier*.)

ART. 51. Les agents de cette administration ont le droit d'exposer l'affaire devant le tribunal, et sont en-tendus à l'appui de leurs conclusions. (Art. 174 du *Code forestier*.)

ART. 52. Les délits en matière de pêche seront prouvés, soit par procès-verbaux, soit par témoins à défaut de procès-verbaux, ou en cas d'insuffisance de ces actes.

ART. 53. Les procès-verbaux revêtus de toutes les formalités prescrites par les articles 44 et 47 ci-dessus, et qui sont dressés et signés par deux agents ou gardes-pêche, font preuve, jusqu'à inscription de faux, des faits matériels relatifs aux délits qu'ils constatent, quelles que soient les condamnations auxquelles ces délits peuvent donner lieu.

Il ne sera, en conséquence, admis aucune preuve outre ou contre le contenu de ces procès-verbaux, à moins qu'il n'existe une cause légale de réclusion contre l'un des signataires.

ART. 55. Les procès-verbaux revêtus de toutes les formalités prescrites, mais qui ne seront dressés et signés que par un seul agent ou garde-pêche, feront de même preuve suffisante jusqu'à inscription de faux, mais seulement lorsque le délit n'entraînera pas une condamnation de plus de 50 francs, tant pour amende que pour dommages et intérêts.

ART. 55. Les procès-verbaux qui, d'après les dispositions qui précèdent, ne font point foi et preuve suffisante jusqu'à inscription de faux, peuvent être corroborés et combattus par toutes les preuves légales, conformément à l'art. 145 du Code d'instruction criminelle. (Art. 178 du *Code forestier.*)

ART. 56. Le prévenu qui voudra s'inscrire en faux contre le procès-verbal, sera tenu d'en faire par écrit ou en personne, ou par un fondé de pouvoir spécial par acte notarié, la déclaration au greffe du tribunal avant l'audience indiquée par la citation. Cette déclaration sera reçue par le greffier du tribunal ; elle sera signée par le prévenu ou son fondé de pouvoir, et, dans le cas où il ne saurait ou ne pourrait signer, il en sera fait mention expresse.

Au jour indiqué pour l'audience, le tribunal donnera acte de la déclaration et fixera un délai de huit jours au moins et de quinze jours au plus, pendant lequel le prévenu sera tenu de faire au greffe le dépôt des moyens de faux et des noms, qualités et demeures des témoins qu'il voudra faire entendre.

A l'expiration de ce délai et sans qu'il soit besoin d'une citation nouvelle, le tribunal admettra les moyens de faux, s'ils sont de nature à détruire l'effet du procès-verbal, et il sera procédé sur le faux conformément aux lois.

Dans le cas contraire et faute par le prévenu d'avoir rempli toutes les formalités ci-dessus prescrites, le tribunal déclarera qu'il n'y a lieu à admettre les moyens de faux, et ordonnera qu'il soit passé outre au jugement.

ART. 57. Le prévenu contre lequel aura été rendu un jugement par défaut sera encore admissible à faire sa déclaration d'inscription de faux pendant le délai qui lui est accordé par la loi pour se présenter à l'audience sur l'opposition par lui formée. (Art. 180 du *Code forestier.*)

ART. 58. Lorsqu'un procès-verbal sera rédigé contre plusieurs prévenus, et qu'un ou quelques-uns d'entre eux seulement s'inscriront en faux, le procès-verbal continuera de faire foi à l'égard des autres, à moins que le fait sur lequel portera l'inscription de faux ne soit indivisible et commun aux autres prévenus. (Art. 181 du *Code forestier.*)

ART. 59. Si, dans une instance en réparation de délit, le prévenu excipe d'un droit de propriété ou tout autre droit réel, le tribunal saisi de la plainte statuera sur l'incident.

L'exception préjudicielle ne sera admise qu'autant qu'elle sera fondée soit sur un titre apparent, soit sur

des faits de possession équivalents, articulés avec pré-
cision, et si le titre produit ou les faits articulés sont
de nature, dans le cas où ils seraient reconnus par
l'autorité compétente, à ôter au fait qui sert de base
aux poursuites le caractère de délit.

Dans le cas de renvoi à fins civiles, le jugement
fixera un bref délai dans lequel la partie qui aura élevé
la question préjudicielle devra saisir les juges compé-
tents de la connaissance du litige et justifier de ses
diligences, sinon il sera passé outre. Toutefois, en cas
de condamnation, il sera sursis à l'exécution du jugement sous le rapport de l'emprisonnement s'il était
prononcé ; et le montant des amendes, restitutions et
dommages-intérêts sera versé à la caisse des dépôts et
consignations, pour être remis à qui il sera ordonné
par le tribunal qui statuera sur le fond de droit.

Art. 60. Les agents de l'administration chargés de
la surveillance de la pêche peuvent, en son nom, in-
terjeter appel des jugements et se pourvoir contre les
arrêts et jugements en dernier ressort; mais ils ne
peuvent se désister de leurs appels sans son autorisation
spéciale. (Art. 183 du *Code forestier.*)

Art. 61. Le droit attribué à l'administration et à ses
agents de se pourvoir contre les jugements et arrêts
par appel ou par recours en cassation, est indépen-
dant de la même faculté qui est accordée par la loi au
ministère public, lequel peut toujours en user, même
lorsque l'administration ou ses agents auraient ac-
quiescé aux jugements et arrêts. (Art. 184 du *Code
forestier.*)

Art. 62. Les actions en réparation de délits en matière de pêche se prescrivent par un mois, à compter
du jour où les délits ont été constatés, lorsque les

prévenus sont désignés dans les procès-verbaux. Dans le cas contraire, le délai de prescription est de trois mois, à compter du même jour.

ART. 63. Les dispositions de l'article précédent ne sont pas applicables aux délits et malversations commis par les agents, préposés ou gardes de l'administration, dans l'exercice de leurs fonctions ; les délais de prescription à l'égard de ces préposés et de leurs complices seront les mêmes que ceux qui sont déterminés par le Code d'instruction criminelle.

ART. 64. Les dispositions du Code d'instruction criminelle sur les poursuites des délits, sur défauts, oppositions, jugements, appels et recours en cassation, sont et demeurent applicables à la poursuite des délits spécifiés par la présente loi, sauf les modifications qui résultent du présent titre.

SECTION II. — *Des poursuites exercées au nom et dans l'intérêt des fermiers de la pêche et des particuliers.*

ART. 65. Les délits qui portent préjudice aux fermiers de la pêche, aux porteurs de licence et aux propriétaires riverains, seront constatés par leurs gardes, lesquels seront assimilés aux gardes-bois des particuliers.

ART. 66. Les procès-verbaux dressés par ces gardes feront foi jusqu'à preuve contraire. (Art. 188 du *Code forestier.*)

ART. 67. Les poursuites et actions seront exercées au nom et à la diligence des parties intéressées.

ART. 60. Les dispositions contenues aux articles 38, 39, 40, 41, 42, 43, 44, 45, 46, 47 du paragraphe premier ; 49, 52, 59, 62 et 64 de la présente loi, sont applicables aux poursuites exercées au nom et dans l'intérêt des particuliers et des fermiers de la pêche, pour les délits commis à leur préjudice.

TITRE VI. — DES PEINES ET CONDAMNATIONS.

ART. 69. Dans le cas de récidive, la peine sera toujours doublée.

Il y a récidive lorsque, dans les douze mois précédents, il a été rendu contre le délinquant un premier jugement pour délit en nature de pêche.

ART. 70. Les peines seront également doublées, lorsque les délits auront été commis la nuit.

ART. 71. Dans tous les cas où il y aura lieu à adjuger des dommages-intérêts, ils ne pourront être inférieurs à l'amende simple prononcée par le jugement. (Art. 202 du *Code forestier*.)

ART. 72. Dans tous les cas prévus par la présente loi, si le préjudice causé n'excède pas vingt-cinq francs et si les circonstances paraissent atténuantes, les tribunaux sont autorisés à réduire l'emprisonnement même au-dessous de six jours, et l'amende même au-dessous de seize francs. Ils pourront aussi prononcer séparément l'une ou l'autre de ces peines, sans qu'en aucun cas elle puisse être au-dessous des peines de simple police.

ART. 73. Les restitutions et dommages-intérêts appartiennent aux fermiers, porteurs de licence et propriétaires riverains, si le délit est commis à leur préjudice ; mais lorsque le délit a été commis par eux-mêmes au détriment de l'intérêt général, ces dommages-intérêts appartiennent à l'État.

Appartiennent également à l'État toutes les amendes et confiscations. (Art. 204 du *Code forestier*.)

Art. 74. Les maris, pères, mères, tuteurs, fermiers et porteurs de licences, ainsi que tous propriétaires, maîtres et commettants, seront civilement responsables des délits en matière de pêche, commis par leurs femmes, enfants, mineurs, pupilles, bateliers et compagnons et tous autres subordonnés, sauf tout recours de droit.

Cette responsabilité sera réglée conformément à l'art. 1384 du Code civil.

TITRE VII. — DE L'EXÉCUTION DES JUGEMENTS.

Section I. — *De l'exécution des jugements rendus à la requête de l'administration ou du ministère public.*

Art. 75. Les jugements rendus à la requête de l'administration chargée de la police de la pêche, ou sur la poursuite du ministère public, seront signifiés par simple extrait qui contiendra le nom des parties et le dispositif du jugement.

Cette signification fera courir les délais de l'opposition et de l'appel des jugements par défaut. (Art. 209 du *Code forestier*.)

Art. 76. Le recouvrement de toutes les amendes pour délits de pêche est confié aux receveurs de l'enregistrement et des domaines. Ces receveurs sont également chargés du recouvrement des restitutions, frais et dommages-intérêts résultant des jugements rendus en matière de pêche.

Art. 77. Les jugements portant condamnation à des amendes, restitutions, dommages-intérêts et frais, sont exécutoires par la voie de la contrainte par corps, et l'exécution pourra en être poursuivie cinq jours après un simple commandement fait aux condamnés.

En conséquence, et sur la demande du receveur de l'enregistrement et des domaines, le procureur du roi adressera les réquisitions nécessaires aux agents de la force publique chargés de l'exécution des mandements de justice. (Art. 212 du *Code forestier*.)

ART. 78. Les individus contre lesquels la contrainte par corps aura été prononcée pour raison des amendes et autres condamnations et réparations pécuniaires, subiront l'effet de cette contrainte jusqu'à ce qu'ils aient payé le montant desdites condamnations, ou fourni une caution admise par le receveur des domaines, ou, en cas de contestation de sa part, déclarée bonne et valable par le tribunal de l'arrondissement. (Art. 212 du *Code forestier*.)

ART. 79. Néanmoins les condamnés qui justifieront de leur insolvabilité, suivant le mode prescrit par l'art. 420 du Code d'instruction criminelle, seront mis en liberté après avoir subi quinze jours de détention, lorsque l'amende et les autres condamnations pécuniaires n'excèderont pas quinze francs.

La détention ne cessera qu'au bout d'un mois, lorsque les condamnations s'élèveront ensemble de quinze à cinquante francs.

Elle ne durera que deux mois, quelle que soit la quotité desdites condamnations.

En cas de récidive, la durée de la détention sera double de ce qu'elle eût été sans cette circonstance.

ART. 80. Dans tous les cas, la détention employée comme moyen de contrainte est indépendante de la peine d'emprisonnement prononcée contre les condamnés pour tous les cas où la loi l'inflige.

SECTION II. — *De l'exécution des jugements rendus dans l'intérêt des fermiers de la pêche et des particuliers.*

ART. 81. Les jugements contenant des condamnations en faveur des fermiers de la pêche, des porteurs de licence et des particuliers, pour réparation des délits commis à leur diligence, seront signifiés et exécutés suivant les mêmes forme et voie de contrainte que les jugements rendus à la requête de l'administration chargée de la surveillance de la pêche.

Le recouvrement des amendes prononcées par les mêmes jugements sera opéré par les receveurs de l'enregistrement et des domaines.

ART. 82. La mise en liberté des condamnés détenus par voie de contrainte par corps à la requête et dans l'intérêt des particuliers, ne pourra être accordée, en vertu des art. 78 et 79, qu'autant que la validité des cautions ou la solvabilité des condamnés aura été, en cas de contestation de la part desdits propriétaires, jugée contradictoirement entre eux.

TITRE VIII. — DISPOSITIONS GÉNÉRALES.

ART. 83. Sont et demeurent abrogés toutes les lois, ordonnances, édits et déclarations, arrêts du conseil, arrêtés et décrets, et tous règlements intervenus, à quelque époque que ce soit, sur les matières réglées par la présente loi, en tout ce qui concerne la pêche.

Mais les droits acquis antérieurement à la présente loi seront jugés, en cas de contestation, d'après les lois existant avant sa promulgation.

DISPOSITIONS TRANSITOIRES.

ART. 84. Les prohibitions portées par les articles 6, 8, 10, et la prohibition de pêcher à autre heure que depuis le lever du soleil jusqu'à son coucher, portée par l'article 5 du titre XXXI de l'ordonnance de 1669, continueront à être exécutées jusqu'à la promulgation des ordonnances qui, aux termes de l'article 26 de la présente loi, détermineront les temps où la pêche sera interdite dans tous les cours d'eau, ainsi que les filets et instruments de pêche dont l'usage sera prohibé.

Toutefois, les contraventions aux articles ci-dessus énoncés de l'ordonnance de 1669 seront punies conformément aux dispositions de la présente loi, ainsi que tous les délits qui y sont prévus, à dater de sa publication.

La présente loi, etc.

Ordonnance du Roi relative à la Pêche.

(15 novembre 1830.)

ART. 1. Sont prohibés, sous les peines portées par l'art. 28 de la loi du 15 avril 1829 :

1° Les filets traînants ;

2° Les filets dont les mailles carrées, sans accrues, et non tendues, ni tirées en losange, auraient moins de 30 millimètres de chaque côté, après que le filet aura séjourné dans l'eau ;

3° Les bires, nasses ou autres engins dont les verges en osier seraient écartées entre elles de moins de 30 millimètres.

ART. 2. Sont néanmoins autorisés pour la pêche des goujons, ablettes, loches, vérons, vandoises et autres poissons de petite espèce, les filets dont les mailles auront 15 millimètres de largeur, et les nasses d'osier ou autres engins dont les baguettes ou verges seront écartées de 15 millimètres. Les pêcheurs auront aussi la faculté de se servir de toute espèce de nasses en jonc à jour, quel que soit l'écartement de leurs verges.

ART. 3. Quiconque se servira, pour une autre pêche que celle qui est indiquée dans l'article précédent, des filets spécialement affectés à cet usage, sera puni des peines portées par l'article 28 de la loi du 15 avril 1829.

ART. 4. Aucune restriction, ni pour le temps de la pêche, ni pour l'emploi des filets ou engins, ne sera imposée aux pêcheurs du Rhin.

ART. 5. Dans chaque département, le préfet détermi-nera, sur l'avis du conseil général et après avoir con-sulté les agents forestiers, les temps, saisons et heures pendant lesquels la pêche sera interdite dans les ri-vières ou cours d'eau.

ART. 6. Il fera également un règlement dans le-quel il déterminera et divisera les filets et engins qui, d'après les règles ci-dessus, devront être interdits.

ART. 7. Sur l'avis du conseil général, et après avoir consulté les agents forestiers, il pourra prohiber les procédés et modes de pêche qui lui sembleront de na-ture à nuire au repeuplement des rivières.

ART. 8. Les règlements des préfets devront être homologués par ordonnances royales.

ART. 9. Notre ministre secrétaire d'État des fi-nances est chargé de l'exécution de la présente or-donnance.

Loi qui modifie celle du 15 avril 1829 sur la Pêche fluviale.

(6 juin 1840.)

Art. 1er. Les articles 10, 14, 16 et 21 de la loi du 15 avril 1829, relatifs à l'adjudication des cantonnements de pêche, sont modifiés ainsi qu'il suit :

Art. 10. La pêche au profit de l'État sera exploitée soit par voie d'adjudication publique, soit par concession de licences à prix d'argent.

Le mode de concession par licences ne sera employé que lorsque l'adjudication aura été tentée sans succès.

Toutes les fois que l'adjudication d'un cantonnement de pêche n'aura pu avoir lieu, il sera fait mention, dans le procès-verbal de la séance, des mesures qui auront été prises pour donner toute la publicité possible à la mise en adjudication, et des circonstances qui se seront opposées à la location.

Art. 14. Toutes les contestations qui pourront s'élever pendant les opérations d'adjudication, soit sur la validité desdites opérations, soit sur la solvabilité de ceux qui auront fait des offres et de leurs cautions, seront décidées immédiatement par le fonctionnaire qui présidera la séance d'adjudication.

Art. 16. Toute association secrète, toute manœuvre entre les pêcheurs ou autres, tendant à nuire aux adjudications, à les troubler ou à obtenir les cantonnements de pêche à plus bas prix, donnera lieu à l'application des peines portées par l'article 412 du Code pénal, indépendamment de tous dommages-intérêts ; et si l'adjudication a été faite au profit de l'association secrète ou des auteurs desdites manœuvres, elle sera déclarée nulle.

ART. 21. Les adjudicataires seront tenus d'élire domicile dans le lieu où l'adjudication aura été faite; à défaut de quoi tous actes postérieurs leur seront valablement signifiés au secrétariat de la sous-préfecture.

ART. 2. Les articles 19 et 20 de ladite loi sont supprimés et remplacés par les dispositions suivantes :

ART. 19. Toute adjudication sera définitive du moment où elle sera prononcée, sans que, dans aucun cas, il puisse y avoir lieu à surenchère.

ART. 20. Les divers modes d'adjudication seront déterminés par une ordonnance royale.

Les adjudications auront toujours lieu avec publicité et concurrence.

La présente loi, discutée, délibérée et adoptée par la Chambre des Pairs et par celle des Députés, et sanctionnée par nous cejourd'hui, sera exécutée comme loi de l'État.

Ordonnance du Roi concernant les adjudications du Droit de Pêche à exercer, au profit de l'État, dans les fleuves, rivières et cours d'eau navigables et flottables.

(28 octobre 1840.)

ART. 1er. A l'avenir, les adjudications du droit de pêche à exercer, au profit de l'État, dans les fleuves, rivières et cours d'eau navigables et flottables, pourront se faire par adjudications au rabais ou par adjudication aux enchères et à l'extinction des feux.

ART. 2. Lorsque l'adjudication publique aura été tentée sans succès, l'exercice du droit de pêche pourra être concédé par licence à prix d'argent, sur l'autorisation du directeur général des forêts.

Art. 3. Notre ministre secrétaire d'État des finances est chargé de l'exécution de la présente ordonnance.

Ordonnance du Roi qui modifie celle du 15 novembre 1830, en ce qui concerne la Pêche des Ablettes.

(28 février 1842.)

Art. 1er. L'article 2 de notre ordonnance précitée du 15 novembre 1830 est modifié en ce qui concerne la pêche des ablettes seulement, dans ce sens que la largeur des mailles de filets et l'écartement des baguettes ou verges des nasses d'osier ou autres engins employés à cette pêche, pourront être réduits à 8 millimètres.

Art. 2. Les préfets, dans chaque département, détermineront dans quels lieux et à quelles conditions ce mode spécial de pêche pourra être pratiqué.

Art. 3. Notre ministre secrétaire d'État des finances est chargé de l'exécution de la présente ordonnance, qui sera insérée au Bulletin des lois.

———

Après avoir ainsi tracé le précis des lois, règlements et ordonnances sur la pêche, il ne nous reste plus qu'à indiquer aux gardes-pêche la formule des procès-verbaux qu'ils devront rédiger en conséquence de ces instructions.

Modèle d'un rapport sur la pêche.

L'an, etc,..., je...., garde-pêche de la rivière de.... soussigné, certifie que m'étant transporté sur le bord de ladite rivière, et parcourant le long d'icelle, j'aurais trouvé les nommés.... et...., pêcheurs, habitants dudit lieu de...., sortant de ladite rivière, et aurais trouvé en leur bateau quantité de petits poissons, barbillons et brochetons qui n'étaient point de la longueur et grosseur voulues par les ordonnances, lois et règlements sur la pêche, et qu'ils venaient de pêcher avec des engins défendus ; au sujet de quoi je me serais saisi desdits engins pour les remettre au greffe de...., et aurais rejeté dans l'eau les poissons encore en vie ; et donné en outre assignation auxdits pêcheurs, au premier jour d'audience, qui sera le...., par-devant, etc...., pour se voir condamner aux peines portées par la loi ; en foi de quoi j'ai signé le présent.

On voit, par le modèle, que ce garde doit également désigner, d'une manière claire et précise : 1° les nom, prénoms, surnoms, qualités et demeure du délinquant ; 2° les jours et heure, si c'est une saison prohibée ; 3° les filets, engins et autres instruments dont les pêcheurs seront munis. Si ces derniers refusent de les rendre, il doit les saisir sur eux, les en rendre gardiens, et les comprendre dans son rapport. Il expliquera aussi si ces engins ou filets sont plombés, et de la maille prescrite par l'ordonnance.

Le garde-pêche ne doit pas dresser ses rapports sur des feuilles volantes. Il lui est enjoint, au contraire, de les porter sur son registre, aussitôt après qu'il a constaté le délit. Il lui est également ordonné d'exposer la vérité tout entière, sans déguisement, diminution, ni exagération, et de mentionner exactement tout ce qu'il aura fait et vu.

Le garde n'est pas toujours obligé de donner copie de ses rapports, parce qu'il n'a souvent ni la facilité ni le temps de les dresser, et que les délinquants n'attendent pas qu'on leur remette l'exploit qui les assigne. Il suffit donc qu'il leur dise verbalement ce qu'il a l'intention de faire savoir. Mais lorsqu'il établit d'autres séquestres aux choses qu'il saisit, il ne doit pas manquer de leur donner copie de son rapport, et de mentionner dans l'original qu'il en a donné copie, parce qu'il faut agir à leur égard d'une manière différente de celle dont on use à l'égard des délinquants surpris en flagrant délit.

SUPPLÉMENT AUX LOIS ET ORDONNANCES SUR LA PÊCHE FLUVIALE.

Loi sur la pêche fluviale du 15 avril 1829.

TITRE PREMIER. — « ART. 1er. Le droit de pêche sera exercé au profit de l'État :

« 1° Dans tous les fleuves, rivières, canaux, contrefossés navigables ou flottables avec bateaux, trains ou radeaux, et dont l'entretien est à la charge de l'Etat ou de ses ayants cause.

« 2° Dans les bras, noues, boires et fossés qui tirent leurs eaux des fleuves et rivières navigables ou flottables dans lesquels on peut en tout temps passer ou pénétrer librement en bateau de pêcheur, et dont l'entretien est également à la charge de l'État.

« Sont toutefois exceptés les canaux et fossés existants, ou qui seraient creusés dans les propriétés particulières, et entretenus aux frais des propriétaires.

« ART. 5. Tout individu qui se livrera à la pêche sur les fleuves et rivières navigables ou flottables, canaux, ruisseaux ou cours d'eau quelconques, sans la permission de celui à qui le droit de pêche appartient, sera condamné à une amende de 20 francs au moins et de 100 francs au plus, indépendamment des dommages-intérêts.

« Il y aura lieu, en outre, à la restitution du prix du poisson qui aura été pêché en délit, et la confiscation des filets et engins de pêche pourra être prononcée.

« Néanmoins, il est permis à tout individu de pêcher à la ligne flottante tenue à la main, dans les fleuves, rivières et canaux désignés dans les deux paragraphes de l'article 1er de la présente loi, le temps du frai excepté. »

Ce dernier paragraphe établit d'une manière formelle une faveur gratuite pour tout le monde. Ainsi, excepté pendant le temps du frai, qui pour le département de la Seine est fixé du 15 avril au 15 juin, chacun peut, avec une ligne flottante, pêcher à la surface, au milieu ou au fond de l'eau. On peut aussi bien pêcher en bateau que sur la berge, aussi bien près du bord qu'au milieu de la rivière.

Article 3 du règlement du préfet de la Seine.

« Ne pourront être pêchés et seront rejetés en rivière : 1° les truites, carpes, barbeaux, ombres, brèmes, brochets, meuniers ayant moins de 160 millimètres, entre l'œil et la naissance de la nageoire de la queue ; 2° les tanches, perches, gardons, lottes et autres ayant moins de 135 millimètres, également entre l'œil et la naissance de la queue ; 3° et les anguilles ayant moins de 76 millimètres de tour au milieu du corps. »

15

Sixième défense de l'article 7 du règlement du préfet de la Seine.

« Il est défendu d'enivrer et faire mourir le poisson, en jetant dans l'eau des drogues et substances nuisibles, telles que chaux, noix vomique, momie, lithymale, sucs infects de lins et de chanvres rouis et autres. »

Comme on le voit, les amorces de fond, telles que les asticots, des vers mêlés de terre, ou du blé, toutes choses que le poisson recherche et dont il fait sa nourriture, ne sont pas défendues. On peut mettre à sa ligne plusieurs hameçons et les amorcer avec toutes sortes de vers, insectes, pâtes et aliments quelconques qui ne contiennent rien de nuisible au poisson.

On peut même, pour prendre le brochet, la perche, la truite et quelques autres espèces, amorcer avec une ablette, un goujon ou un véron, morts ou vivants.

Dans l'intérieur de la ville de Paris, la pêche est interdite avant l'ouverture et après la fermeture des ports. Cette défense ne concerne pas les bords de la Seine hors barrière.

DEUXIÈME PARTIE

PÊCHE EN MER

PREMIÈRE SECTION

INSTRUMENTS EMPLOYÉS POUR LA PÊCHE EN MER.

CHAPITRE PREMIER

Lignes, Hameçons et Appâts pour les pêches en mer (1).

La pêche aux hameçons se fait sur tous les fonds et par tous les temps pourvu que la mer permette de maintenir la barque; cette pêche donne un poisson plus frais et, avec raison, plus estimé que le poisson pris au filet; elle exige bien moins d'engins coûteux.

Les cannes dont on se sert en mer sont naturellement plus fortes, plus solides que les cannes employées pour les pêches d'eau douce; inutile de revenir ici sur des détails donnés à ce sujet (V. le chap. II de la 1re partie); la *pêche par fond* se fait avec plusieurs lignes attachées à un corps pesant.

(1) Voir, pour plus de détails, les huit premiers chapitres de la première partie.

On appelle *couffe de palangre* les hameçons disposés autour d'un panier ou d'un cerceau.

La *fourquette* est un engin disposé sur une croix de fer.

L'*archet* est un engin disposé sur un baguette recourbée et chargée d'un plomb.

On dit qu'on pêche à la ligne même, quand, au lieu d'attacher la ligne à une canne, on tient cette ligne à la main.

Si la ligne est attachée à une perche, on dit que l'on *pêche à la canne ou à la cannette.*

Les marins appellent *ligne de lac, ligne de sonde, ligne d'amarrage*, etc., les menues cordes servant même à d'autres usages que la pêche.

Les câblières sont des lignes garnies d'hameçons et attachées à des pierres. Si la corde est attachée par chacun de ses bouts à une grosse pierre, et garnie dans sa longueur de lignes avec hameçons, on l'appelle *grosse câblière*, on dit : *pêche aux grosses câblières.*

La corde principale à laquelle sont attachées les lignes s'appelle *bauffe* ou *maîtresse corde* sur les bords de l'Océan ; *maître de palangre*, sur les côtes de la Méditerranée (*palangre*, dans le Midi, veut dire : *pêche aux cordes*).

Tendre sur palot consiste à attacher les bauffes sur des piquets, au lieu de les tendre sur le sable avec des câblières à leur extrémité.

Les lignes fines qui partent de la corde principale s'appellent quelquefois *semelles, lanes* ou simplement *lignes.*

Sur les côtes de la Méditerranée l'empile (bout de crin, de soie, etc., ajouté à la ligne) s'appelle *bresseau.*

La *lane* s'appelle plus particulièrement *pile* si elle reçoit directement l'hameçon.

Un *appelet* est une corde garnie de lignes et d'hameçons (côtes de l'Océan) ; plusieurs appelets réunis forment une *tessure*.

L'*aussière* est une cordelette composée de deux ou trois fils ou de trois faisceaux de fils.

Le *grelin* est une corde formée de trois aussières réunies.

Il y a l'empile simple ou faite d'un seul brin ; l'empile double à deux brins non unis, dite encore *estrope* ou *empile ovale* : s'il s'agit de prendre des poissons dont les mâchoires sont armées de dents très-acérées et très-coupantes, il faut préférer le laiton au crin.

Les hameçons en fer étamé, se brisant moins que les hameçons d'acier, on les préfère à ces derniers pour la pêche à la morue, etc.

Les hameçons à courbure deux fois coudée sont recommandés pour la pêche des limandes, des merlans, etc.

Parmi les divers ustensiles nécessaires au pêcheur en mer bornons-nous à citer :

L'ancre.

Les bouées, les drosmes ou orins.

Les crocs.

Les catenières ou catonières, grappins enfilés par une chaîne.

Les câblières (pierres percées et ayant une anse de corde appelée *estrope*).

Les coscerons de liége ou de bois léger (1).

Les appâts préférables pour les pêches en mer sont :

Les sardines et les harengs frais, etc., pour prendre les raies, les morues, etc.

-----

(1) Voir pour plus de détails, ch. II, 1re partie.

La blanche ou blanquette, œillet, que l'on *broque* par les yeux ou par les anses : .

Les vers marins francs ou noirs.

Les bâtards ou vers marins rouges ou verotis.

Les bourlottes ou vers marins blancs (inférieurs aux précédents).

Les sèches ou calmars (le corps seulement) pour la pêche des merlans, des raies, etc.

Les moules, les patelles (dites encore brelins, yeux de bouc) bien vivantes et employées à défaut d'autres appâts (décembre, etc.)

Les crevettes grosses et petites pour prendre les raies, les maquereaux, etc.

Les crabes pour prendre les limandes, les merlans, les congres, etc.; servez-vous de crabes bien frais, n'ayant plus leur vieille et dure enveloppe (on les appelle alors craquelots, poltrons, etc.).

Les loches de mer.

Si la mer ne vous fournit pas d'appâts, il faudra recourir à la viande fraîche de bœuf, de vache, de cheval, d'âne, de chien, de chat, etc. Mais les poissons, dit-on, préfèrent les chairs des individus de leur espèce à toutes les autres chairs.

La *résure rogue* ou *rave* est une sorte d'amorce qu'on jette à la mer pour *affaner* ou *bouetter*, c'est-à-dire pour attirer les sardines un peu à la surface de l'eau ; on fait la résure avec des œufs salés de morue ou de maquereaux, ou avec de la chair de maquereaux crus bien broyée.

La résure faite avec des crabes, des crevettes, avec l'alevin de toute sorte de poissons s'appelle *guildre, gueldre* ou *guidille ;* les riverains détruisent, pour fabriquer cette résure, une quantité infinie de frai de turbots, de soles, de mulets et de crevettes qu'ils prennent dans une seine en étamine ou en canevas.

Indiquons succinctement les appâts employés pour les principales espèces de poissons de mer (1), selon les saisons.

Pour la pêche du Bar : crabes mous, lanière de chair de sèche un peu gâtée ; harengs frais; blaquets. — Août, septembre et octobre.

Pour la pêche de la Barbue : blaquet, petits poissons et vers. — De février à juillet.

Pour la pêche des Bonites : sardines, poissons volants, harengs frais; appât artificiel. — Toute l'année, mais surtout en mai et en septembre.

Pour la pêche du Congre : sèche; petit poisson vif. — Novembre, janvier.

Pour la pêche de la Daurade : crabes, morceau de maquereau, de thon, pétoncles. — Juillet et août.

Pour les Dorées : appâts vivants; pagels. — Juillet et août.

Pour la pêche de l'Égrefin : pilonos, équilles, harengs coupés en morceaux. — Automne et hiver.

Pour la pêche des Flets : vers blancs à pattes ; harengs frais. — Toute l'année.

Pour la pêche des Germons : cuillers, tue-diable leurres de liége et de plumes. — Mai et juin.

Pour la pêche des Harengs : gravettes, mouches artificielles. — Novembre et janvier.

Pour la pêche des Labres : gravettes; poissons frais de toute sorte. — En tout temps.

_____

(1) Ceci n'est qu'un tableau résumé des appâts les plus employés; pour les détails voir un nom de chaque poisson. Section II, de la 2e partie.

Pour la pêche des Lingues : harengs, sardines. — En tout temps.

Pour la pêche des Maquereaux : chair de poisson, sprats, crevettes, vers de mer. — En septembre : harengs frais ; leurres en tuyau de pipe ; chiffon de drap rouge.

Pour la pêche des Merlans : moules, coquillages, harengs frais, loches de mer, sèches ; foie de porc frais ou salé. — En toute saison et principalement depuis septembre jusqu'en décembre.

Pour la pêche des Merlus : crabe poltron, hareng frais, blaquet : juillet et août ;

Pour la pêche des Morues : mêmes appâts que pour les merlus : juillet et août ;

Pour la pêche du Mulet : vers blancs à pattes : juin et août ;

Pour la pêche de l'Oblade : pétoncles, morceaux de thon, de maquereau, crabes, crevettes : juillet et août ;

Pour la pêche des Pagels : crustacés, coquillages, pagels de préférence. En tout temps, mais principalement depuis juillet jusqu'à novembre ;

Pour la pêche des Pagres : V. *Oblade ;*

Pour la pêche des Pélamides : V. *Thon* et *Bonite ;*

Pour la pêche de la Plie : vers de sable : novembre, janvier ;

Pour la pêche de la Raie : cornets, sèches, harengs, sardines, foie de vache ou de porc : de mars en septembre ;

Pour la pêche du Rouget grondin : V. *Merlans* et *Maquereaux ;*

Pour la pêche des Roussettes : petites plies, rougets,

maquereaux, harengs : de décembre en mars; rochers;

Pour la pêche des Sargues : V. *Daurade :* septembre
et octobre;

Pour la pêche de la Sardine : vers, etc.;

Pour la pêche de la Saupe : V. *Daurade :* en tout
temps;

Pour la pêche des Saurels : V. *Maquereau :* avril;

Pour la pêche des Soles : pelouses, harengs frais,
vers marins noirs : de février à juillet;

Pour la pêche des Surmulets : V. *Mulet :* juillet;

Pour la pêche des Thons : toute sorte d'appâts animaux, mouches à saumon, tue-diable, leurre de liége
avec plumes, etc. : avril et octobre;

Pour la pêche du Turbot : V. *Barbue :* de février à
juillet;

Pour la pêche de la Vieille : hareng frais, vers, etc. :
en tout temps;

Pour la pêche de la Vive : V. *Maquereau :* de juin à
novembre.

Quelques principes généraux :

Pour la pêche à la mouche, choisissez des eaux rapides pendant le calme et des eaux calmes si vous
craignez un orage prochain.

Pour les eaux troubles, servez-vous de mouches de
couleur foncée; de mouches de couleur claire pour
les eaux limpides.

Les gros poissons nagent la nuit et se cachent
pendant la plus grande partie du jour.

Pour la pêche de fond et pour la pêche de surface,
n'ayez qu'un hameçon.

Pour deux hameçons, même esche.

Pour la pêche sur les rochers, posez votre canne à

terre et maintenez-en le gros bout à l'aide d'un crochet en fer ou d'une pierre (1).

CHAPITRE II

**De quelques-unes des principales pêches à la ligne
en mer. — Pêche à la ligne simple. — Bricole. —
Fourquette. — Gouffe de palangre. — Potéra. —
Petite câblière. — Cordes dormantes. — Bauffe
sédentaire. — Arondelle. — Tente sur palots. —
Pêche au pied. — Pêche au doigt. — Grandes
pêches aux cordes par fond. — Grande pêche à
la palangre au large. — Bélée. — Vrai libouret
grand couple.**

DE LA PÊCHE A LA LIGNE SIMPLE.

Cette pêche se fait avec des lignes tenues immédiatement à la main, ou fixées à des piquets ou à des
cablières, et qui ne sont pas attachées à des cannes ou
perches.

DE LA BRICOLE.

Les bricoles sont de longues lignes terminées par un
hameçon amorcé, et qui, au lieu d'être attachées à
une perche, le sont à une branche d'arbre ou à un
pieu que l'on a enfoncé à portée des endroits que
l'on croit fréquentés par le poisson. Il faut éviter de
placer les bricoles près des herbiers ainsi que des arbres

(1) Pour le surplus, voir le *Calendrier du pêcheur*, en
la première partie.

dont les branches tombent dans l'eau, car le poisson
qui se sent piqué s'agite, et, tournant de côté et d'autre,
il pourrait s'y engager de telle sorte qu'on romprait la
corde et l'hain plutôt que de l'en tirer (Duhamel).

Lorsqu'on a reconnu l'endroit où l'on veut tendre, on attache une flotte de liége à la ligne, à
1 mètre ou 1^m,30 de l'hain, plus ou moins, suivant
la profondeur de l'eau; on ploie la ligne en entre-
lacs autour du pouce et du petit doigt, on la pose
ainsi ployée sur le plat de la main droite, et on met
par-dessus le liége et l'hain garni de son appât ;
puis, retenant de la main gauche le bout de la ligne
opposé à l'hain, on jette de toute sa force l'hain et la
ligne, pour que l'appât se trouve à l'endroit que l'on
juge le plus favorable.

L'heure la plus propice pour faire cette pêche
varie selon les saisons. En été, on tend entre trois et
quatre heures après midi, et durant l'hiver entre deux
et trois heures. Dans l'un et l'autre cas, on relève les
bricoles le lendemain matin entre huit et neuf heures.

On pêche à la bricole dans la Méditerranée, dans
les autres eaux salées où il n'y a pas de marées; dans
l'Océan c'est impossible.

PÊCHE A LA FOURQUETTE.

La *fourquette* est une croix de fer ou de cuivre qu'on
attache au bout d'une longue ligne ou corde, à l'autre
extrémité de laquelle est une\bouée (grosse flotte en
liége ou en bois léger). Au bout de chaque bras de la
croix sont attachées un certain nombre de piles garnies d'hains. On descend cette croix au fond de la
mer. La bouée sert à reconnaître où elle est, et à

saisir la corde quand on veut la retirer de l'eau pour prendre les poissons qui ont mordu à l'appât (ordinairement des poissons plats).

Dans la pêche au *plomb* on remplace la croix par un morceau de plomb de forme allongée, ayant un trou à chaque bout : pêche entre les rochers pour prendre des congres, etc., etc.

La ligne au plomb se place comme celle à la fourquette.

PÊCHE A LA COUFFE DE PALANGRE.

En Provence, et surtout dans les Alpes-Maritimes, on nomme *couffe* un panier rond sans anses attaché à une corde de vingt-cinq à trente brasses de longueur, terminée par une bouée. On l'attache, comme un plateau de balance, avec trois morceaux de cordes qui vont se réunir à la première, pour qu'il ne penche pas de côté. Autour du panier, sont des empiles de différentes longueurs, avec des hameçons amorcés. Ainsi l'on prend beaucoup de poissons plats.

PÊCHE A L'ARCHET.

Assez en usage sur les côtes du Poitou. On prend une baguette de baleine ou un jonc flexible, on le ploie en cercle de manière à laisser saillir les deux bouts hors de la circonférence du cercle, chacun d'un quart de la longueur totale de la baguette, et on la fixe dans cette position. On attache à chaque bout de l'archet deux ou trois empiles chacune portant un hain. Bouée, plomb comme nous l'avons expliqué ci-dessus.

DE LA PÊCHE A LA POTÉRA.

Pêche des calmars très-usitée sur les côtes d'Espagne, particulièrement dans les environs de Valence, depuis septembre jusqu'en janvier.

On prend une ligne d'environ vingt brasses de longueur, au bout de laquelle est une baguette. On enfile dans cette baguette un petit poisson blanc dit bogue ou un leurre d'étain. Au-dessous est un morceau de plomb pour faire caler la ligne. On fixe à la baguette, au-dessus du poisson ou du leurre, des empiles de différentes longueurs, où tiennent de petits hains sans appâts ; on laisse couler les lignes à fond. Les calmars qui viennent pour attaquer le leurre s'embarrassent dans les hains, et aussitôt que le pêcheur qui tient la ligne s'aperçoit qu'il y a quelque chose de pris, il la retire de l'eau, en détache le calmar et la remet de suite dans la mer. Pêche de nuit par six ou sept brasses d'eau.

Les pêches dont nous venons de parler se font principalement dans les mers sans marées ; celles qui suivent sont très-usitées dans l'Océan, sur les sables et sur les grèves que, tour à tour, le flot couvre et laisse à sec.

PÊCHE A LA PETITE CABLIÈRE.

En général, les demi-vives eaux sont plus favorables pour les pêches que l'on fait sur les grèves, que les grandes vives eaux, parce que, l'eau de la marée ayant un courant fort rapide, le poisson qui est venu à la côte n'y peut tenir ; au lieu que quand les marées sont plus faibles, le poisson qui *attérit* (pour parler comme les pêcheurs), ayant monté avec le flot, séjourne quelque temps sur les grèves, et ne retourne à la grande eau qu'à la fin du jusant, ce qui lui donne le temps de mordre aux appâts.

La pêche à la petite câblière est très-simple. On prend une ligne ayant environ une brasse de longueur. A une de ses extrémités, on ajoute un hain, et un petit corceron de liége à 15 centimètres au-dessus de l'hain ; à l'autre extrémité, on attache un caillou gros comme un œuf d'oie. On amorce les hains avec des vers marins, ou des loches, ou enfin des morceaux de crabes poltrons. On fait, avec un louchet ou un autre instrument de fer un trou dans le sable, on y place le caillou, et, avec le pied, on affermit le sable dont on le recouvre. La ligne reste ainsi couchée sur la grève. On tend ainsi une grande quantité de lignes, le plus près possible de la laisse de basse mer.

A mesure que la marée monte, l'eau couvre toute la grève ; quantité de poissons suivent son courant, étant attirés par les petits poissons et les insectes qui se trouvent à ces endroits. Les poissons qui rencontrent les appâts qu'on leur a préparés en abondance se jettent dessus, s'accrochent, et la mer s'étant retirée, on les trouve sur le sable.

Cette pêche ne peut réussir sur les vases molles. On la fait toute l'année.

PÊCHE AUX CORDES DORMANTES.

Elle diffère peu de celle à la petite câblière. Au lieu d'amarrer au bout de chaque ligne un caillou qu'on enfonce dans le sable, les pêcheurs attachent, à environ une brasse les unes des autres, des lignes ou des

piles sur une forte corde ; on porte au bord de la mer
ces bauffes avec les hains amorcés ; puis avec un louchet ou pellot de fer, on fait, dans le sable ou la grève,
un sillon dans lequel on étend la maîtresse corde, en
remplissant le sillon avec le sable : il n'y a que les lignes et les hains amorcés qui restent couchés sur le
sable.

PÊCHE A LA BAUFFE SÉDENTAIRE.

Au lieu d'enfouir la bauffe chargée d'empiles, on
attache à chaque bout une grosse pierre ou câblière,
assez lourde pour empêcher le courant d'entraîner la
corde, surtout quand la grève est peu inclinée.

PÊCHE A L'ARONDELLE OU HAROUELLE.

Elle se fait avec une corde pas tout à fait grosse
comme le petit doigt, et d'environ vingt-quatre brasses
de longueur, à laquelle on attache, de deux brasses
en deux brasses, un fil à voile ou gros fil retors, qui,
excédant également la maîtresse corde des deux côtés,
produit une espèce de croix dont les bras, formés par
les lignes, ont à peu près une brasse de longueur ; à
chaque extrémité de ces lignes fines sont attachés de
petits hains.

Les pêcheurs tendent ces cordes sur le sable, et au
lieu de les arrêter par des câblières, ils amarrent les
deux bouts de la principale corde à deux piquets qu'ils
enfoncent dans le sable.

Par tous ces moyens on ne prend guère que des
poissons plats.

TENTE SUR PALOTS OU PIQUETS.

Lorsque les pêcheurs veulent prendre les poissons

ronds, qui nagent entre deux eaux, au lieu d'assujettir leur corde au fond de l'eau, ils la tendent sur des piquets ou palots de 1 mètre à 1ᵐ,70 de longueur, qu'ils fixent solidement dans le sable, en les y enfonçant à coups de maillet. Ces piquets doivent s'élever de 50 à 55 centimètres au-dessus de la surface du sable, et quelquefois même de 1 mètre à 1ᵐ,40, suivant l'épaisseur de la nappe d'eau que la marée rapporte.

Ces palots restent en place pendant plusieurs années, on tend solidement les bauffes en faisant une demi-clef sur la tête des palots, de manière que les hains et leurs empiles pendent en bas jusqu'à ce que la mer ait assez monté pour les faire flotter.

On fait donc cette tente, de mer basse, et on détache le poisson à mesure que la mer se retire. On se met pour cela dans l'eau jusqu'aux genoux, afin de prévenir les crabes, les homards et autres animaux voraces, qui ne manqueraient pas d'attaquer le poisson pris ; cette précaution est surtout importante pour les pêches qu'on fait en été, parce qu'alors les crustacés s'approchent beaucoup de la terre.

PÊCHE AU PIED.

Usitée dans le Boulonnais, mais pas en été, parce que tout le poisson qu'on y prendrait serait dévoré par les crabes. On prépare des bauffes de chacune cinq ou six brasses de longueur, et on les charge de lignes que l'on place à une brasse les unes des autres. On enfouit la maîtresse corde dans le sable. Comme les piles portent un petit corceron de liége, l'eau de la marée soulève les piles et les fait *voltiger* de côté et d'autre.

PÊCHE AU DOIGT.

A la ligne tenue en main on peut donner une longueur beaucoup plus considérable qu'à la ligne attachée à une canne : quinze à vingt brasses, par exemple. La nuit, au clair de la lune, lorsque la mer est calme, depuis avril jusqu'en septembre. — Un pêcheur dirige le bateau, pendant que deux autres hommes tiennent chacun à la main une ligne au bout de laquelle sont les hameçons amorcés. — Voisinage des côtes.

Pour la pêche nommée *bolantin* à la côte de Valence, trois ou quatre hommes se mettent dans un petit bateau, et vont jusqu'à 2 ou 15 kilomètres au large chercher quarante brasses d'eau, tenant chacun à la main une ligne de cinquante brasses de longueur, au bout de laquelle sont attachés avec des empiles trois ou quatre hains amorcés de chevrettes avec un plomb pour faire caler la ligne. Cette pêche se fait de jour, toute l'année, par toute sorte de temps, pourvu que le bateau puisse tenir la mer. Elle diffère peu du libouret.

GRANDE PÊCHE AUX CORDES PAR FOND.

Elle se pratique à une petite distance des côtes, tant dans la Méditerranée que dans l'Océan. On prend une corde de vingt-cinq à trente brasses de longueur, plus ou moins, garnie de lignes longues de 1m,40 à 1m,60, et distribuées à des intervalles à peu près égaux sur la maîtresse corde ; de distance en distance, et dans toute sa longueur, on attache des cailloux, et à un de ses bouts une grosse cablière. Les pêcheurs, qui sont dans un petit bateau, commencent par jeter la grosse câ-

blière à la mer, puis ils rament doucement, et à mesure qu'ils s'éloignent de la câblière ils jettent peu à
peu la corde jusqu'à ce qu'ils soient au bout; ils y
amorcent une petite câblière avec un orin, ou une
corde qui est plus ou moins longue, selon la profondeur de l'eau. Cette corde aboutit à une bouée qui
sert de signal pour trouver la bauffe quand on veut la
retirer.

Lorsque cette bauffe a passé quelques heures à la
mer, on va chercher la bouée, et saisissant la corde
qui y aboutit, ou l'orin, on la tire au bord, puis successivement toute la longueur de la bauffe, finissant par
la grosse câblière. On détache les poissons à mesure
qu'ils se présentent; on remet des appâts où il en
manque, et on recommence la pêche.

Dans les rochers, on fait la bauffe moins longue, et
quelquefois on retient dans le canot, qui doit être
très-petit, le menu cordage qui sert à retirer bauffe et
poisson.

Les Italiens se servent d'une bauffe ou palangre de
50 à 65 mètres de longueur, garnie de deux à trois
cents hains. Les pêcheurs amarrent un bout de la palangre à un pieu, et, nageant doucement dans un léger
bateau, ils se portent au large et mettent peu à peu leur
corde à la mer; ils relèvent de temps en temps leur
palangre pour prendre le poisson qui a mordu, et sur-
le-champ ils recommencent la même manœuvre.

GRANDE PÊCHE A LA PALANGRE AU LARGE.

Pour cette pêche la maîtresse corde, ou palangre,
doit avoir de soixante à soixante-dix brasses de longueur, garnie de cinq à six cailloux du poids de 500

grammes, et de soixante à soixante-dix lignes d'une brasse de longueur, attachées de brasse en brasse sur la maîtresse corde.

Chaque appelet est levé avec beaucoup d'ordre dans un panier appelé *canesteau* en Provence. Ce canesteau est bordé par en haut d'une *garlande* ou *listel* de liége, disposé pour recevoir la pointe des hameçons ; les lignes pendent en dehors du panier.

Les pêcheurs au nombre de sept ou huit montent dans un bateau et se rendent au lieu de la pêche à la rame ou à la voile. On prend, dans l'Océan, le temps de la mer montante pour jeter la tessure à l'eau contre le vent, afin que le bateau sillant doucement à petite voile ou à la rame, on puisse fournir aisément de la corde, et la relever. Le temps le plus favorable pour cette pêche est un demi-calme.

Pour tendre, on commence par attacher une grosse câblière au bout de l'appelet qui doit être mis à l'eau le premier. Quand on a filé ce premier appelet, on en attache un second qui est dans un autre panier, puis un troisième, un quatrième, etc. La réunion de ces pièces forme une *tessure*. Il est assez commun qu'une tessure ait jusqu'à près de 4 kilomètres de long.

Arrivé à la dernière pièce, on attache au bout une petite câblière, et un orin qui tient à une bouée. Certains pêcheurs attachent une bouée à la première câblière comme à la dernière, et même quelquefois de distance en distance le long de la tessure : si la tessure casse, on en retrouve ainsi aisément les morceaux.

Les dimensions indiquées ci-dessus pour la grosseur et la grandeur de la maîtresse corde, ainsi que pour la longueur des lignes, etc., sont les plus ordinaires ;

mais elles peuvent varier, comme celle des hains, selon
l'espèce de poisson qu'on veut prendre.

On pêche ainsi : raies, chiens de mer, grondins, etc.

Sur des fonds un peu vaseux, les pêcheurs ajustent
aux lignes des corcerons de liége pour que les hains se
détachent du fond de la mer. Alors, outre les poissons plats, ils prennent quelques poissons ronds.

Sur les côtes d'Italie on fait avec des tartanes une
pêche considérable, nommée *piélago*, et qui diffère
peu de la précédente.

La tessure est formée par une longue corde appelée
parasina. C'est une palangre chargée de piles et de hains.
On commence à jeter quand on est éloigné de la côte
d'au moins trente brasses; elle porte dix à douze mille
hains. Pendant qu'on la tend, la tartane dérive au gré
des vents ou du courant. On laisse la parasina dans la
mer pendant quelques heures, puis on la relève, et il
n'est pas rare d'y prendre des poissons qui pèsent jusqu'à 500 kilogrammes. On les harponne avec un croc
de fer pour les enlever sans briser les lignes. Il faut au
moins vingt-quatre heures pour tendre et relever cette
tessure.

PÊCHE A LA BÉLÉE.

Avec les *cordes flottantes*, on prend les poissons qu
nagent entre deux eaux ou qui s'approchent de leur
surface.

Ces *cordes flottantes* sont moins grosses que les cordes
de fond, et elles en diffèrent principalement en ce
qu'au lieu de la câblière et des cailloux dont on charge
les grosses cordes, on met de deux en deux brasses sur
celles de la bélée des corcerons de liége qui la font
flotter quelquefois entièrement à la surface de l'eau;

alors il n'y a que les lignes et les hains qui entrent dans l'eau. D'autres fois, quand les pêcheurs soupçonnent que le poisson est à deux ou trois brasses sous l'eau, ils établissent la corde à cette profondeur. Pour cela, au lieu d'amarrer les flottes de liége immédiatement sur la maîtresse corde, ils les attachent à des cordelettes qui répondent à cette corde, et qu'ils laissent plus ou moins longues, suivant qu'ils jugent à propos que les hains soient à une plus ou moins grande profondeur dans l'eau.

Quelquefois ils mettent çà et là quelques petits cailloux, afin que les cordelettes soient tendues ; mais ces cailloux doivent être assez légers pour ne point faire entrer les flottes dans l'eau.

On met toujours une grosse flotte aux deux bouts de chaque pièce de bélée, et une bouée avec un signal de roseau sec aux deux extrémités de la tessure. Enfin, on attache une corde à l'extrémité de la tessure, et on retient le bout dans la barque où sont les pêcheurs.

Cette tessure est composée de pièces jointes bout à bout ; toutes ensemble forment une longueur de cinq ou six cents brasses et plus.

Pour mettre la tessure à la mer, les pêcheurs prennent un peu de voile, ou ils parent quelques avirons. Mais quand ils ont tendu, ils carguent leurs voiles et se laissent dériver, traînant lentement la tessure pendant une ou deux heures. Lorsqu'ils veulent relever, ils emploient quelques avirons pour maintenir le bateau contre l'effort que font les matelots en tirant la tessure à bord.

On prend à cette pêche des merlans, des maquereaux et d'autres poissons ronds, rarement des poissons plats.

TRAINER LA BALLE.

Pour cette pêche, beaucoup moins dispendieuse que la précédente, la maîtresse corde ne doit pas être tout à fait aussi longue que la profondeur de l'eau dans laquelle on doit pêcher; il faut qu'il s'en manque au moins d'une brasse. On amarre à son extrémité un fort plomb ou un petit boulet de fer. Au-dessus, et de brasse en brasse, sont attachées les *balnettes*.

Ces balnettes sont de petites baguettes de houx-frelon. D'un bout elles sont attachées à la maîtresse corde, de l'autre elles portent des lignes fort déliées longues de deux brasses, et garnies de hains. Ces lignes étant écartées de la corde par les balnettes où elles sont attachées, les hains sont moins exposés à s'embarrasser les uns dans les autres.

Le poids de la balle attachée à l'extrémité de la maîtresse corde tend constamment à tenir la bauffe dans une position verticale, et c'est aussi celle qu'elle affecte quand la barque où est attaché l'autre bout reste immobile. Mais elle prend une position oblique quand la barque avance, et cette obliquité devient d'autant plus grande que la barque marche plus vite. Néanmoins les hains flottent sans confusion.

Comme les cordes n'ont pas un très-grand nombre d'hameçons, on y supplée en amarrant ordinairement trois cordes à un même bord de la chaloupe. Le matelot qui est le plus vers l'arrière jette le premier sa balle à l'eau, le plus loin qu'il peut, et toujours vers l'arrière de la barque. Il laisse aller au gré du courant les piles et les hains garnis d'appâts. Le second pêcheur, placé vers le milieu de la barque, jette sa balle devant lui, moins loin, et il ne file pas une aussi grande longueur de corde. Le troisième pêcheur laisse aller son plomb à pic, et il file encore moins de corde que le second.

Ce n'est pas tout : il faut que la balle du premier matelot soit moins lourde que celle du second qui est au milieu ; et que la balle du matelot de l'avant soit la plus pesante des trois.

Quand on tient en main la maîtresse corde, on sent, malgré le poids de la balle, les secousses que les poissons donnent aux piles auxquelles ils sont accrochés. Chaque homme tire sa corde à petites brasses, il la love sur un banc qui est à sa portée, et à mesure qu'il se présente des hains, il en détache le poisson, qu'il jette dans une corbeille. Quand la balle est à bord, on remet des appâts où il en manque, et on recommence la pêche.

PÊCHE AU VRAI LIBOURET.

L'appelet dit libouret consiste en une maîtresse corde qui a 9 à 11 millimètres de circonférence, à l'extrémité de laquelle est attaché un plomb pesant environ 1 kilogramme. Au-dessus on ajuste un morceau de bois qu'on nomme *avalette*, et qui a 16 à 20 centimètres de longueur. Un de ses bouts est percé d'un trou par où passe la corde du libouret, mais ce trou est assez grand pour que l'avalette puisse tourner librement comme autour d'un essieu. Un nœud supérieur l'empêche de glisser sur le plomb, et un nœud inférieur l'empêche également de s'éloigner du plomb.

A l'autre bout de l'avalette est attachée une ligne menue, de deux brasses de longueur, portant de fines

empiles au nombre de cinq à neuf, et ajustées de manière à ce que les hains qui les terminent se trouvent
à différentes distances du bout de l'avalette.

Pour mettre le libouret à la mer, les trois pêcheurs
se rangent sur un bord, comme nous l'avons dit en
parlant de la balle. Une partie de la corde est lovée
auprès d'eux sur un banc, où elle est enroulée sur une
espèce de châssis que les pêcheurs nomment *traillet ;*
ils ne jettent pas le libouret, mais ils le posent doucement, les empiles les premières, et filent la corde
jusqu'à ce que le plomb touche le fond, ce qui est
indispensable.

En amorçant, on a soin que les appâts pendent aux
hains, afin qu'ils frétillent dans l'eau, ce qui est avantageux pour attirer le poisson, surtout quand on fait
une pêche sédentaire comme l'est celle-ci.

Pour relever, chaque homme tire sa maîtresse corde
à petites brasses, et quand l'avalette est à fleur d'eau,
un matelot tire le plus promptement qu'il peut la
ligne, les empiles et le poisson qui s'y trouve pris,
tandis que l'autre continue à amener la maîtresse
corde. Chaque matelot remet de nouveaux appâts à
son avalette, et tend de nouveau avec les précautions
que nous avons indiquées.

On prend ainsi : merlans, maquereaux, carrelets,
limandes, soles, etc.

PÊCHE AU GRAND COUPLE.

Pour faire cette pêche, analogue à celle du libouret,
on attache au bout d'une ligne fine un morceau de fil
d'archal, qui peut avoir 2 millimètres de diamètre et
80 centimètres de longueur. Ce fil est un peu courbé

en arc. Son milieu est fortifié par deux petites jumelles en bois qu'on y assujettit avec des évolutions de fil retors. Au milieu de l'intérieur de la courbe on forme une petite anse ronde de corde, à laquelle s'attache un poids de 250 grammes ; et au même point, à la partie convexe, on forme une autre anse ovale qui sert à attacher la ligne qui porte le couple.

Les deux bouts de ce fil d'archal sont aplatis comme l'extrémité du corps d'un hameçon, et on y attache des empiles de différentes longueurs ; les plus courtes mesurent environ une brasse.

Les pêcheurs normands emportent leur appelct dans une chaloupe ; les basques montent une barque, chacun jette son couple ; les lignes se développent en éventail sur la mer ; tantôt on reste à l'ancre, tantôt on déploie un peu de voile.

CHAPITRE III

De la pêche aux filets en mer.

L'épervier n'est pas employé sur l'Océan pour pêcher à la côte. (V. *fig.* 27, page 89.)

Les pêcheurs de la Méditerranée se servent d'une sorte de petit épervier, dit *risseau*, surtout pour prendre les poissons rassemblés en troupes nombreuses entre les rochers ou dans les étangs salés en communication avec la mer. A la côte de Saint-Tropez et de Fréjus, ainsi qu'en plusieurs autres endroits de la Provence, on se sert d'éperviers ou risseaux qui ont deux brasses de hauteur et dix brasses de circonférence.

2° Le Carrelet. Dans la Méditerranée, on se sert du carrelet pour prendre du fretin. Dans l'Océan, quand la marée monte, les pêcheurs s'établissent à l'entrée des gorges et des basses, ou à l'embouchure des rivières. Au lieu de coucher le carrelet à plat sur

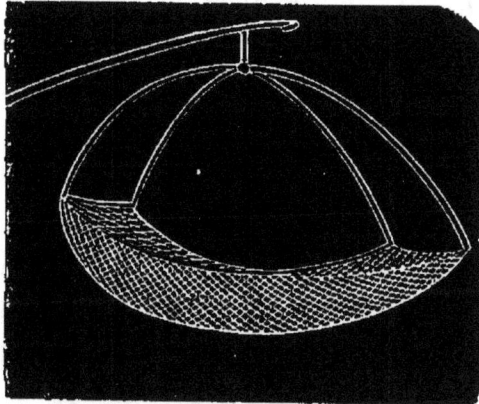

Fig. 32. — Carrelet.

le fond, ils l'opposent au courant pour arrêter les poissons qui le suivent, surtout les poissons plats, qui s'empressent de monter avec le flot. Cette pêche est plus avantageuse quand l'eau est trouble que lorsqu'elle est claire.

Quelques pêcheurs emploient des *calens* ou venturons à portée des côtes. Ils élèvent à l'arrière du bateau un montant de bois qui se termine en haut par un enfourchement ou qui porte une grosse boucle ou un boulon de fer. On passe dans l'enfourchement ou dans la boucle un *espart* de 5 à 6 mètres de longueur ; enfin on attache au bout de cet *espart* les arcs qui portent le filet et qui sont ordinairement de fer. Le filet a de 3^m à 3^m,60 en carré. Comme tout cela fait un poids considérable, on charge avec un billot de bois ou des pierres le bout de l'espart qui répond au dedans du bateau, afin de le mettre en équilibre avec le filet.

L'*échiquier* ou *hunier* est une sorte de carrelet creux. On attache la croisée du filet à un cordage qui passe dans une poulie placée à l'extrémité d'une corne ou demi-vergue, et quand on veut relever le carrelet, on hale sur le cordage. Mais comme on ne peut pas tirer fort vite le filet hors de l'eau, de peur de laisser échapper le poisson, on fait l'échiquier grand et profond, en sorte qu'il forme une espèce de sac.

La trouble sert aussi en mer.

A l'île de Ré, les femmes et les filles pêchent entre les rochers et dans les herbiers de grosses crevettes avec une sorte de trouble qu'elles nomment *treuille*

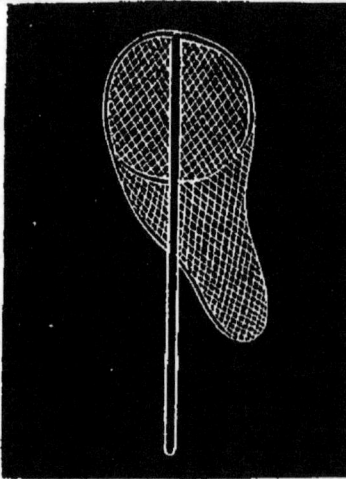

Fig. 33. — Trouble.

ou *trulot*. Cet instrument est formé d'une longue perche, au bout de laquelle est assemblée à tenon et sur une traverse de bois, et à environ 35 centimètres de distance, une autre traverse qui lui est parallèle. On attache un bout de filet à ces traverses, qui pour cela sont percées de trous. Les mailles n'ont que 4 ou 6 millimètres d'ouverture et sont faites avec de la ficelle. Les femmes poussent cette espèce de trouble devant elles, dans les rochers et sur les algues, lorsque la mer est basse.

On nomme encore *lanets* de petites troubles destinées aux mêmes usages ; mais au lieu d'avoir leur filet monté celui comme des troubles, elles l'ont sur un morceau de bois contourné en manière de raquette de paume. Les unes ont un manche très-long, les autres simplement une poignée.

Le *salabre* est une sorte de trouble dont le manche ne traverse pas le cercle. Ce cercle est cependant en bois ; mais on le fortifie avec deux petites courbes à l'endroit où le manche s'attache. Ce filet sert principalement à prendre de petits poissons nommés *mélets*, que l'on sale pour la nourriture du peuple.

Le *salabre de fond* n'a point de manche, et son cercle est soutenu par trois cordes, comme le plateau d'une balance. Ce filet, dont on se sert en Provence, ne diffère en rien de la caudrette.

La *caudrette, chaudière, chaudrette, caudelette* ou *savonceau,* est un saladre qui sert principalement à prendre des homards, des langoustes et autres crustacés.

Il y a les *grandes* et les *petites* caudrettes. Les petites, dont on se sert à Saint-Valery en Caux et en plusieurs autres lieux, sont formées d'un cercle de fer qui a 35 à 40 centimètres de diamètre. Les mailles ont 9 millimètres en carré. On met au fond, pour appât, quelques crabes attachés au filet. Les trois cordes du cerceau sont réunies à 50 centimètres de hauteur, et là est attachée une ligne de 65 centimètres terminée par une flotte ; au même point est encore fixée une baguette d'environ 50 centimètres de longueur, à laquelle tient une seconde ligne assez grande pour que la flotte qui la termine puisse rester à la surface de l'eau, la flotte de la petite ligne ne servant qu'à empêcher les cordelettes à retomber dans la caudrette.

Les pêcheurs tendent cet instrument à mer basse entre les rochers, et de temps en temps on le retire de l'eau en passant une fourche sous la flotte de liége ou à la réunion des lignes ; et l'on continue de pêcher tant que la basse eau le permet. On prend ainsi beaucoup de crevettes.

La *grande caudrette* a son cerceau garni d'un filet délié et qui fait sac ; ce cerceau mesure jusqu'à 65 centimètres de diamètre ; il est couvert avec des ficelles qui sont tendues d'un bord du cercle à l'autre, formant comme un filet à larges mailles, auxquelles on attache des appâts de poissons frais, comme orphies, crabes, etc. Deux ou trois hommes se mettent dans un bateau avec sept ou huit caudrettes qu'ils calent jusqu'à cinq ou six brasses de profondeur, et ils les relèvent de temps en temps pour prendre les crabes, les araignées, les homards et les langoustes qui ont mordu aux appâts.

Pour que la pêche à la caudrette soit bonne, il faut que les eaux soient chaudes, parce qu'alors les crustacés s'approchent de la côte plus volontiers.

La *bouraque*, ou *panier, cage, claie, cazier*, etc., se fait quelquefois entièrement en osier. Elle a la forme d'une *mue* de basse-cour, avec cette différence qu'elle a un fond en clayonnage. L'entrée, qui est également placée en-dessus, est en goulet formé par des osiers,

16.

comme celui d'une nasse. Les plus grandes bouraques
ne dépassent jamais 50 centimètres de hauteur
sur 1ᵐ,30 de diamètre. Elles ont deux ou trois anses

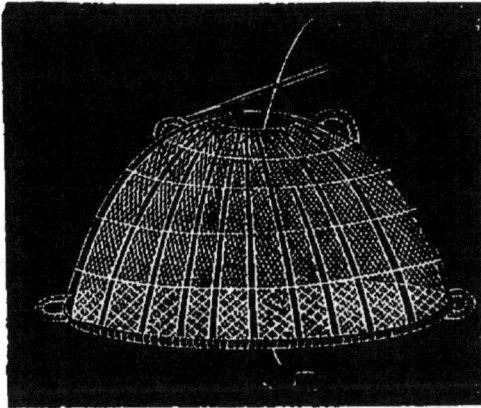

Fig. 34. — Bouraque.

d'osier auxquelles on attache des cordes qui se réunissent au-dessus, comme dans les caudrettes; et une de
ces cordes se prolonge en ligne plus ou moins longue
et se termine par une flotte. Au fond et aux côtés de
la bouraque sont attachés quelques cailloux pour la
faire caler au fond de l'eau.

Amorces de la bouraque: petits crabes, morceaux
de viande ou de poisson, ou même une pierre blanche
taillée en forme de poisson.

Pour la pêche à pied on va, de basse-mer, placer les
bouraques entre les rochers, dans les endroits qui paraissent favorables, et on les relève à la marée suivante.
Pour la pêche en bateau, deux ou trois hommes se
mettent dans un petit bateau et vont caler les bouraques sur les rochers que la mer ne découvre pas à
six, huit et même dix brasses d'eau pendant la basse
marée.

Cette pêche est avantageuse surtout lorsque l'air est chaud et lourd et la mer agitée. Communément on ne trouve dans les bouraques que des crustacés ; mais quelquefois aussi on y prend des congres et des anguilles.

Le *bouteux* est une trouble dont les mailles de fond ont au plus de 9 à 11 millimètres en carré, mais celles du bord sont plus grandes.

Cette pêche se fait la nuit comme le jour, depuis septembre jusqu'en février. On prend non-seulement des poissons ronds qui nagent entre deux eaux, mais encore des poissons plats, que la traverse du bouteux oblige de sortir du sable où ils s'étaient enfouis à la mer baissante.

Dans quelques localités on fabrique de petits bouteux appropriés à la pêche de la crevette ; souvent, au lieu de faire la chaussure en filet, on la fait en serpillière. Quelquefois on ajoute à la chausse un ou deux cerceaux pour la tenir ouverte, et le bouteux s'appelle alors *bouteux à queue de verveux*.

La *grenadière* sert à prendre les crevettes ; elle diffère du bouteux en ce qu'elle n'a pas de demi-cerceau, mais des traverses. On s'en sert comme du bouteux à mer basse.

Le *savre* est une sorte de bouteux dont on se sert pour pêcher des lançons, en Basse-Normandie, la nuit ou quand le ciel est couvert, depuis le mois de juin jusqu'en novembre. La traverse a 2 mètres ou 2^m,27 de longueur, et le filet est attaché à un demi-cercle de bois. Le manche a de 4 mètres à 4^m,50, et dépasse la traverse de 214 à 265 millimètres ; à ce bout, formant saillie, est fixée une corne courbe.

Les pêcheurs au savre vont s'établir à val de la marée montante, se mettent dans l'eau jusqu'à la ceinture, et tiennent leur savre bien plus droit que ceux

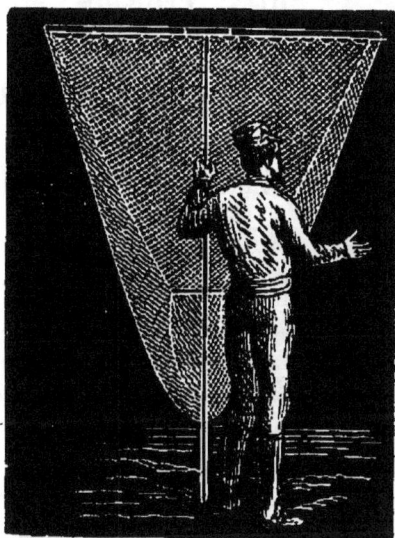

Fig. 35. — La grenadière.

qui poussent le bouteux. La corne seule glisse sur le

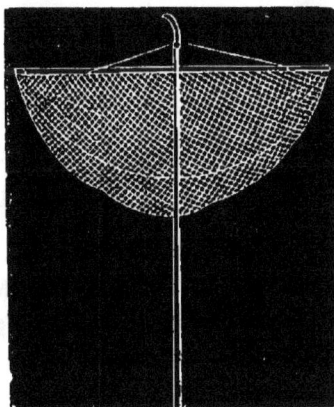

Fig. 36. — Le savre.

sable. Cette pêche commence vers la Saint-Jean et finit avec le mois de novembre.

Le *grand haveneau* ou *havenet sédentaire* arrête le poisson qui monte ou descend avec la marée montante ou descendante.

Ce filet est monté sur deux perches d'environ 5 mètres de longueur, et qui se croisent, comme les deux lames ouvertes d'une paire de ciseaux, à 1^m,40 ou 1^m,60 des bouts que tient le pêcheur. A ce point on les attache avec une corde, ou, ce qui vaut mieux, avec un clou rivé qui leur permet de pivoter l'une sur l'autre.

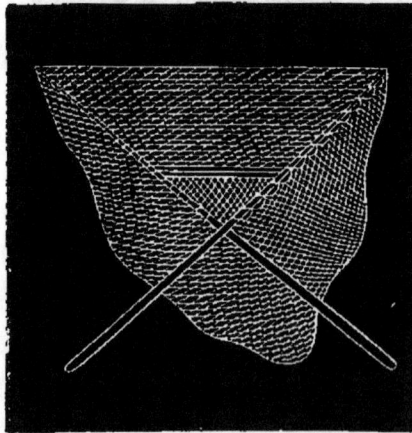

Fig. 37. — Le grand haveneau.

Un peu au-dessus de ce point est une petite traverse en bois qui s'ajuste sur les deux perches pour les tenir écartées convenablement. Une corde, en avant du filet et joignant les bouts des perches, porte des plombs, mais pas trop, car il importe que le pêcheur lève promptement son filet. Le fond du haveneau forme une poche qui est plus du côté de la petite traverse que de celui de la corde.

Le pêcheur le présente au courant, posant sur le fond de l'eau le bout des deux perches et la corde qui s'étend de l'une à l'autre. Les deux extrémités postérieures des perches passent sous les aisselles. L'homme tient ferme les deux perches pour empêcher le courant de les déplacer.

Le moindre poisson qui donne dans le filet se fait sentir au pêcheur qui aussitôt relève le haveneau, et le poisson tombe dans la poche. On replonge le filet dans l'eau jusqu'à ce qu'une nouvelle secousse annonce une nouvelle capture.

PÊCHE PAR MARÉE MONTANTE OU DESCENDANTE DE TOUTES SORTES DE POISSONS.

A l'embouchure de la Garonne, on fait la pêche au haveneau dans des petits bateaux dits *filandières*. On prend des crevettes jusqu'au mois de septembre ; puis, des muges ou mulets, jusqu'en avril :

Le *bout de quièvre*, ou *bout de chèvre*, est un petit haveneau dont les perches n'ont que 2 mètres et 2^m,30 de longueur, et l'ouverture, vers la corde, 1^m,60 à 2 mètres. Il n'a pas de traverse comme l'autre, et les extrémités des perches sont armées chacune d'une corne de chèvre pour le faire glisser sur le sable. On pousse ce filet comme le bouteux. On en fait beaucoup usage du côté de Caen.

La *faux*, ou *guideau de pied*, est un sac de filet d'environ 2 mètres à 2^m,50 de profondeur, qui s'élargit à son embouchure. Celle-ci a exactement la forme d'un arc dont la corde a 3^m,30 à 4 mètres de longueur, et la courbe est un cerceau formé de plusieurs pièces de bois. Le plus grand rayon de cet arc est d'environ 1^m,60.

Pour se servir de cet instrument, deux hommes prennent la faux chacun par un bout, à marée montante ou baissante, et ils présentent l'ouverture du filet

au courant. Lorsqu'ils sentent qu'un poisson a donné
dedans, ils élèvent l'embouchure pour le faire tomber
dans la manche ou sac, et sur-le-champ ils le replon-
gent pour attendre de nouveau le poisson.

Nous avons déjà parlé du guideau pour la pêche en eau
douce ; disons un mot des guideaux qui servent pour
la pêche en mer. Les *guideaux à hauts étaliers*, *didaux*,
quidiats, *tiriats*, etc., ont trois brasses et demie de longueur et leur embouchure s'évase jusqu'à 2^m,30 à
2^m,60 de diamètre. Les mailles près de l'embouchure,
qui est bordée d'une corde assez forte, ont 30 à
40 millimètres en carré ; au tiers de la longueur elles
ont seulement 20 millimètres ; et on continue à les
faire de plus en plus étroites, de sorte que dans la dernière demi-brasse, elles ont souvent moins de 8 millimètres.

On tend ces guideaux vis-à-vis de quelque courant
ou de l'embouchure d'une rivière, le plus près possible de la laisse de basse mer. On enfonce des pieux ou
chèvres de 3 mètres à 3^m,30 de longueur, de manière à
ce qu'ils soient élevés de 2^m,30 à 2^m,60 au-dessus du
niveau du sol. Tous sont placés sur une même file, au
nombre quelquefois de vingt-cinq ou trente, selon que
l'on possède plus ou moins de guideaux. Pour les affermir contre les efforts de la marée, chaque pieu est
attaché au sommet à une corde qui, par son autre
bout, va se fixer à un piquet solidement enfoncé dans le
terrain, à une petite distance. On affermit de même
les deux pieux qui commencent, en faisant tendre la
corde d'étai parallèlement à la ligne de pieux. Cette
corde se prolonge dans toute la longueur de la ligne
et maintient en position chaque chèvre, au sommet de
laquelle elle est attachée par une boucle. A 60 centi-

mètres au-dessus de terre, on tend un pareil cordage servant de même à maintenir les chèvres dans une bonne attitude.

Les pêcheurs tournent toujours l'ouverture des guideaux du côté de la terre, afin de recevoir l'eau quand la marée baisse. Il ne reste plus qu'à enlever les filets à chaque marée pour en retirer le poisson qu'on y trouve ordinairement mort. Depuis le commencement d'octobre jusqu'à la fin de mars, les côtes du Havre, de Caen, de Touques et de Dives sont presque couvertes de ces guideaux.

En Normandie on appelle *bas étaliers*, *bâches volantes*, des gudeaux beaucoup plus petits, dont les piquets ont 1^m à $1^m,50$ au-dessus du sol. On les dresse sur les fonds sablonneux, vaseux, ainsi que sur toutes les plages où il y a des courants. On les change de place à volonté, et souvent d'une marée à l'autre.

Quelquefois on tend avec un piquet la queue du guideau pour empêcher le courant de donner à la corde une mauvaise direction.

Nous avons décrit ailleurs le verveux; il se tend en mer, à peu près comme en eau douce. On choisit les grèves que la marée recouvre, l'embouchure d'un ruisseau, ou un endroit où il y ait un courant assez resserré. On forme le gord avec des palissades, avec des pieux, des palots, du clayonnage, ou, ce qui vaut encore mieux, avec des murs en pierres sèches.

Le verveux se place l'ouverture du côté de la terre; la marée, en se retirant, laisse pris le poisson qui n'a pas passé par-dessus les ailes. Temps préférable : grandes vives eaux ; chaleur. — Appâts : poissons vivants de la même espèce que ceux qu'on désire prendre ; os de porc salé, tourteau de chènevis, etc., etc.

Nous n'avons pas à nous étendre ici sur les nasses qui sont de vrais guideaux en osier ; disons seulement qu'on les place pendant les grandes eaux vives, de préférence aux mortes eaux ; rochers, grèves.

Appâts : oursins ; — au large : sardines fraîches ou pourries, sèches, viande gâtée, etc.

Ayez soin d'avoir une bouée et une ligne d'orin. On prend avec les verveux : des anguilles de mer, des langoustes et d'autres crustacés, etc.

Les *bourdigues,* très-employées à Cette en Languedoc, ainsi qu'aux Martigues en Provence, sont des nasses d'une grandeur immense.

Dès la première quinzaine de mars, les poissons recherchent les eaux calmes et chaudes près des côtes pour frayer. S'ils rencontrent un canal communiquant de la mer à un étang salé, ils s'y jettent en grande quantité ; puis, lorsque les fraîcheurs commencent à se faire sentir, ils retournent à la mer par le même canal.

On ne s'oppose pas à leur entrée dans l'étang, mais c'est à la sortie qu'on les attend. Avec des pieux enfoncés dans l'eau, à 2 mètres les uns des autres, on trace de vastes nasses, barrant entièrement le canal. On leur forme plusieurs goulets et plusieurs chambres.

Les pieux mis en place et solidement enfoncés dans la vase, on fixe des perches en travers de l'un à l'autre ; ces perches non-seulement fortifient l'ensemble de l'ouvrage, mais portent les cannes de toute la cage.

Ces cannes sont des roseaux d'environ $2^m,60$ à $3^m,25$ de longueur, plus ou moins, selon la profondeur de l'eau ; elles doivent entrer d'environ 240 millimètres dans le fond ; elles doivent excéder d'environ $1^m,60$ la surface de l'eau, pour que les muges ne puissent pas sauter par-dessus. Prenez-les droites, fortes et point filandreuses.

On monte les cannes en en formant des sortes de nattes, mais chaque canne doit être séparée d'un ou deux doigts de sa voisine, selon la grosseur des poissons que l'on doit prendre. On fixe les cannes le long des perches attachées aux pieux.

Des cordes soutiennent les cannes ; on forme les petites séparations en goulets et les réservoirs circulaires ou *tours* au moyen de claies et de pieux.

Les bourdigues ne doivent pas interrompre la petite navigation qui se fait de la mer à l'étang salé ; voilà pourquoi on trace et on laisse libre un canal pour les bateaux ; mais les gardiens des bourdigues, qui veillent nuit et jour dans leur cabane pour ce service, font tomber le filet au fond de l'eau, et aussitôt que la barque est passée, ils le relèvent au moyen de virevaux.

Le tramail, décrit ailleurs, donne une idée suffisante du ravoir tramaillé que nous indiquons seulement. (Voir filets pour la pêche en eau douce.)

Les *ravoirs* sont de petites pêcheries qu'on établit aux embouchures des rivières, sur les écorces des bancs et à la chute des marées ; en un mot, dans les endroits où se forment des courants ou *ravins*, qu'on nomme sur certaines côtes *ravoirs*, ainsi que les filets que l'on y tend.

Pour former un ravoir, on plante dans la vase ou le sable, parallèlement à la laisse de basse mer et perpendiculairement au courant, en ligne droite, des piquets qui doivent avoir environ 1 mètre à 1m,50 hors de terre. Si le sable est mouvant, on garnit le bas des piquets avec des torches de paille ou d'herbe sèche pour les affermir; souvent on fait une seconde et même une troisième ligne de piquets derrière la première, afin d'y ramasser le poisson qui aurait échappé au premier filet, etc.

Les filets employés ici sont de simples nattes dont les mailles ont assez souvent 50 millimètres d'ouverture. On en arrête la bordure de la tête par un tour mort, au sommet de tous les piquets, et on n'arrête le pied du filet qu'au premier et au dernier piquet de chaque file. Mais, pour former en bas et dans toute la longueur du filet des espèces de bourses qui retiennent le poisson, on retrousse le pied du filet du côté d'amont, c'est-à-dire de l'endroit d'où vient le courant : le filet doit être écarté du terrain de quelques centimètres, pour que les herbes et autres immondices que le courant entraîne passent sous le filet sans le remplir et le déranger. Dans de certains endroits, il s'en faut de 60 centimètres que le filet touche à terre.

Lorsque la marée monte, le courant élève le filet jusqu'à la surface de l'eau, et le poisson passe dessous sans se prendre; mais lorsqu'elle se retire, les filets s'appuient contre les piquets; l'eau, en s'entonnant dans la portion qui est retroussée, ouvre les bourses destinées à arrêter le poisson qui suit le cours de l'eau. Ainsi, plusieurs poissons s'emmaillent, pendant que d'autres s'engagent dans les bourses. Cette pêche se fait pendant toute l'année, excepté pendant les gelées.

Les *ravoirs tramaillés* se tendent comme les précédents, à quelques différences près que nous allons mentionner. Les pièces de filets ont 14 ou 15 brasses de longueur et environ 1 mètre de chute. On ne retrousse pas le bas, qui doit traîner sur le terrain. La grandeur des mailles varie suivant les localités; mais

le plus orainairement celles des hamaux ont 190 ou
217 millimètres carrés, et celles de la flue 62 millimètres. Cette pêche se fait depuis la fin de septembre
jusqu'au commencement de janvier.

Les *folles* sont des espèces de *ravoirs* qui n'en diffèrent que par de grands sacs et par divers replis qu'elles
forment et où s'embarrasse le poisson, à la marée
montante ou descendante. Les mailles des folles ont
au moins 135 millimètres d'ouverture en carré, aussi
n'y prend-on que des raies, des tires, des turbots et
autres grands poissons plats. Les mailles des *demi-folles*
n'ont que 80 ou 100 millimètres d'ouverture, d'où il
résulte qu'on y prend des poissons moins gros. Du
reste, il arrive rarement de prendre du poisson rond à
ces deux pêches.

Le grand et le petit rieux se tendent comme les
folles et les demi-folles.

Les *hauts palis* ont des noms qui varient selon les
localités : *manets, marsaiques, harauguyères, haran-
gades, rets à roblots, muliers, mulotiers,* etc. Cette pêche
diffère de la pêche aux ravoirs par les piquets, qui
s'élèvent de 2^m,60 à 3^m,80 hors de terre, et qui sont
garnis de nappes d'une largeur calculée en consé-
quence. Comme on fait les hauts palis pour prendre
principalement des harengs, des maquereaux, des mulets et autres poissons ronds, les mailles sont proportionnées à la grosseur de ces poissons.

Les *rets traversants,* quoique portant différents noms,
servent à des pêches qui ont toutes un même principe.
Il nous suffira donc de décrire la pêche *au palet.*

Les pêcheurs viennent à mer basse et forment avec
des perches de 3^m,30 de haut environ une ligne circulaire de 500 pas de développement. Ils creusent dans

le sable, au pied des piquets, un sillon de 65 centimètres de largeur sur 35 centimètres de profondeur. Ils
étendent le filet et accrochent sa corde de fond dans
le sillon, de brasse en brasse, au moyen de crochets
de 50 centimètres de longueur. Il y a autant de cordelettes ou lignes qu'il y a de perches, et ces lignes
doivent être un peu plus longues que les perches n'ont
de hauteur. Le filet étant couché dans le sillon, on
amarre au haut des perches des lignes qui tiennent à
la corde d'en haut du filet, que l'on recouvre avec le
sable tiré du sillon : 1° pour empêcher le filet d'être
enlevé par la marée montante ; 2° pour ne pas effa-
roucher le poisson par sa vue.

Lorsque la marée commence à baisser, les pêcheurs
s'approchent avec de petites barques. Ils saisissent les
lignes, halent le filet du fond et en attachent la tête
sur le haut des perches. Il est ainsi tendu et retient le
poisson qui voudrait retourner à la mer. Ils prennent
à cette pêche toute sorte de poisson, en raison de la
largeur des mailles.

La pêche *au loup*, qui se pratique à l'embouchure de
la Loire, consiste en un filet tendu en demi-cercle, sur
trois perches : deux à l'entrée et une au fond de l'entonnoir. Ce fond de huit brasses de chute forme une
grande bourse ou poche dans laquelle le poisson s'ac-
cumule. On tend le filet lorsque la marée commence
à descendre, et on relève une heure avant qu'elle soit
entièrement retirée.

Les *étalières* des environs de Coutances sont des
pêcheries en demi-cercle et se tendent de la même manière que le loup, à ces différences près : on ne met
aucun lest au pied du filet, que l'on se contente d'en-
sabler pour empêcher la marée de le soulever. La tête

est garnie de flottes de liége et de *bandingues*. Ces dernières sont des lignes attachées à la corde qui porte les
liéges et qui borde la tête du filet. Ces lignes, une fois
aussi longues que le filet a de chute, portent au bout opposé une pierre ou une torche de paille que l'on enterre
dans le sable. De sorte que, quand le filet est debout,
les bandingues font office d'étaies, et, retenant la tête
du filet, empêchent que la force du courant ne le couche sur le sable. Elles agissent donc, de concert avec
les flottes, pour le tenir dans une position perpendiculaire.

Pour cette pêcherie, on ne met que de trois à
quatre piquets qui, souvent, n'ont pas la hauteur de la
chute du filet, et dont l'unique usage est d'en soutenir un peu le fond.

Les parcs servent à arrêter le poisson au moment où,
suivant la marée rentrante, il regagne la mer. Ils se
tendent parallèlement ou perpendiculairement à la
côte.

Certains parcs sont construits en pierres sèches ; on
pratique de distance en distance des *canettes* ayant environ 60 centimètres d'ouverture en carré ; on les
ferme avec des grilles de bois dont les mailles doivent
avoir assez de largeur pour laisser échapper le menu
poisson.

On établit de distance en distance des espèces de
contre-forts qui servent non-seulement à fortifier la
principale muraille, mais encore à diriger une plus
grande masse d'eau vers les canettes.

Comme ces parcs ont beaucoup d'étendue, on ménage en quelques endroits des ouvertures pour facili-
ter aux chaloupes l'entrée de la plage.

Ces pêcheries, ainsi que toutes celles du même genre,

s'établissent le plus près qu'on peut de la laisse de basse mer, et elles sont quelquefois recouvertes de plusieurs brasses d'eau.

On ne peut guère y pêcher que pendant les vives eaux, parce que, dans les mortes eaux, ces parcs restent inondés. D'ailleurs c'est dans les grandes marées que le poisson aborde le plus à la côte. Mais les gros temps n'obligent point à interrompre cette pêche : au contraire, ils la rendent plus avantageuse.

On peut faire les parcs de bien des façons ; la faculté plus ou moins grande de trouver des matériaux nécessaires décide du choix de la forme à donner au parc.

Certaines côtes étant remplies de pierres plates, on en profite pour faire l'enceinte des parcs en pierres ; à défaut de pierres, on se sert de pieux ou palots ; pour faire des parcs à claire-voie, on emploie des perches arrangées d'une manière particulière : parcs ou bouchots de bois, à claire-voie ; parcs ou bouchots de clayonnage ; parcs formés par des ailes droites et terminés par une nasse qu'on nomme *bourgne*, ou par un grillage ; bouchots de Poitou à forme polygonale du côté de la mer ; benâtres, gorets ou gors de bois. Ces derniers ont l'inconvénient de se remplir d'araignées de mer pendant les grandes chaleurs ; la varech ferme les grillages et détruit beaucoup de poisson ; il faudrait donc toujours avoir soin de ménager de grandes ouvertures au fond du parc.

Indiquons encore : les parcs ouverts à enceinte fermée par des filets ;

Les parcs de filets anguleux établis quelquefois sur plusieurs lignes ;

Les bas parcs de filets ouverts et demi-circulaires appelés plus particulièrement *courtines* ou *venets*, etc. ;

Les petits parcs terminés par un crochet et dits parcs à l'anglaise;

Les hauts parcs à crochets;

Les parcs à grande tournée (côtes de Picardie);

Les hauts et bas parcs à tournées qu'on tend à haute mer, comme les palets;

Les petits parcs tournés ou palicots (La Teste-de-Buch);

Les petits hauts parcs à maquereaux (perches tendues entre les rochers et en forme circulaire, ouverture de parc du côté de la mer).

Les *parcs fermés* diffèrent des parcs ouverts en ce qu'ils forment une enceinte close de toutes parts, excepté du côté de terre, où on laisse une entrée assez étroite. Pour amener le poisson à cette entrée, on tend un filet, ou l'on fait une palissade ou un mur, qui, partant du milieu de l'entrée, s'avance en ligne droite vers la côte, à une plus ou moins grande distance. Le poisson qui rencontre cette *cache*, comme disent les pêcheurs, la suit en la côtoyant et se trouve ainsi conduit à l'ouverture du parc, dans lequel il entre.

L'*accul* doit être le plus près possible de la laisse de basse-mer; cependant, comme il est avantageux que le parc se vide à presque toutes les marées, on ne doit pas prendre pour la laisse de basse-mer celle des grandes vives eaux : le parc serait trop fréquemment noyé.

On met souvent aux parcs ouverts des ailes fort étendues qui conduisent le poisson dans le corps des parcs; on ne fait pas usage de ces grands entonnoirs pour les parcs fermés; on se contente d'établir, vis-à-vis de l'embouchure, une cloison ou palis simple. Le poisson qui rencontre ce palis le suit, le côtoie et entre dans le parc.

L'enceinte des parcs et leur chasse sont quelquefois

uniquement formés par des filets qu'on tend sur des perches; pour d'autres le pied est composé de clayonnage et de pierres sèches, et le haut est garni de filets qui ne sont pas toujours de la même espèce; il y a quelquefois des seines; d'autres fois des folles, des ramaux, des manets.

On fait des parcs qui n'ont qu'une tournée; d'autres deux, trois et quatre tournées; tantôt les chasses communiquent d'une tour à une autre, ou bien chaque tour a une chasse particulière, s'étendant depuis la côte jusqu'à cette tour.

Dans beaucoup de parcs la décharge n'est fermée que par une grille de fer ou de bois; on ajoute à quelques-uns un guideau ou un verveux.

Indiquons :

1° Le verveux précédé d'une chasse; tantôt il a des ailes, tantôt une simple chasse qui en partage l'ouverture en deux parties; de quelque côté que vienne le poisson, sitôt qu'il rencontre la chasse qui s'oppose à son passage, il la suit.

2° Les petits parcs, closets ou cahossets bons pour prendre lieus, colins, mulets, bars, vieilles, etc.

3° Les grands parcs fermés garnis entièrement de filets; on les garnit de manets quand les poissons de passage donnent à la côte.

4° Les parcs garnis de filets et appelés folles; bons à établir dans les endroits d'où la mer se retire avec beaucoup de rapidité.

5° Les parcs garnis de filets et appelés demi-folles.

6° Les parcs formés de claies et de filets.

7° Les parcs à double rang de clayonnage; ils détruisent beaucoup de frai et de menuise; il faut donc tenir les clayonnages fort bas.

17.

8° Les parcs à plusieurs tournées, bons à établir dans les endroits où la mer découvre beaucoup; chaque corps a sa décharge particulière et l'eau qui sort d'une tournée n'entre pas dans une autre.

9° Les parcs couverts, carrosses, ou perd-temps, à chasse peu élevée.

10° Les parcs à fond de verveux.

11° Les paradières (Provence).

12° Les aiguillères (Provence).

Outre les grands filets (verveux, etc.), les pêcheurs parquiers ne peuvent guère se passer de troubles, de havenets, de petites bottes pour prendre le poisson dans l'intérieur des parcs qui ne sont pas mis à sec.

CHAPITRE IV

De la pêche aux filets flottants.

Les filets, au lieu d'être tendus sur des pierres, des paquets ou des perches, comme ceux dont nous venons de parler, sont soutenus dans l'eau (dans une situation plus ou moins perpendiculaire) au moyen de flottes de liége ou de bois léger dont on garnit leur tête, tandis que le pied est chargé de lest, de plomb, ou de pierres.

Les flottes sont en liége ou en bois léger. Les premières, quoique plus dispendieuses que les secondes, leur sont de beaucoup préférables, non-seulement parce que le liége est spécifiquement plus léger que le bois, mais encore parce que le bois s'imbibe d'eau beaucoup plus vite et perd alors une grande partie de sa légèreté. Quant au lest, il est ou de cailloux, ou de fer, ou de plomb. Le lest de cailloux a l'avantage de ne coûter aucune dépense. Le plomb est assez cher, mais il n'a aucun des inconvénients des pierres et du fer.

Les pêcheurs doivent varier la proportion du lest et des flottes selon la pêche qu'ils se proposent de faire. Il faut plus de flottes et moins de lest pour les grands filets que pour ceux qui ont peu de chute et pour ceux qui sont faits de gros fil, parce qu'ils sont naturellement plus pesants. Si les pêcheurs, se proposant de prendre des poissons plats, veulent que le pied de leurs filets repose immédiatement sur le fond, ils doivent attacher les anneaux de plomb assez près les uns des autres pour que le pied du filet s'ajuste mieux aux inégalités du terrain. Ils doivent aussi donner à la plombée une pesanteur capable de faire que le filet s'applique exactement sur le fond, et ne mettre des flottes sur la tête du filet que ce qu'il en faut pour qu'il se tienne verticalement dans l'eau sans quitter le fond.

Si au contraire on veut établir le filet près de la surface de l'eau, on doit garnir de beaucoup de liége la tête du filet, et mettre peu de plomb au bas. Dans tous ces cas il faut augmenter les flottes ou le lest proportionnellement à la force du courant.

Lorsque l'intention des pêcheurs est de tenir leurs filets à une distance déterminée entre le fond et la superficie de l'eau, ils doivent plomber et flotter leurs filets comme s'ils devaient se porter sur le fond, et attacher de distance en distance sur la tête, des lignes qui portent de grosses flottes. En tenant ces lignes

plus ou moins longues, on est maître de placer le filet
à la profondeur convenable.

En certaines circonstances il convient de faire porter
le filet légèrement sur le fond, afin qu'il s'en détache
pour laisser passer les immondices pesantes qui sont
entraînées par l'eau, ou lorsqu'on veut que le filet
suive le courant. Alors on ne plombe pas le pied ; on
se contente de le border d'une grosse corde, qui le
charge assez pour remplir ces intentions.

Ou encore, pour tenir le pied du filet à une certaine distance du fond, on met beaucoup de liége à
la ralingue de la tête, et fort peu de plomb sur celle du
pied. Mais on attache sur cette corde, à des intervalles
égaux, des lignes qui portent un caillou ou du plomb,
pour empêcher le filet de gagner la superficie de l'eau.
En tenant ces lignes plus ou moins longues, on oblige
le pied du filet à demeurer plus ou moins écarté du
fond.

Quand on tend des filets dormants dans un courant,
il est facile de comprendre que, pour peu que le courant fût rapide, la légèreté des flottes ne pourrait pas
y résister, et que le filet retenu par le pied se couche-
rait sur le terrain. Afin de remédier à cet inconvénient,
on fixe à la tête du filet, de distance en distance,
des lignes qui ont de longueur une fois et demie ou
deux fois la chute du filet. On amarre à l'extrémité de
ces lignes une pierre, qu'on enfouit dans le sable à
une distance assez considérable du filet pour qu'elles
soient tendues quand il se trouve dans une situation verticale. Ainsi, lorsque le courant va contre le
filet, les lignes dont nous venons de parler, qu'on
nomme *bandingues* ou *rabous*, forment comme autant
d'étais qui empêchent que le filet ne se renverse sur

le terrain ; il fait seulement une poche ou follée, qui est avantageuse pour retenir le poisson.

Quand il s'agit de tenir le filet dans l'eau à une profondeur déterminée, les pêcheurs mettent au-dessus de la corde qui borde la tête du filet et qui porte les petites flottes, une seconde corde ou *ralingue* qui s'étend de toute la longueur du filet, et du filet jusque dans la barque. Cette ralingue est fixée à la corde du filet par des lignes qui vont quelquefois s'attacher en outre au pied du filet. C'est encore à elle que l'on amarre de distance en distance des lignes, auxquelles sont attachés de gros liéges ou des barils. On tient ces dernières lignes plus ou moins longues, selon que l'on veut établir le filet plus ou moins avant dans l'eau.

Comme ces filets dérivent au gré des courants, quand les pêcheurs ne restent pas dessus avec leur barque, ils mettent aux deux extrémités des bouées avec de petits pavillons, afin de les retrouver plus aisément.

Les filets que l'on emploie principalement pour les pêches et dont nous parlerons dans le présent chapitre, sont : 1° les *manets ;* 2° les *folles ;* 3° les *tramails ;* 4° les *seines.*

Des manets.

On appelle manets des filets à simple nappe, qui doivent avoir leurs mailles tellement proportionnées à la grosseur des poissons qu'on se propose de prendre, qu'ils puissent y introduire la tête et être arrêtés par leur corps, qui est ordinairement plus gros qu'elle, de sorte qu'ils restent pris par les ouïes.

On donne à ces filets différents noms, suivant les

espèces de poissons auxquels ils sont destinés, et suivant l'endroit où on les tend. Ainsi, on les nomme : *haranguier* ou *haranguyère*, pour les harengs ; *sardinau* ou *sardinal*, pour les sardines ; *aiguillère*, pour les aiguilles ; *marraique*, pour les maquereaux ; *mulier*, pour les mulets ; *rets à colins*, pour les petites morues ou colins.

Leur nom varie aussi selon les lieux où on les tend. Ce sont des *ansières*, dans les anses ; des *rets traversis* ou *rets à banc*, quand on les tend sur les écores des bancs ou dans les gorges qu'ils forment ; des *rets d'enceinte*, si l'on se propose d'envelopper un banc de poissons.

Comme les manets servent principalement à prendre des poissons de passage, on s'en sert dans les saisons où ces différentes espèces se portent à la côte ; ainsi, quoique leur arrivée varie selon que les années sont plus ou moins chaudes, et qu'elle ne soit pas la même sur toutes les côtes, nous pouvons dire, en général, que les colins ou jeunes morues, les mulets et les bars, se pêchent depuis le commencement de novembre jusqu'à la mi-janvier, parce que ces poissons terrissent pendant le froid ; les harengs, depuis octobre jusqu'en février ; les surmulets, depuis la mi-mai jusqu'à la fin de septembre ; les maquereaux, depuis le mois de juin jusqu'à la fin de septembre ; les sardines, à peu près dans la même saison ; les brèmes pendant les chaleurs.

Quelquefois on réunit quarante pièces de manets ayant chacune quarante brasses, et l'on fait ainsi des tessures de 2,500 mètres de longueur sur 2 mètres de hauteur. On les tend au large par vingt-cinq ou trente brasses de profondeur, et on amarre la tessure de chaque côté, soit avec des ancres, soit avec de grosses câblières ; on est aussi dans l'usage de soutenir chaque pièce avec une petite câblière. A chaque grosse pierre, on amarre un orin qui porte une bouée. Tantôt les pêcheurs tendent en travers du banc de poissons; tantôt ils forment une enceinte dans laquelle ils essaient de le renfermer.

D'autres fois ils laissent flotter leurs filets, au moyen de ralingues et de grosses bouées ou de barils, sans cablières.

Ils s'éloignent très-peu de la côte, et s'établissent sur trois ou quatre brasses d'eau ; ils opèrent de flot et de jusant, mais toujours la nuit.

Les manets destinés à prendre les sardines, *sardinals*, ou *sardinaux*, sont ordinairement composés de dix pièces de seize brasses chacune, et ont six brasses de largeur. Quelquefois, quand il y a une grande profondeur d'eau, on assemble deux rangs de nappes l'un sur l'autre ; pêche par fond et pêche entre deux eaux.

On tend les sardinaux le soir et le matin. Citons encore:

1° Les battudes.

2° Les hautées.

3° Les bouguières.

4° Les alignolles.

5° Les rissolles.

6° Les socletières.

Des grandes folles et des demi-folles.

Les folles sont des filets à grandes mailles et destinées à la pêche des poissons plats; elles ont à peu près une brasse et demie de chute, et les mailles ont de-

puis 108 jusqu'à 495 millimètres de largeur. La ralingue de la tête est toujours garnie de flottes, et
celle du pied chargée de pierres ou de plomb. Les
poissons plats ne s'y emmaillent pas par les ouïes,
comme les précédents; mais l'instinct de ces animaux étant de toujours pousser en avant quand ils
rencontrent une difficulté, ils s'enveloppent de manière à ne plus pouvoir se débarrasser. Il est donc nécessaire que le filet soit souple, tendu mollement et fasse
ventre ou poche dans le milieu de sa largeur.

Ces filets restant sédentaires, on peut les tendre
entre les rochers ou sur les sables, au pied des bancs,
ou dans les fonds qui se trouvent entre les bancs, même
à basse mer.

Au large, on évitera les fonds de rochers, parce
qu'on y laisse souvent les filets qui s'y accrochent de
manière à ne plus pouvoir être retirés. Les meilleurs
fonds pour cette pêche sont ceux de rocaille et de ga-
let, où il croît des plantes marines ; car, comme il est
difficile de pêcher à la traînée dans ces localités, on y
trouve une quantité de poissons.

Les poissons que l'on pêche ordinairement aux folles
sont les raies, les anges, les turbots, quelques marsouins, de grands chiens, de gros crabes et des homards. Les grosses raies blanches, qu'on nomme *tires*,
les turbots, se pêchent ainsi toute l'année ; mais la vraie
saison pour prendre les bonnes espèces de raies est le
printemps et l'automne.

Les demi-folles ne diffèrent des filets précédents que
par l'étendue de la tessure et par le calibre des mailles ;
celles-ci n'ont que de 6 à 8 centimètres en carré.

On appelle encore les demi-folles : *rieux, brettelières,*

canières, etc. Certaines demi-folles, n'ayant que trois brasses de chute, se nomment *jets* ou *picots*.

Les folles sédentaires de la Méditerranée qui servent à prendre des thons sont dites : thonaires de poste.

Les *folles dérivantes* destinées au même usage sont dites *courantilles*.

La *thonaire de poste* se compose de trois pièces de filets qu'on joint les unes au bout des autres ; comme chacune a quatre-vingts brasses; la tessure entière est de deux cent quarante brasses. La chute de ce filet est de six brasses, mais on la double en joignant deux pièces l'une au-dessus de l'autre. On fait ces rets avec du gros fil de chanvre, formé de trois brins entortillés ensemble; le calibre des mailles est de 240 millimètres carrés. Le bas du filet n'est pas plombé ; mais on attache de dix en dix brasses, à la corde qui le borde, des câblières qui pèsent chacune 5 à 6 kilogrammes. On laisse quelquefois dix-neuf brasses de distance d'une câblière à celle qui la suit. La tête du filet est soutenue par cent soixante nattes ou flottes de liége, distribuées à une brasse et demie ou deux brasses les unes des autres.

On établit ce filet un bout à la côte et l'autre au large, d'abord en ligne droite, et ensuite on lui fait décrire un crochet. Comme les thons suivent ordinairement les côtes, lorsqu'ils rencontrent le filet ils le côtoient dans la longueur, et quand ils sont parvenus au contour de l'extrémité, ils s'effarouchent, s'agitent et s'embarrassent dans le filet, où se prennent aussi d'autres gros poissons.

La *courantille* est plus longue, et sa chute est de six ou sept brasses. On met à sa tête quelques nattes de liége pour la soutenir (environ 120 à 130 grammes de

liége distribué en six pièces sur chaque brasse), mais
point de câblières aux pieds ; un seul liban d'auffe,
long de trente brasses, fait descendre le filet dans la
la mer, en sorte qu'il y en a une partie qui flotte, tandis que l'autre est à quelque distance du fond ; et
comme ce filet doit faire une panse ou bourse, les
mailles ne sont attachées à la monture que de quatre
en quatre.

On jette la courantille en droite ligne, au gré des
courants en observant de faire en sorte que ces courants puissent la prendre en plein et l'entraîner. Il en
résulte qu'on relève quelquefois à 8 ou 12 kilomètres
de l'endroit où l'on avait calé.

Citons encore :

Les cibaudières (demi-folles employées à Calais, etc.);

Les petits rieux d'Ambleteuse ;

Les macles;

Les lisques ou lesques;

Les séchées de Morlaix;

Les tressons ou tressures;

Les rets de gros fond, etc.

Des tramails.

Les pêches aux tramails se font en grande eau
près de la côte en pleine mer. D'ordinaire on compose
une tessure de trente ou quarante pièces de tramail,
dont chacune a trente brasses. On met à chaque bout
de cette grande tessure une câblière de 25 kilog., et on
en ajoute encore une de 10 kilog. au bout de chaque
pièce, pour que la tessure demeure sédentaire. Il y a
alors trois bouées, une à chaque bout de la tessure et
une au milieu. Ces filets ne restent guère plus de dix à

douze heures à la mer : souvent on les tend vers le
soleil couché, et on les relève à minuit. On cale les
tessures depuis dix jusqu'à quarante brasses.

Les mois de novembre et de décembre passent pour
être les plus avantageux à cette pêche.

Indiquons encore :

Les folles tramaillées ;

Les trémats ;

Les segetières ;

Les tis ou tisses ;

Les entremaillades ;

Les resseignes.

La *dreige* ou *drège* exige de forts équipages et occa-
sionne de grands frais ; aussi forme-t-elle d'excellents
matelots.

Le tramail et la dreige doivent avoir les mailles des
hamaux de 240 millimètres d'ouverture en carré, et
celles de la flue ont 47 millimètres ; cependant on ne
donne à ces dernières que 30 centimètres en carré
quand il ne s'agit de pêcher que des vives.

La tessure des dreiges a 2 mètres de chute, et depuis
deux cent cinquante jusqu'à deux cent quatre-vingts
brasses de longueur, suivant la force des équipages.
Elle est composée d'un nombre de pièces de tramail
qui ont depuis quinze jusqu'à dix-huit brasses de
longueur, que l'on réunit les unes aux autres.

A tous les tramaux il faut que la flue soit considérablement plus étendue que les hamaux, dont les mailles doivent être fort grandes. A l'égard du filet à la
dreige, il faudrait qu'une maille de hamaux contînt
sept mailles de la flue. Cependant, cela varie suivant
qu'on fait les mailles de la flue plus ou moins serrées,
celles des hamaux restant les mêmes.

On traîne ce filet sur des fonds qui n'ont quelquefois que cinq ou six brasses d'eau, et d'autres fois, dans des endroits où il y en a trente-cinq ou quarante. Pour que le filet puisse résister à l'effort qu'on fait pour le traîner, on le borde tout autour avec une ralingue, aux angles de laquelle sont des anses pour y amarrer les cordages ou bras qui servent à la traîner. Afin d'empêcher le filet de se coucher sur le terrain, et afin de le faire traîner sur le fond, dans une position à peu près perpendiculaire, on attache des lignes sur la ralingue d'en haut, et sur celle d'en bas des anneaux de plomb, dont douze à quatorze pèsent ordinairement 500 grammes. Il faut 12 à 13 kilogrammes de plomb pour garnir une pièce de filet de dix-huit brasses.

Pour la tête des flottes, on choisit les liéges les plus épais, et on les distribue sur la ralingue à environ 540 millimètres les uns des autres.

Le poisson que l'on prend le plus généralement à cette pêche consiste en turbots, barbues, soles, limandelles, grands carrelets, raies, vives, rouges, merlans, esturgeons, saumons, etc.; une grande quantité de petites roussettes ou petits chiens de mer.

Les marées trop molles ne sont pas propres à cette pêche.

Des seines.

La seine a communément quarante brasses de longueur sur quatre brasses de chute.

Quand la mer est forte, six ou huit hommes se mettent dans de bons bateaux, dont un a sur son bord le filet, et l'autre en retient un bras. Celui qui a le filet le jette à l'eau à mesure que les deux autres s'écartent, ou bien les deux bateaux prennent chacun une partie du filet, et le mettent à l'eau en s'éloignant l'un de l'autre. Quand le filet est à la mer, chaque bateau hale sur son bras, et on relève le filet de concert. Quelquefois les deux bateaux atterrent pour le tirer sur le sable ; mais, quand la côte n'est pas favorable, ils le relèvent à bord.

Il est important de relever le filet dans les bateaux, en sorte que les pêcheurs, hâlant sur les bras, l'un ne tire pas plus de filet que l'autre : on met des signaux sur les bras de distance en distance, de quatre en quatre brasses.

Des seines à sacs ou à poches.

Les filets dont il s'agit ici sont des seines avec *poche, queue, nasse, bourse,* ou un *sac,* dans lequel le poisson se rassemble. On s'en sert dans la Méditerranée, et on leur donne les différents noms de *boulier, bregin, aissaugue, ganguy, bœufs* et *tartanne,* en raison de la manière de s'en servir, de leur grandeur et de l'ouverture de leurs mailles.

L'*aissaugue* se compose d'un sac ou manche et de deux ailes appelées traits ou jambes et qui prolongent les côtés ; à l'extrémité des ailes sont amarrées des cordes pour traîner le filet.

Les quinze dernières brasses sont bordées de haut en bas d'une espèce de galon qu'on nomme chappe dont les mailles sont d'un fil retors en quatre, celui du haut a quarante mailles de hauteur et celui du bas soixante.

Ces chappes ne servent pas à prendre le poisson. Leur usage est de conserver le filet qui est d'un fil très-délié ; quand les pêcheurs tirent les ailes hors de l'eau, ils ont soin d'envelopper les aureras et les majours par la chappe ; la partie inférieure de la manche est formée de mailles de chappe.

L'embouchure du filet s'appelle *margue* ou *gorge*.

Lorsque la poche est tenue ouverte dans un grand fond, ses mailles sont en losange de haut en bas, et alors la manche a peu de profondeur; elle ressemble en quelque façon à une voile enflée par le vent ; elle s'allonge à mesure qu'elle s'emplit de poisson quand l'eau s'y entonne avec force, ou lorsque, étant près du rivage, les liéges s'approchent des plombs, et, à mesure que la poche s'allonge, l'embouchure se ferme par l'affaissement des ailes; le poisson ne peut donc plus s'échapper.

On distingue dans la manche quatre parties principales :

Le cul-de-sac ou chaudron.

Les clairets.

Les tirassadours.

Les pointes, de forme presque triangulaire.

Les filets portent beaucoup de liége comparativement au lest ; le plomb fait peu d'impression sur le fond ; aussi l'engin drague peu et ne s'endommage pas comme beaucoup d'autres filets. — On hale comme pour les filets précédents.

DES DRAGUES.

La différence essentielle entre les pêches à la drague et les pêches dont nous avons parlé ci-dessus consiste en ce que les dragues sont des filets sans ailes et ont les halins immédiatement attachés à la chausse.

Les dragues s'appellent encore : chausses, cauches, sacs de drague, bâches traînantes, couvreaux, cartes, correts, drangelles, picots à poches, grenadières à la mer, etc., etc.

Les particularités qu'on peut remarquer dans les diverses façons de pêcher à la drague consistent dans l'étendue et dans la forme des manches, des embouchures et dans les moyens employés pour les tenir ouvertes, de sorte qu'elles soient propres à draguer plus ou moins le fond.

Les unes sont traînées à pied et à bras, d'autres le sont par un ou deux bateaux.

Ordinairement l'ouverture d'une chausse est garnie en dessus de flottes en liége, et en dessous de plomb, tandis que les côtés sont de simples cordes. Quelquefois les flottes joignent les liéges de chaque côté ; d'autres fois, une pièce de bois de sapin appelée marteau remplace les flottes et soutient toute la partie supérieure de l'ouverture.

S'agit-il de haler la drague de terre sur les grèves ? Les pêcheurs embarquent dans un batelet leur chausse et leurs cordes, et ils se portent au large à une distance proportionnée à la longueur de leur cablot. Quand ils y ont calé la chausse, ils reviennent à terre, débarquent sur la grève, halent sur le cablot, et tirent la chausse suivant une direction à peu près parallèle à la laisse de mer ; peu à peu la drague gagne le rivage, et quand elle est entièrement à terre, ils dénouent la ligne qui tient fermée l'extrémité de la chausse, et en retirent le poisson.

La même pêche se fait à la voile. La chausse dont on se sert a environ quatre brasses d'ouverture sur six de profondeur. Les pêcheurs chargent les angles du bas de leur filet avec des câblières qui pèsent 12 kilogrammes et demi. Les plaques de plomb qui sont sur la traverse des grosses cordes pèsent environ 25 kilogrammes. Pour tenir l'ouverture du sac ouverte, au lieu de mettre un marteau sur le haut du filet, ils en mettent un, plus long d'un tiers que l'ouverture, à quelques décimètres en avant, en tenant écartés les *funins* ou cordes propres du filet qui aboutissent à celles du halage. Au milieu de ce marteau ou *espart*, pour le rendre encore plus flottant, on frappe deux grosses pièces de liége pesant chacune 2 kilogrammes et demi à 3 kilogrammes.

La drague dite *chalut*, très-employée en Bretagne, en Poitou, etc., etc., forme un carré long; elle a ordinairement huit brasses d'ouverture qui se réduisent à cinq ou six vers le fond. L'ouverture du sac est chargée en bas d'un cordage de 54 millimètres de grosseur, et de plus d'un demi-kilogramme de plomb pour brasse; le haut du sac est garni d'une ligne de 7 millimètres de grosseur, qui porte des flottes en assez grand nombre pour tenir le sac ouvert. On attache quelquefois la ligne chargée de plomb sur une perche recourbée dont la corde peut avoir 6ᵐ,50 ou 8 mètres de longueur, ce qui établit à cette quantité l'ouverture de la drague. La corde plombée et la ligne chargée de flottes sont amarrées à deux petits *échalons* ou *genouillets* de bois, et l'on attache, tant aux *échalons* qu'au cordage, une pierre ou câblière pour appuyer la corde plombée sur le fond. C'est encore sur les échalons qu'on frappe de chaque côté un *funin* ou petite haussière de 80 millimètres de grosseur, et long de cent à cent vingt brasses.

Le mieux est de caler le chalut à huit ou dix brasses

de profondeur ; néanmoins les pêcheurs-chalutiers font quelquefois leur métier sur trente ou quarante brasses. En ce cas il est important que les halins soient fort longs. L'été, on suit la côte ; l'hiver, on va au large.

Il y en a qui mettent au bas de leur chalut des genouillets ou genouillettes, formés d'un morceau de bois fourchu ou qu'on ploie comme le collet d'une charrue, et entre les branches de l'un et de l'autre morceau de bois, on met une ou plusieurs pierres pour faire caler le chalut sur le fond.

Les pêcheurs de Saint-Brieuc emploient des fûts mieux construits : ils forment les genouillettes avec deux bouts de membrures, auxquels ils donnent la forme d'une console. Les deux genouillettes sont assemblées l'une avec l'autre par un morceau de bois rond, dont les extrémités entrent dans des trous qui sont à la partie évasée des genouillettes ; la portion du morceau de bois qui les traverse excède leur épaisseur, pour recevoir une pierre percée servant de lest. Le tout est arrêté par une clavette qui serre et la pierre et la genouillette contre un petit épaulement qu'on a ménagé à la traverse. Le bas des genouillettes étant arrondi, il forme comme un petit traîneau qui coule aisément sur le fond, et passe sur les petites roches et les inégalités du terrain sans éprouver beaucoup de résistance.

La *drague aux huîtres* est faite ordinairement en lanières de cuir de bœuf entrelacées en mailles de 50 centimètres d'ouverture en carré ; elle est montée sur une armure en fer, à laquelle on donne différentes formes. La chausse a environ 1^m,30 de long sur 33 à 40 centimètres de largeur et 1^m,15 de haut. L'embouchure est montée sur un châssis de fer, dont la partie destinée à râcler le fond et à en détacher les huîtres est souvent aplatie en forme de lame de couteau.

DE LA MADRAGUE

La madrague est un grand parc de filet tendu à la mer sans piquets ni perches. Les filets qui la forment sont assujettis sur le fond par un poids énorme de lest de pierres, allant jusqu'à 400 quintaux. Ils sont tenus dans une position verticale par beaucoup de nattes de liége qui ont 33 centimètres en carré. Ils sont affermis par un grand nombre de cordes longues de 40 à 50 brasses, frappées d'un bout sur la corde qui borde la tête des filets, et de l'autre, à une ancre mouillée au fond de la mer.

Le but de cette pêche est d'arrêter les thons qui font route à une petite distance de la côte, ainsi que quelques autres poissons, en engageant les uns et les autres à entrer dans la madrague au moyen d'une grande chasse de filet que les Provençaux nomment la queue de la madrague. Comme cette queue s'étend jusqu'à la côte, elle a quelquefois mille brasses de longueur.

Les plus petites madragues ont cent trente brasses de longueur sur vingt-huit à trente de largeur. Le pied est chargé de beaucoup de pierres et calé dans l'eau à la profondeur de vingt ou vingt-cinq brasses, cette entrée communique avec une première enceinte dite (à Toulon) *bourdonoro;* laquelle communique avec la seconde enceinte ou *farati;* la troisième enceinte est le *gardy;* la quatrième, le *pichou;* la cinquième se compose de huit parties : le *gradou,* le *gravichelli* et le *corpou* ou la *mort,* etc. Le *corpou* est garni de filets sur les côtés et en dessous.

La première ouverture est absolument libre ; mais les autres ou, au moins, deux d'entre elles, sont garnies de filets à mailles assez larges pour laisser passer le poisson.

Pour pêcher le corpou, on attend que le poisson se soit rendu dans le pichou, c'est dans cette seule chambre que l'on fait la chasse ; on se sert pour cela d'un filet d'environ vingt-huit brasses de largeur, lesté par un de ses côtés avec des anneaux de plomb et qu'on place d'abord verticalement tout près de la porte de manière que les plombs affleurent le fond sans s'appuyer dessus. On le promène ensuite dans le pichou en le laissant avancer toujours bien tendu, par le moyen de deux bateaux qui retiennent les angles supérieurs : c'est ce qu'on appelle *engarrer* le poisson ; pendant qu'on engarre, on tient la porte du gradou abaissée ou ouverte.

On hale le gradou en rejetant à la mer la portion de filet amenée à la surface de l'eau, et le bateau passe par-dessus. Lorsque le bateau a traversé le gravichelli et qu'il est arrivé au corpou, on accroche le filet au plat bord du bateau comme il est déjà accroché au bateau placé au bout du corpou et aux deux bateaux des côtés ; par cette manœuvre tout le poisson qu'on a conduit dans le corpou se traîne presque à la surface de l'eau ; on le prend quelquefois en le harponnant ou en l'assommant, ou à bras.

Les poissons ainsi pris pèsent chacun de 12 à 75 kilogrammes.

La pêche du thon commence ordinairement en mars et en avril, et finit en octobre. C'est dans les mois d'août et de septembre qu'elle est la plus abondante. Elle exige de grandes dépenses.

CHAPITRE V

De quelques pêches faites avec des instruments autres que les filets.

Plusieurs coquillages, entre autres les moules, s'attachent aux rochers que la mer recouvre à toutes les marées. Les pêcheurs vont à la basse eau les détacher avec un *crochet* ou une *étiquette*. Le crochet est un morceau de fer courbé, emmanché au bout d'une longue perche, qui permet d'atteindre jusqu'aux rochers escarpés. L'étiquette est une sorte de couteau non coupant. Elle sert à détacher les coquillages qui sont à la portée de la main, et aussi à enfoncer dans le sable et en retirer les poissons qui s'y sont cachés, et les vers qui amorcent les hameçons.

Quantité de poissons saxatiles s'enfoncent dans les trous des roches, ou se fourrent sous de grosses pierres. Les pêcheurs en prennent bien quelques-uns à la main, mais comme plusieurs pourraient les blesser, ou qu'ils courraient risque d'être fortement pincés par les gros crabes et les homards, ils s'arment, pour les arracher de leurs retraites, d'un instrument nommé *angon*. C'est une broche de fer barbelée et ajustée au bout d'une perche. D'autres fois ils emploient de grands crocs semblables à la lame d'une faucille, mais plus forts, et qui ont un manche d'environ 1 mètre de longueur ; ou bien ils ont un grappin ou un crochet emmanché au bout d'une perche, dont ils se servent pour visiter les fentes et en faire sortir les poissons. Le crochet n'est quelquefois qu'un gros hain à morue.

En quelques endroits on nomme *espadot* une broche de fer d'environ 80 centimètres de longueur, dont le bout forme un crochet qu'on ajuste à une perche longue d'environ 1^m,60, qui augmente un peu de grosseur du côté qu'on tient à la main. Les pêcheurs se servent de cet instrument, de pied et à basse-mer, pour prendre les poissons qui restent au fond des écluses et dans les endroits qui ne sèchent pas. Ils font cette pêche de jour, mais plus souvent de nuit; en ce cas, ils vont dans les endroits où il reste de l'eau, avec des brandons de roseaux ou de paille. Quand ils voient un poisson, ils l'arrêtent avec le crochet de l'espadot et l'assomment avec le manche du même instrument. Ils emploient encore au même usage une *fougue*, sorte de fourche à deux ou trois branches fort menues, barbelées : ils prennent ainsi crabes, langoustes, homards, petites raies, soles, trembles, etc., etc.

De basse-mer, sur les grèves et les sables, pour forcer les lançons et autres poissons à sortir du sable dans lequel ils s'enfouissent, on se sert de deux sortes de *râteaux*. Le premier est petit, tout à fait semblable à celui des jardiniers; on ne le prend qu'à défaut du grand. Celui-ci, long d'environ 1^m,40, a douze ou quinze fortes dents de fer. Le manche a 2^m,60 de long. Vers le milieu, un peu plus cependant vers le côté de la tête, est ajusté un morceau de bois de 65 centimètres à 1 mètre de longueur, que le pêcheur saisit de la main gauche, tandis qu'il tient de la droite le bout du manche. Ce morceau de bois, qui s'élève verticalement, lui donne la facilité d'appuyer le râteau pendant qu'il le tire de la main droite ; car cette pêche ne consiste qu'à traîner le râteau sur le sable pour en faire sortir le poisson. Le temps le plus favorable pour cette pêche est celui des chaleurs et des grandes marées qui découvrent beaucoup. La pêche rapportera plus si on la fait avec une herse de laboureur traînée par un cheval, un bœuf, etc. Des femmes et des enfants suivent pour ramasser : soles, limandes, carrelets, anguilles, lançons, etc.

A Aigues-Mortes, on fait à pied, au bord de la mer, dans des endroits où il reste peu d'eau, une pêche avec le râteau pour prendre les coquillages qu'on nomme tonilles. On emploie un grand râteau de fer nommé *tonillière*, qui a une douzaine de dents longues de 16 centimètres. Aux extrémités de la tête de ce râteau sont attachés deux longs bâtons qui se croisent. Derrière le râteau est ajusté un filet en forme de sac, dont les mailles sont serrées. Un seul homme traîne cet instrument ; le râteau détache les coquillages, et le filet les reçoit.

Le ou *la salabre de fond* des Provençaux est un sac de filet de 1 mètre de profondeur, monté, comme une trouble, sur une armure de fer de 40 à 55 centimètres de diamètre. Les extrémités courbes répondent à une traverse droite qui est dentée comme la roue d'une grosse horloge. La partie cintrée porte une douille qui reçoit un manche de 4 à 5 mètres de longueur. On garnit ordinairement cette armure avec des paquets de vieux filets. Lorsque les pêcheurs veulent s'en servir, ils laissent aller leur salabre sur le fond, à quatre ou cinq brasses de profondeur, quelquefois beaucoup plus. Ils le tiennent amarré par deux cordes, dont une est attachée au bout du manche ; l'autre, environ au tiers de sa longueur du côté du cercle de fer. On le traîne lentement, et en raidissant une des cordes on fait entrer les dents plus ou moins dans le terrain qu'elles grattent, et le sac se remplit de coquillages et de sable. Cette pêche a lieu en mars et ne se pratique que sur les fonds de sable et par les temps calmes.

Les solens ou manches de couteau se pêchent avec une petite broche nommée *aiguillet*, longue de 50 à 54 centimètres. Il y a au bout un petit bouton de fer, ressemblant à une olive de moyenne grosseur qui serait coupée par le milieu de sa longueur. Ceux qui pêchent ces coquillages avec cette broche ne les dessablent pas comme on fait ailleurs. Ils examinent, à la basse-mer, les trous creusés par ces coquillages sur le sable, et les solens étant toujours placés perpendiculairement, les pêcheurs enfoncent leur aiguillet ou *digot* tout droit. Le bouton ne manque guère d'entrer entre les deux valves, qui ne se joignent pas exactement. L'animal blessé contracte un peu ses valves, et, en retirant le digot, on amène le coquillage. Cette pêche se fait depuis le mois de mai jusqu'à la fin d'août. Passé mai, ce coquillage est très-indigeste.

Pour prendre des congres et des anguilles au harpon, les pêcheurs se servent d'une fouane à cinq ou six branches, emmanchée au bout d'une perche longue d'environ 2 mètres. Ils se soutiennent sur la vase en ajustant sous chacun de leurs pieds un chanteau de fond d'une barrique. Lorsque la marée est en partie retirée, ils vont le long du rivage et lancent de temps en temps leur fouane, qui ramène le poisson qu'ils ont piqué.

La pêche à la *fouane* ou *fouine* se fait aussi durant

les nuits obscures, avec le feu. Les pêcheurs se trans-
portent auprès des roches, dans les écluses et aux endroits où il reste un peu d'eau de basse-mer, tenant
de la main gauche un flambeau de paille ou de quelque bois sec. Quand ils aperçoivent un poisson, ils le
dardent fort adroitement avec une fouane qui n'a quelquefois que deux dents.

Voilà pour les pêches aux instruments faites à
pied; disons quelques mots des pêches aux instruments
faites en bateau.

Les pêcheurs de l'embouchure de la Somme se
mettent au nombre de quatre ou cinq dans un petit
bateau qu'ils nomment *gobelette*, et se portent à un endroit où ils savent qu'il y a un banc de coquillages, de
moules par exemple, avec des *râteaux* (semblables à
ceux des jardiniers), qui ont de longues dents de fer
avec des manches menus et de 5 à 6 mètres de longueur. Ils ajustent à la tête un sac de filet dans lequel
s'amassent les coquillages à mesure que les dents des
râteaux les détachent.

Aux environs d'Isigny, on drague ainsi les huîtres.

Disons comment l'on prend les huîtres au râteau,
sans sac : deux hommes se mettent dans une petite
chaloupe avec chacun un râteau dont la tête a environ
80 centimètres de longueur ; elle est garnie de douze
dents de fer, longues de 20 à 30 centimètres. Ces
dents sont larges, mousses par le bout, fort crochues,
assez rapprochées les unes des autres pour retenir les
huîtres. De plus, il y a sur la tête du râteau, le long du
manche, une petite planche large de quelques centimètres pour retenir les huîtres quand le pêcheur re-
dresse le râteau. La forme des dents et cette planche
tiennent lieu de sac et de filet. Le manche est une perche

menue et pliante, longue de 6 à 7 mètres. Elle est souvent faite de deux morceaux, mais prenez-la flexible
afin que les dents du râteau râclent mieux le fond.

Pour la pêche des poissons plats et autres à la
fouane, en bateau, on se sert de *fouanes en râteau*,
c'est-à-dire que les dents sont rangées sur une tête
de bois, comme les dents d'un râteau ; mais ces dents,
au nombre de huit à dix, au lieu d'avoir une direction
perpendiculaire à celle du manche, comme dans un
râteau, sont, comme les dents d'une fourche, dans
une direction qui lui est parallèle ; elles se terminent
en fer de lance. On manœuvre cette fouane dans les
rivières ainsi qu'au bord de la mer, en enfonçant les
dents dans le fond de sable ou de vase. Comme les
dents forment une rangée assez considérable, elles
peuvent d'autant mieux attraper les poissons. On
prend ainsi des congres, des anguilles, des flets et
autres poissons plats.

A Agde, deux hommes se mettent dans un petit bateau qu'ils nomment *bette*, avec un trident et une
torche allumée, pendant la nuit. Un des hommes vo-
gue, l'autre perce avec le trident le poisson qu'il
tient à sa portée. Cette pêche se pratique au bord de
la mer, dans les étangs et dans les rivières.

Pour la *pêche au phastier* on arme une bette sans
gouvernail, avec une ou deux paires de rames. On élève
à la poupe un morceau de bois arrondi, d'environ 1 décimètre de diamètre, et haut de 1^m,40. A l'extrémité
supérieure de ce morceau de bois on établit une grille
de fer, ou une espèce de réchaud assez creux pour
contenir les morceaux de pin gras qu'on doit y brûler.
Aussitôt qu'il fait nuit, on sort pour faire cette pêche.
On allume le petit phare qu'on appelle *phastier*. Le

pêcheur tient son harpon à plusieurs branches emmanché au bout d'une perche légère, de $2^m,50$ ou 60
de longueur, se place à la poupe sous le *phastier*,
tandis que les rameurs le promènent. Dans les étangs
de Berre, etc., on prend ainsi beaucoup d'anguilles ;
cette pêche dure quinze jours.

Quelquefois les pêcheurs d'Antibes capturent ainsi
d'assez gros poissons qu'ils auraient de la peine à tirer
à bord. Dans ce cas, le grappin est nécessaire. Il faut
toujours attacher au milieu de la hampe de la fouane
une ligne de plusieurs brasses de longueur, pour rat-
traper l'engin s'il échapppait au pêcheur, ou s'il le
lançait sur un gros poisson qu'il ne pourrait retenir.
A Saint-Tropez, on commence à pêcher le soir avant
la nuit, et, se portant auprès des roches, on y harponne des crabes et des homards. Puis, quand la nuit
est venue, on allume le phastier et on prend des dorades, des loups, des muges, des soles, des turbots, des
anguilles, des murènes, des ombrines, des langoustes, etc. ; le matin on harponne les crustacés, etc.

PÊCHE AU HARPON VOLANT.

Dans les pêches à la fouane dont nous venons de
parler on n'abandonne jamais la hampe ou la perche
qui sert de manche à cet instrument. Pour les harpon-
nages proprement dits, on la laisse aller entièrement
et on ne retient qu'une ligne dont un bout est amarré
au manche ou au fer du harpon. C'est ainsi que l'on
pêche la baleine, etc.

Sur les côtes de France on ne harponne guère que
des marsouins. Le harpon se compose d'un dard, espèce de fer de lance d'environ 19 à 22 centimètres de

longueur, et terminé par une douille de 80 centimètres de longueur, creusée afin de recevoir un manche de bois, long de 2 mètres. Ses bords ou ailerons, de la même étendue dans leur plus grande largeur, sont tranchants et quelquefois munis de barbes comme les flèches. Dans la douille passe un anneau de fer où l'on épisse un petit capelage auquel est attachée une bonne ligne de quelques centaines de brasses de longueur. Cette corde est lovée dans la chaloupe, de manière qu'elle se déploie facilement en suivant le harpon emporté par l'animal atteint.

D'autres cordages sont préparés, en cas de besoin, comme prolonges de la maîtresse corde.

Indiquons encore :

La *lance*, instrument long de 4 à 5 mètres.

Le *croc* et les *crochets* qui servent à remorquer l'animal blessé.

Le harpon appelé *varre* qui sert pour la pêche du lamantin, et diffère du harpon ordinaire en ce que la douille appartient au manche, au lieu d'appartenir au fer; le manche est long de 1^m à 1^m,60; au harpon est attachée une ligne d'environ 100 brasses, lovée dans le canot.

PÊCHE AU FEU.

Quelques pêcheurs après avoir attiré les poissons par une lumière vive, au lieu de les percer, passent dessous un filet assez semblable à la truble (ou trouble) et les enlèvent brusquement.

Pour la pêche dite *encéza*, deux hommes vont à pied le long du bord de la mer : l'un tient un morceau de bois de pin allumé, l'autre une espèce de petit épervier; le poisson, pendant qu'il fixe la lumière, se laisse prendre par le filet; il faut pour réussir que la nuit soit bien obscure et que le temps soit calme.

PÊCHE AU CORMORAN.

Duhamel raconte ainsi la pêche au cormoran dont il fut témoin à Fontainebleau : « On serrait le bas du cou des cormorans avec une espèce de jarretière pour les empêcher d'avaler entièrement le poisson; ensuite on les laissait aller à l'eau, où ils chassaient le poisson, nageant avec vitesse et plongeant jusqu'au fond; ils avalaient le poisson qu'ils prenaient, mais, à cause de la jarretière qu'on leur avait mise, ils ne pouvaient pas le digérer; ils en emplissaient seulement leur œso- phage, qui est susceptible d'une grande dilatation : quand ils en étaient gorgés, ils revenaient joindre leurs maîtres, qui leur faisaient dégorger le poisson sur le sable; ils en mettaient à part quelques-uns pour eux, et voici comme ils s'y prenaient pour donner le reste aux cormorans, après leur avoir ôté la jarretière qui les empêchait d'avaler entièrement le poisson :

« Ayant une baguette à la main, ils les obligeaient de se ranger sur une ligne, puis ils leur jetaient un pois- son, que les cormorans saisissaient en l'air, comme un chien saisit un morceau de pain. S'ils le prenaient par la queue ou une autre partie du corps, ils avaient l'adresse de le jeter en l'air et de le retenir par la tête pour l'avaler. Si un cormoran voulait s'avancer pour prendre un poisson dans la main, on lui donnait un coup de baguette; car si cet oiseau, très-vorace, en voulant prendre le poisson, avait saisi le doigt, il l'aurait griè- vement blessé. »

SECTION II

CHAPITRE VI

Le Bar, le Serrans, la Vive, le Maigre, le Rouget, le Trigle, la Dorade, le Mulet, le Surmulet.

Le bar appartient à la famille des percoïdes, très-voisine des perches d'eau douce, dont nous le distinguons seulement par la présence de dents sur la langue et par l'absence de dentelures aux sous-orbitaires, aux sous-opercules et à l'inter-opercule.

Il est gris-bleu argenté sur le dos et blanc sous le ventre ; longueur : de 60 à 80 centimètres. Chair fine et recherchée ; le bar rayé ou poisson de roche (États-Unis d'Amérique) surpasse le bar commun d'Europe par sa grosseur, sa beauté et la bonté de sa chair.

PÊCHE.

Août, septembre et octobre, dans les anses d'eau douce où le bar se rend assez souvent. Filets d'enceinte pour envelopper ; seine ; traîne.

Amorces : vers de terre, vers de mer, crabes.

19

LES SERRANS OU PERCHES DE MER.

De la même famille que le bar.

Les serrans sont caractérisés par une dorsale unique et des dents crochues; leur corps est oblong, écailleux; — chair fine et estimée.

Le serran-écriture, ainsi appelé à cause des lignes ou traits bizarres qui sillonnent son crâne et son museau, se trouve dans la Méditerranée.

Le serran merou, long d'un mètre, a une chair aromatique.

LE MAIGRE OU SCIÈNE

Type de la famille des sciénoïdes.

Le maigre est un grand poisson qui atteint jusqu'à 2 mètres de longueur; il a le museau bombé, la gueule un peu fendue; sa couleur est d'un gris argenté uniforme; les pectorales et les ventrales sont d'un beau rouge. Il est très-fort et l'on a beaucoup de peine à l'assommer, après l'avoir pris. — Chair assez bonne.

Pêche.

Nuits calmes et obscures.

Amorces: sardines ou autres petits poissons à chair ferme.

Seines longues de 400 à 500 brasses, à mailles de 10 centimètres.

Pêche à la traînée.

LA VIVE OU DRAGON DE MER.

De la famille des Percoïdes.

Ce poisson est ainsi nommé parce qu'il a la vie re-

marquablement dure et qu'il subsiste assez longtemps
hors de l'eau. Il diffère des perches uniquement par sa
taille plus longue et plus mince. Sa première nageoire
a des épines très-piquantes. Sa chair est délicate. Rivages de la Méditerranée.

PÊCHE.

Mois favorables : juin et juillet, août et fin d'octobre.

En été à l'hameçon, avec des tramails ou des dragues. — En hiver : dreige ; ce filet a été quelquefois
prohibé. On pique aussi les vives à la fouanne ou
foêsne.

LE ROUGET, LE SURMULET, LE TRIGLE.

Ces poissons sont assez voisins des percoïdes.

Leurs deux nageoires dorsales sont très-séparées ;
des écailles couvrent tout leur corps ; leur bouche est
peu ouverte et faiblement garnie de dents ; à la mâchoire inférieure pendent de longs barbillons.

Le rouget-mallet ou barbet, ou vrai rouget, est long
de 35 centimètres ; couleur uniforme d'un rouge vif
passant par différentes teintes à la cuisson.

Ses deux barbillons sont attachés sous la mâchoire
inférieure, tandis que les six barbillons du grondin le
sont sous la gorge : c'est là un signe distinctif entre
ces deux poissons souvent confondus.

La nageoire anale a 8 rayons dont un ou deux simples en avant ; la caudale a 13 rayons ; les ventrales
ont 6 rayons dont 4 simples en avant. Le rouget vit de
mollusques, d'insectes et d'œufs. Il voyage en bandes.

PÊCHE.

Temps favorable : depuis mai jusqu'en septembre.

Filets: seine, tramail. — Hameçons amorcés avec de la chair de crustacés; la pêche à la ligne est très-peu pratiquée.

Le surmulet ou grand mulle rayé de jaune est long de 0ᵐ,25 à 0ᵐ,30. Il est rouge avec raies jaunes en longueur. Il est bossu près de la tête. Chair très-bonne pendant l'été.

PÊCHE.

Avril et mai ; en grande eau pendant tout le mois de juillet.

Le trigle, souvent confondu avec le rouget, fait entendre quand on le prend une sorte de grondement ; d'où son nom de *grondin*.

Voir pêche du rouget.

LA DORADE OU DAURADE VULGAIRE.

. De la famille des Sparoïdes ayant pour caractères : un corps écailleux, ovale, une seule dorsale sans écail-

les et soutenue dans sa partie antérieure par des épines fortes et pointues. La dorade vulgaire est longue d'environ 0ᵐ,35 et pèse de 5 à 6 kilogrammes. On l'appelait autrefois chrysophris (sourcil d'or) à cause de la bande ou croissant de couleur dorée qui va d'un œil à l'autre ; corps argenté ; dos bleuâtre ; ventre blanc mat, iris jaune doré ; prunelles noires ; lèvres armées de hautes dents très-fortes.

Plus commune et meilleure dans la Méditerranée que dans l'Océan ; elle vit d'algues, de fucus et de coquillages ; elle aime à séjourner dans les étangs salés et dans les lagunes — Chair délicate et fine.

Pêche.

Amorcez votre ligne avec des crevettes, des crabes,

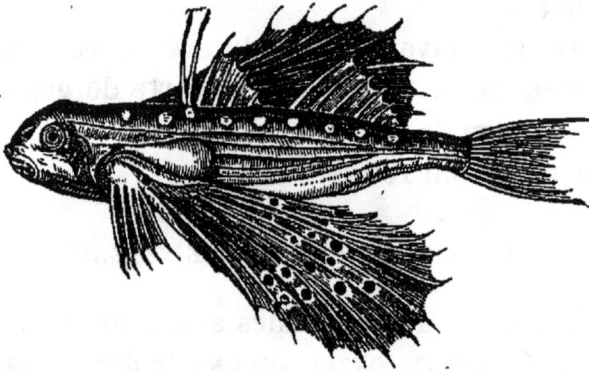

des morceaux de poisson quelconque (maquereau, thon, etc., des pétoncles, des clovisses).

Pêche au feu. En hiver avec le brégin, sorte de seine armée d'un manche dans son milieu et que traînent des hommes montés sur des barques. — Verveux, tramail ; hains.

Indiquons encore comme poissons de la même famille que la dorade : le sargue, le malarmat. Parmi les poissons à joues cuirassées : la scorpène horrible, le pagre, le muge, l'exocet volant, la saupe. Parmi les labroïdes : le labre ou vieille.

LE MUGE OU MUGIL OU MULET.

Type de la famille des mugiloïdes : corps presque

cylindrique, couvért de grandes écailles ; tête nue, peu déprimée ; museau très-court ; bouche transversale, anguleuse, garnie de lèvres charnues et crénelées ; dents presque imperceptibles ; œsophage étroit ne laissant arriver à l'estomac que des matières liquides ou déliées.

Ce genre renferme plus de cinquante espèces qui habitent la Méditerranée, l'Océan, etc.

L'espèce la plus connue, le muge à large tête ou cabot, ou mulet de mer, atteint près de 70 centimètres

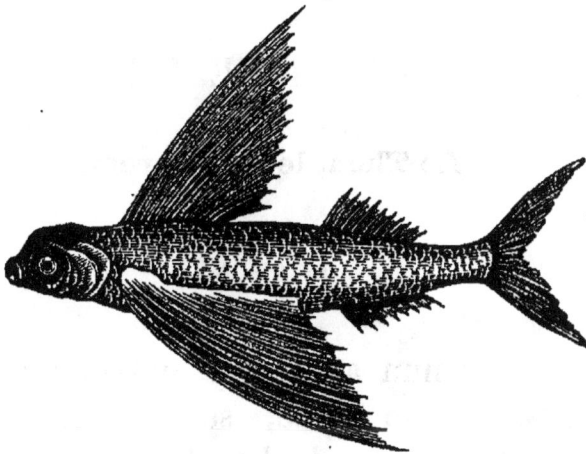

de longueur et pèse de 8 à 9 kilogammes ; il est gris plombé sur le dos, d'un blanc argenté mat sous le ventre.

Il habite volontiers près des rivages ; il remonte les étangs et les fleuves ; il vit de matières molles et grasses, déjà en décomposition.

PÊCHE.

Mai et juin de préférence ; mais on trouve des mulets toute l'année dans nos parages maritimes ; marée montante.

Vers de sable placés deux par deux sur des hameçons n° 5 ; chou bouilli dans du bouillon grás, entrailles gras es de poisson pour la pêche de fond ; mouches employées pour la truite et pour le saumon.

PÊCHE A LA BELLÉE.

Verveux, épervier, tramail, seine, cannat (espèce de verveux très-employé par les pêcheurs de la Méditerranée), courtine fixe. Bourdigue.

Indiquons parmi les autres espèces de mulets : le M. doré, le M. sauteur, le M. capiton, le M. à grosses lèvres, etc., etc.

CHAPITRE VII

Le Thon, le Maquereau.

LE THON.

Genre scombre.

Le thon commun a le corps aplati, plus gros aux extrémités, la tête petite, se terminant en pointe émoussée, l'œil gros, la bouche large et garnie de dents pointues, des écailles faciles à détacher et très-petites en général.

Toute la partie supérieure du corps est d'un noir bleuâtre ; les côtés de la tête sont blanchâtres ; le ventre est grisâtre et semé de taches blanches.

Les nageoires sont rayonnées ainsi : pect., 14 rayons ; ventrales, 6 ; anales, 13 ; caudales, 19. La première dorsale, les pectorales et les ventrales sont noires ; la deuxième dorsale et l'anale, couleur de chair glacée d'argent.

Le thon a ordinairement 1 à 2 mètres de longueur ;

quelquefois il dépasse 3 mètres, et peut peser jusqu'à
500 kilogrammes. Il est très-vorace ; il se nourrit de
harengs, de sardines et de maquereaux, il voyage par
troupes.

Il a pour ennemi un petit animal qui le tourmente
au point de le faire sauter sur les rivages où il meurt ;

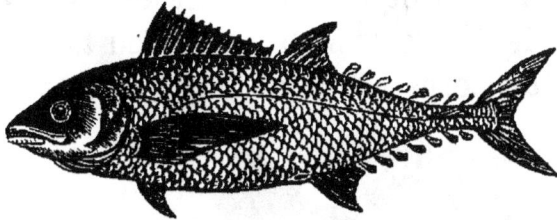

c'est une sorte de scorpion gros comme une araignée
et armé d'un dard sans doute empoisonné.

La chair du thon est blanche et très-tassée ; toujours
savoureuse, soit qu'on la mange fraîche, salée ou
conservée dans l'huile ; elle fournit une huile employée
par les corroyeurs.

PÊCHE.

On trouve le thon dans presque toutes les mers chaudes ou tempérées de l'Europe, de l'Asie et de l'Afrique,
et sa pêche a toujours passé, avec raison, pour une
des plus importantes, des plus fructueuses, depuis
bien des siècles. Elle se fait dès les premiers jours
d'avril jusqu'en septembre.

Filets : thonaire, madrague, courantille. Appâts :
animal quelconque ; sèches, mouches à saumon, tue-
diable ; leurres en liége couverts de plumes et empilés
sur du laiton ; émerillon à la ligne ; bricole montée
sur corde filée ou sur laiton. V. *Filets employés pour
la pêche en mer.*

LE MAQUEREAU.

Scombéroïdes.

Longueur : 0^m,45.

Le maquereau, connu de tout le monde, a le corps rond et allongé en forme de fuseau ; son dos est d'un beau bleu métallique changeant en vert irisé et rayé de noir ; le dessus de sa tête est bleu tacheté de noir ; le reste du corps est d'un blanc argenté ou nacré ;

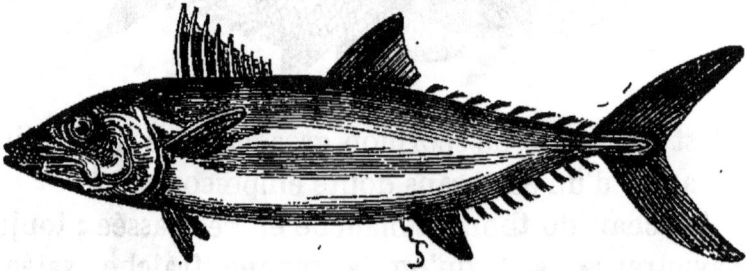

écailles petites, presque imperceptibles. La première dorsale est séparée de la seconde par un grand intervalle ; il a plusieurs petites nageoires sur les côtés de la queue et n'a point de vessie natatoire.

On dit qu'un maquereau est *chevillé* lorsqu'il a frayé ; sa chair est alors moins bonne ; le maquereau *sansonnet* (1) ou *roblot* n'est pas plus gros que le hareng ; le M. *jaspé* ou *bréan* est moins long, mais plus charnu que le maquereau ordinaire.

Ils entrent dans la Manche par l'ouest et avancent toujours vers le Pas-de-Calais, de façon que, quand il n'y en a plus sur les côtes de Bretagne, on les pêche encore sur les côtes de Normandie et de Picardie. Ils

(1) On nomme encore *sansonnet* le maquereau ordinaire, quand il n'a ni laite, ni œufs.

abondent dans nos mers en avril, mai, juin et même en juillet.

Pêche.

Mai, juin, juillet et même au commencement d'août. —Temps orageux.

Hains, libourets, manets faits d'un fil très-délié et réuni quelquefois de manière à former avec ces filets une *tessure* de deux mille cinq cents mètres de longueur. Lance, etc., etc.

Filets dérivants en coton, en chauvre ou en lin ; chaque tessure se compose de 40 filets de 20 à 30 brasses et de 80 à 120 mailles de haut, d'une largeur de 38 à 40 millimètres ; flottes en liége ; petites pierres placées de brasse en brasse à la relingue du fond, pour maintenir la nappe perpendiculaire. Bâteau ; pêche à la pointe du jour.

Mouches artificielles ; poissons artificiels en étain, en fer-blanc, etc., etc.

Le carank ou saurel, ou maquereau bâtard, se pêche comme le maquereau.

CHAPITRE VIII

La Baudroie, Diable de mer, ou Grenouille pêcheuse, etc.

De la famille des poissons à *nageoires piquantes* : mâchoire supérieure mobile ; branchies en forme de peigne, rayons osseux et piquants aux nageoires.

La baudroie est d'une laideur épouvantable ; elle a une tête énorme et effrayante à voir ; longueur totale du corps : 1ᵐ,50 à 2 mètres. Des tubercules et des épines à la place d'écailles.

Les pectorales, à 20 rayons et soutenues par 2 os, sont placées sous la gorge; les ventrales, à 5 rayons, sont placées en avant des pectorales; l'anale offre 6 rayons; les caudales en ont 8.

La baudroie s'enterre dans le sable, dans la vase et fait flotter au-dessus les trois barbillons mobiles et longs dont sa tête est armée; elle attire ainsi les petits poissons qui prennent ces appendices pour des vers et se font dévorer. La baudroie forme la transition entre les raies et les autres poissons. Elle est très-vorace.

Pêche.

Par un temps frais; hains, filets de fond, comme pour les raies. V. *Raies*.

CHAPITRE IX

La Morue franche, le Capelan, le Merlu, le Merlan

LA MORUE FRANCHE OU CABILLAUD.

Gadoïdes : corps médiocrement allongé, peu comprimé, couvert d'écailles molles; tête sans écailles; nageoires molles; vessie aérienne grande et dentelée sur les côtes.

La morue franche, dont la longueur varie de 0ᵐ,70 à 1ᵐ,20, a la tête grosse et comprimée, la bouche énorme, les yeux très-gros, à fleur de tête et voilés par une membrane transparente; les dents simple-

ment implantées dans les chairs et susceptibles de se
mouvoir à la volonté de l'animal. Son corps est couvert de grandes écailles, grises sur le dos et blanches
sous le ventre avec des taches dorées.

Les pectorales sont brunes, jaunâtres ; les autres
nageoires sont grises.

Dorsales : première, 10 à 15 rayons ; deuxième, 18
à 20 ; troisième, 18 à 21. — Pectorales de 20 rayons ;
ventrales petites, de 6 rayons. — Anales : première de
20 à 23, deuxième de 16 à 19. — Caudale, presque carrée, de 26 rayons.

La morue se nourrit de poissons, de mollusques, de
crustacés, etc., etc. ; elle est d'une extrême voracité.
Elle n'approche jamais du rivage que pour frayer,
ou en prend une certaine quantité sur les côtes d la

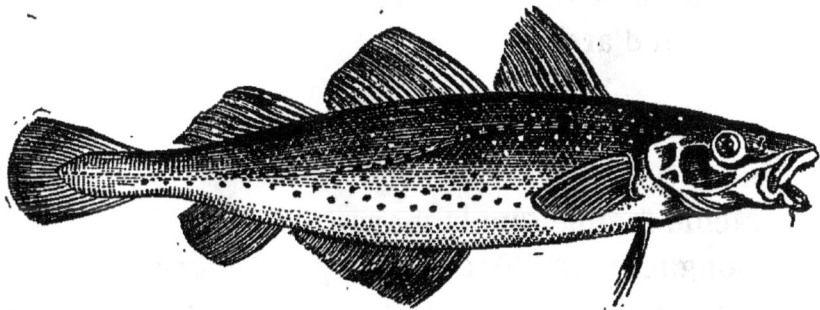

Manche ; mais c'est au banc de Terre-Neuve qu'on
la trouve en très-grand nombre. Elle est d'une fécondité prodigieuse : le corps d'une seule femelle renferme de 4 à 6 millions d'œufs.

PÊCHE DE LA MORUE.

Elle se fait en février et en mai, et toujours dans ce
dernier mois au banc de Terre-Neuve.

Appâts : Gardons, maquereaux, harengs, sardines,
capelans ; grenouilles, près des côtes ; morceaux d'é-

toffe rouge ; leurres de plomb ou d'étain, etc., etc.

La ligne a 75 à 90 brasses de longueur sur 14 à 24 millimètres de circonférence : on en cale ordinairement de 70 à 80 brasses ; très-forts hameçons; empile, en fil retors, de 2 à 3 brasses; plomb de 1 kilogramme à 2 kilogrammes.

Les lignes sont posées quand la mer est basse entre le reflux et le flux ; on les retire au bout de six heures, pareillement entre le flux et le reflux.

Pour empêcher les amorces de traîner sur le fond où les crabes, etc., les dévoreraient, on emploie des empiles à corcerons de liége; les Norwégiens se servent de flottes de verre qui maintiennent les hameçons à une certaine distance des animaux et des algues du fond.

Pêche à la ligne de main; deux hameçons montés sur un fil d'archal.

LE CAPELAN.

Même famille que la morue.

Longueur : 0^m,80; c'est une petite morue assez abondante, en hiver, sur les côtes de Bretagne ; sa chair est bonne et analogue à celle du merlan. Excellente esche pour les gades.

Nez et tête émoussés; yeux à iris blanc en bas, noir-brun en dessus, pupille noire. — Première dorsale, 12 rayons; pectorales, 14 rayons d'un brun rouge clair ; la caudale, à 48 rayons, est rougeâtre sale et un peu foncée; quelquefois les ventrales manquent; quand il y en a, elles offrent 6 rayons. Écailles petites et attachées peu solidement.

Dos d'un brun-clair demi-transparent ; côtés et

ventre d'un blanc sale ; écailles d'un vert-jaune peu foncé, en chevron, de chaque côté, en arrière de la ligne latérale.

Mêmes mœurs, mêmes habitudes que les morues.

Pêche : paniers à crabes ; filets à merlans ; amorces : morceau de pilons, etc.

LE MERLU (1).

De la même famille que le précédent.

Longueur, $0^m,50$ à 2 mètres.

Le merlu a le corps très-allongé, arrondi en avant, comprimé vers la queue ; le mâle a le corps moins gros et la tête plus petite et plus allongée que la femelle ; chez l'un et chez l'autre cette tête est un peu aplatie et finit en pointe. La gueule, bien fendue, est armée de longues dents pointues, les unes fixes, les autres mobiles, à crochets ; à l'extérieur est attaché un barbillon qui distingue le merlu du merlan. Les yeux sont grands ; ils ont l'iris jaune d'or avec un cercle noir autour ; une membrane transparente les recouvre.

Les écailles sont minces et petites, de couleur cendrée à la tête et au dos, et de couleur blanchâtre au ventre.

La plus petite des dorsales compte de 9 à 10 rayons ; le second aileron a 38 à 40 rayons reliés par une membrane très-fine ; les pectorales ont 11 rayons, les ventrales 7 ; la caudale en a 9. Les auteurs varient sur le nombre exact de ces rayons. — Commun dans l'Océan et dans la Méditerranée ; très-vorace. Chair tendre,

(1) *Merlan* dans la Méditerranée, *merluche* en Bretagne.

quelquefois pâteuse et fade ; on le sale et on l'appelle alors merluche.

PÊCHE.

En été plus qu'en hiver, la nuit plutôt que le jour.

Longues lignes de fond. Appâts : petites sèches, sardines, petits poissons blancs de rivière, lançons et peau d'anguilles. Le merlu vide son estomac afin de rejeter l'hameçon ; il faut donc lever vivement. Tramail sur les côtes de Bretagne (Ouessant, Penmark, Audierne, etc.), dragues sur les côtes de la Vendée (Sables-d'Olonne, etc.), cibaudières ou rets à colins flottés et perrés par fonds et sédentaires, avec une câblière ou une petite ancre et des haubans de deux brasses en deux brasses. Manets, etc. — Fonds rocheux et couverts de varechs.

LE MERLAN.

Même famille que le précédent.

Longueur : 0^m,30 à 0^m,50.

Son corps s'aplatit un peu en allant des ouïes à l'anus, un peu moins depuis l'anus jusqu'à la queue ; des écailles molles et fines, à peine visibles, le couvrent en son entier. Vous le distinguerez du merlu en ce qu'il manque de barbillons. D'ailleurs, il offre tous les caractères de la morue : trois nageoires dorsales ; deux sous le ventre derrière l'anus ; deux pectorales, toutes de couleur grise.

La première dorsale se présente sous la forme d'un triangle à trois côtés égaux et se compose de 10 à 12 rayons ; la seconde a la forme d'un triangle dont un côté est plus petit que les deux autres et se compose de 20 rayons ; le huitième aileron a plus de rayons ;

l'aileron de la queue porte souvent des tachès brunes ; lès nageoires des flancs sont grises et composées de 19 rayons.

Presque tout son corps resplendit de la blancheur de l'argent, et l'éclat de cette couleur est relevé, au lieu d'être affaibli, par l'olivâtre qui règne quelquefois sur le dos, par la teinte noirâtre qui distingue les nageoires pectorales, ainsi que par celle de la queue.

Il habite l'Océan qui baigne les côtes européennes. Il se nourrit de vers, de mollusques, de crabes, de jeunes poissons. Il s'approche souvent des rivages et voilà pourquoi on le prend pendant presque toute l'année ; mais il abonde particulièrement en haute mer, non-seulement lorsqu'il va se débarrasser du poids de ses œufs ou les féconder, mais encore lorsqu'il est attiré vers la terre par une nourriture plus agréable, et lorsqu'il y cherche un asile contre les gros animaux marins qui en font leur proie ; et comme ces diverses circonstances dépendent des saisons, il n'est pas surprenant que, suivant les pays, le temps favorable de la pêche soit plus ou moins avancé.

On a écrit qu'il y avait des merlans hermaphrodites (à la fois mâle et femelle). On en a vu, en effet, dont l'intérieur présentait en même temps un ovaire rempli d'œufs et un corps assez semblable, au premier coup d'œil, à la laite des poissons mâles ; mais cet aspect n'est qu'une fausse apparence ; l'on s'est assuré que cette prétendue laite n'était que le foie qui est très-gros dans tous les merlans et principalement dans ceux qui sont gras.

Quelques auteurs signalent une assez grande différence entre les merlans pris sur les fonds voisins d'Yport et des Dalles, près de Fécamp, et ceux que l'on pêche depuis la pointe d'Ailly jusqu'au Tréport et au delà. Les merlans d'Yport et des Dalles sont plus courts ; leur ventre est plus large, leur tête plus grosse, leur museau moins aigu, la ligne qui décrit leur dos, légèrement courbée en dedans, au lieu d'être droite ; la couleur de la partie voisine du museau et de la nageoire de la queue, plus brunâtre ; la chair plus ferme, plus agréable et plus recherchée.

Quand les merlans ont frayé, ils deviennent maigres et fondent à la cuisson.

Indiquons les principales variétés :

Le merlan commun, long de 0ᵐ,30 à 0ᵐ,45.

Le charbonnier ou merlan noir, long quelquefois de 1 mètre.

Le merlan jaune ou lieu.

Le merlan vert ou sey.

PÊCHE.

Les meilleurs mois pour pêcher les merlans à la ligne sont : septembre, octobre, novembre et décembre ; le frai dure d'octobre en février.

Lignes de fond avec cailloux ; hameçons amorcés d'un morceau de hareng ou d'un piton ; empiles attachées de 2 mètres en 2 mètres sur la maîtresse-corde. En mars et en avril, amorces : foie de porc frais ou salé. Les Dieppois se servent de *petites cordes* de 64 brasses de longueur, lestées avec des cailloux et portant de brasse en brasse des hains amorcés comme nous l'avons dit ci-dessus ; quelquefois ils mettent jusqu'à 100 ou 150 de ces hains, mais avec des empiles moins longues.

Au Havre on pêche à la balle, au libouret, avec des morceaux de hareng ou de crabe pour amorces. — Par un temps de gelée blanche, amorces : roserets, appelets; dreiges longues de 5 brasses, hautes de 4, à mailles de 40 millimètres d'ouverture en carré.

Jeu de fond, pater-noster.

CHAPITRE X

La Sole, le Turbot, le Carrelet, le Flet, le Flétan, la Limande.

LA SOLE.

Famille des pleuronectes ou *poissons nageant sur les côtés ;* ils sont remarquables par leur forme très-aplatie qui leur fait encore donner le nom vulgaire de *poissons plats.* Leur corps, au lieu d'être symétrique, comme dans les autres vertébrés, offre une disparité évidente entre ses deux moitiés latérales : leurs deux yeux sont placés d'un même côté de la tête, tantôt à gauche, tantôt à droite ; leur bouche est fendue obliquement ; leurs nageoires impaires sont toujours déjetées d'un côté ou de l'autre ; leurs pectorales, quand elles existent, sont d'inégale longueur et placées l'une au-dessus, l'autre au-dessous du corps.

Cette famille compte sept genres dont quatre principaux : plie, flétan, turbot, sole. Nous ne parlerons que des individus les plus intéressants. Commençons par la sole.

Elle atteint $0^m,70$; son corps est aplati et présente, sur chacune de ses faces, une couleur particulière. Des écailles raboteuses, dures, dentelées, sont fortement attachées à sa peau.

Dorsale, 81 rayons; pect., 10; vent., 7; an., 61;
caud., 17; yeux petits à iris jaune et à pupille bleue.

La sole vit de petits animaux testacés, de poissons,
d'œufs de poissons, de vers marins, d'algues et d'autres
herbes marines; elle a pour ennemis les crabes; elle
est commune dans l'Océan, dans la Manche, dans la
Méditerranée, etc.; elle s'enferme volontiers dans le
sable où on la harponne; elle est d'une chair délicate
sur les fonds rocailleux, d'un goût désagréable sur les
fonds vaseux; elle pénètre souvent dans l'eau douce.

PÊCHE.

A la ligne, depuis février jusqu'en juillet; hameçons
amorcés avec des pelouses. Labyrinthes construits en
spirale avec des pieux; fouanne (en Corse). Tramails
flottants et dérivants qu'il faut lever quand la mer
est à son plus haut point (dans la Manche). Dragues
dans la baie de Cancale.

LE TURBOT OU FAISAN D'EAU, ETC.

Même famille que la précédente.

Longueur : 0m,60; hauteur : 0m,50; poids ordinaire :
12 à 14 kilogrammes et plus. Corps en forme de losange.
Bouche grande; mâchoires couvertes de dents en
cardes; la mâchoire inférieure a 2 barbillons.

Couleur générale variant du brun foncé au brun
clair; quelquefois la tête est blanche par-dessous; les
nageoires sont blanches.

Ce poisson est très-recherché et doit l'être. Il réunit,
en effet, la grandeur à un goût exquis. Il habite non-
seulement la mer du Nord et la Baltique, mais la Méditerranée. Sa voracité le porte souvent à se tenir à
l'embouchure des fleuves ou à l'entrée des étangs qui

communiquent avec la mer, pour trouver un très-grand
nombre de poissons dont il se nourrit et pour les saisir avec plus de facilité lorsqu'ils pénètrent dans ces
étangs et dans ces fleuves, ou lorsqu'ils en sortent
pour revenir dans la mer. Quoique très-grand, il ne

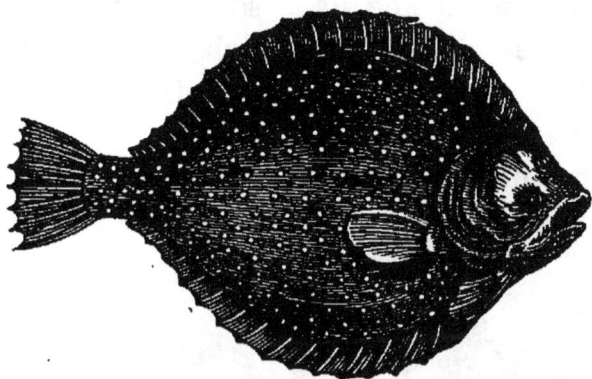

se contente pas d'employer sa force contre sa proie;
il a recours à la ruse. Il se précipite au fond de la
mer, applique son large corps contre le sable, se recouvre en partie de limon, trouble l'eau autour de
lui, et, se tenant en embuscade au milieu de cette
eau agitée, vaseuse et peu transparente, trompe ses
victimes et les dévore. Au reste, les turbots sont très-
difficiles dans le choix de leur nourriture; ils ne touchent guère qu'à des poissons vivants ou bien frais.

Pêche.

En hiver, dans les eaux profondes : lignes à la
main et câblières. Amorces : morceaux de chabot
(dauphin de mer), cottes, lamproies de rivières (ou
lamproyons). En Bretagne, sur les côtes du Morbihan,
on drague le turbot toute l'année. Seines, à Royan.
Tramails flottants, folles, etc.

Le turbot pêché en eau douce ou saumâtre est
moins bon que le turbot de mer.

LE CARRELET, CARREAU, OU PLIE FRANCHE.

Même famille que le précédent; longueur : 0ᵐ,60.

Vous remarquerez comme signes distinctifs 6 ou 7 tubercules formant une ligne sur le côté droit de la tête, entre les yeux, et des taches aurore qui relèvent les couleurs brunes du corps de ce même côté ; ventre entièrement blanc.

Nageoire dorsale, 68 rayons; pectorale, 11; ventrale, 6 ; anale, 54 à 56; caudale arrondie, 16; boutons

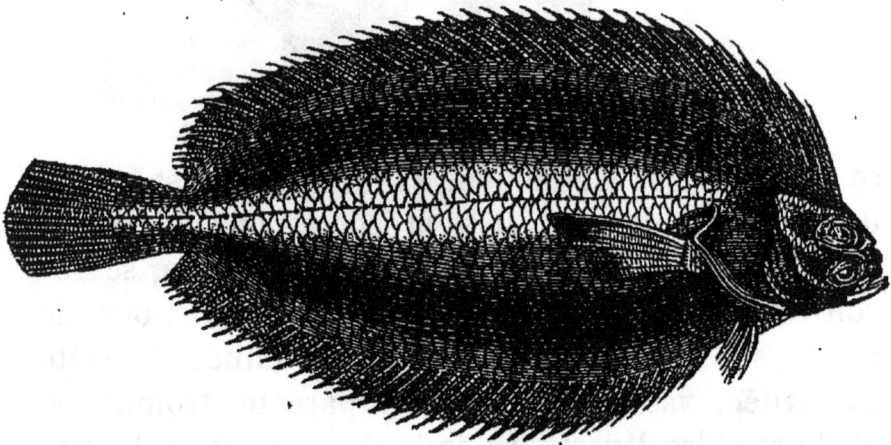

durs à la base des rayons de chaque dorsale et de chaque anale. Presque toutes les plies ont les yeux à droite. La plie aime les fonds limoneux et les fonds de sable. Elle s'acclimate facilement dans les étangs d'eau douce. Elle vit, dit-on, 24 heures hors de l'eau.

PÊCHE.

Dès le mois de mai sur les fonds vaseux où elle contracte un goût peu agréable; en octobre et en novembre sur les fonds de sable. En mer, au libouret; dans les étangs et dans les marais en communication avec la mer, on emploie de préférence les lignes à la main et les câblières; 2 hameçons n° 3 ou 4. Amorces : gravettes (sorte de ver).

LE FLET, PICAUT OU PICOT.

Même famille que le précédent.

Largeur : 0m,40.

Vous le distinguerez du carrelet par son corps plus long, par le brun pâle des taches du côté brun, par une ligne de points entre les yeux qui remplissent les tubercules situés au même endroit chez le carrelet.

A la base de chaque nageoire dorsale et anale, il y a un petit bouton rugueux; du commencement de la ligne latérale partent de petits tubercules étoilés rangés en deux lignes et qui s'étendent dans toute sa longueur. Dorsale, 55 rayons; pectorale, 11; ventrale, 6; anale, 43; caudale, 14.

Le flet est un des poissons plats les plus communs; il habite non-seulement la mer, mais les fonds mous de l'embouchure des fleuves et des rivières; il se plaît autant dans l'eau douce que dans l'eau salée; il vit longtemps hors de l'eau, comme le carrelet.

Il y a des flets très-estimés en Loire et en Seine, où on les appelle *flondres;* leur couleur est plus fauve que celle des flets de mer proprement dits et leur chair plus fine.

Le flet se nourrit de vers, de frai de poissons, d'herbes marines.

Pêche.

Toute l'année et particulièrement d'avril en juin, d'octobre en décembre.

Dragues, fouanne, filets en nappe dans la Seine et

guideaux à son embouchure; truble et fouanne dans
la Loire. Ligne de fond dans les endroits très-creux.
Amorces : vers de terre. On procède, dans ce dernier
cas, à peu près comme pour les pêches à l'anguille :
les lignes mises à l'eau à la tombée du jour sont le-
vées le matin.

LE FLÉTAN.

De la même famille que le précédent.

Longueur : 2^m,50; largeur : 1^m,20.

C'est le plus grand de nos poissons plats et même
un des plus grands poissons de mer.

Corps allongé, couvert de petites écailles ovales,
ligne latérale arquée autour de la nageoire pectorale;

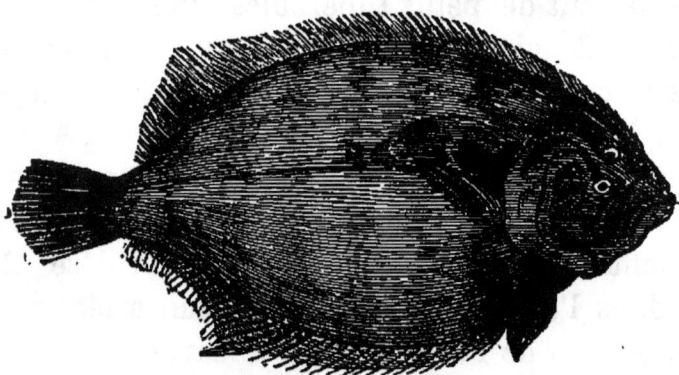

couleur variant du brun foncé au brun clair; dessous
du corps blanc. L'œil a l'iris jaune et la pupille noire.
Il a les yeux et la coloration foncée sur le côté droit,
ce qui suffit à le distinguer du turbot.

Dorsales, 104 rayons; pectorales, 16; ventrales, 6;
anales, 81; caudales, 16.

Il se nourrit de crustacés et de petits poissons. Il se
tient toujours au fond de l'eau et assez au large. Sa
chair est blanche, ferme et même un peu coriace.

PÊCHE.

Mer du Nord, banc de Terre-Neuve. Lignes de fond. Grandgraders, engin composé d'une corde principale à laquelle sont attachées 30 ou 40 cordes plus petites avec hameçons. — Tessures de 2,000 brasses de longueur. — On tue le flétan à coups de javelot, quand on le surprend en des endroits peu profonds.

Amorces : poissons, crustacés.

LA LIMANDE.

Même famille que le précédent.

La limande ressemble au flet, mais nous remarquons, comme différence caractéristique entre ces deux poissons, que, chez la limande, les yeux sont placés à droite et que les lignes latérales font une courbe prononcée et tortue. La dorsale a 76 rayons ; les pectorales, 11 ; la ventrale, 59 ; la caudale, 14. Les rayons des deux grandes nageoires circulaires placées vis-à-vis du centre du poisson, ne sont pas larges et font paraître la queue un peu faible et allongée.

Une crête osseuse et peu élevée sépare les yeux qui sont assez grands.

La limande abonde dans l'Océan et dans la Méditerranée ; elle se tient près des côtes ; elle se nourrit de crustacés, de coquillages et de petits poissons qu'elle va chercher jusque dans les embouchures des fleuves, dans les étangs saumâtres, etc. ; on en a pris à Roanne, dans la Loire ; près de Paris, dans la Seine ; à Coblentz, dans le Rhin.

PÊCHE.

Toute l'année, mais surtout de mars en avril et d'octobre en janvier.

Hameçons amorcés avec des gravettes, des vers de sable ordinaires, des morceaux de mollusques, de sèches, de crustacés, etc. Lignes à soutenir, lignes de fond, libouret. Filets d'enceinte, dreiges, etc., où l'on prend les limandes en compagnie des harengs, des merlans, etc.

CHAPITRE XI

Le Hareng, l'Anchois, la Sardine.

LE HARENG.

De la famille des clupéoïdes malacoptérygiens (ou à nageoires molles).

Absence de nageoire adipeuse; corps écailleux, mâchoire supérieure fermée au milieu par les inter-maxillaires; une seule dorsale; ventre caréné et den-telé; cette famille comprend : les harengs, les sardines, les aloses, les anchois, etc.

Longueur du hareng : $0^m,27$.

Le dessus du dos est bleu foncé avec reflets verts; le ventre et les côtés sont d'un blanc argenté; les joues et les ouïes sont argentées. La caudale et la dorsale foncées, les autres nageoires presque blanches.

Dors., 17 à 19 rayons; pect., 15 à 17; vent., 9; an., 16 à 17; caud., 20 à 23.

Le corps du hareng est comprimé sous le ventre; aucune épine aux nageoires. Bouche protractile; pe-tites dents aux maxillaires; dents plus larges au vo-mer, sur la langue, et deux ou trois dents plus petites

sur les côtés du palais. Les yeux sont grands et placés
entre le sommet de la tête et le bout du museau.

Quoi qu'on en dise, le hareng ne meurt pas dès qu'il
est sorti de l'eau ; comme la sardine, il fait entendre
un petit cri avant de mourir : *skou, skou.* Le hareng
vient quelquefois dans les eaux saumâtres et même
dans les eaux douces; on en a pris à Quillebœuf,
dans la Seine, où ils avaient été poussés par le flux.

Chaque année, on voit arriver les harengs vers les
îles et les régions continentales de l'Amérique et de
l'Europe qui leur conviennent le mieux. Toutes les fois
qu'ils ont besoin de chercher une nourriture nouvelle,
et surtout lorsqu'ils doivent se débarrasser de leur
laite et de leurs œufs, ils abandonnent le fond de la
mer, soit dans le printemps, soit dans l'été, soit dans
l'automne, et s'approchent des embouchures des fleuves et des rivages propres à leur frai. Voilà pourquoi
la pêche de ces poissons n'est jamais plus abondante
que lorsque leurs laites sont liquides ou leurs œufs
près de s'échapper. La nécessité de frayer n'étant pas
la seule cause qui les arrache à leurs profonds asiles,
il n'est pas surprenant qu'on en prenne qui n'ont plus
d'œufs ni de liqueur prolifique ou dont la laite et les
œufs ne sont pas encore développés.

On a employé différentes dénominations pour désigner ces différents états des harengs, ainsi que pour
indiquer quelques autres manières d'être de ces animaux.

On a nommé *harengs gais* ou *harengs vides* ceux qui
ne montrent encore ni laite, ni œufs ; *harengs pleins,*
ceux qui ont déjà des œufs ou de la laite ; *harengs
vierges,* ceux dont les œufs sont mûrs, ou dont la laite
est liquide ; *harengs à la bourse,* ceux qui ayant déjà

perdu une partie de leurs œufs ou leur liqueur séminale, ont des ovaires ou des enveloppes de laite semblables à une bourse à demi remplie, et *harengs mar-
chais*, ceux qui, après le frai, ont repris leur chair, leur
graisse, leurs forces et leurs principales qualités. Au
reste, il se peut que les harengs fraient plus d'une fois
dans la même année. Le temps de leur frai est du
moins avancé ou retardé, suivant leur âge et leurs
rapports avec le climat qu'ils habitent. C'est ce qui
fait que, dans plusieurs climats, des harengs de grandeur semblable ou différente viennent successivement
pondre des œufs ou les arroser de leur laite, et que,
pendant près de trois saisons, on ne cesse de pêcher de
ces poissons pleins et de ces poissons vides. Par exemple, vers plusieurs rivages de la Baltique, les *harengs
du printemps* fraient quand la glace commence à fondre et continuent jusqu'à la fin de la saison dont ils
portent le nom. Viennent ensuite les plus gros harengs,
que l'on nomme *harengs d'été* et qui sont suivis par
d'autres que l'on distingue par la dénomination de
harengs d'automne.

A quelque époque que les harengs quittent leur séjour d'hiver, ils paraissent en troupes que des mâles
isolés précèdent quelquefois et dans lesquelles il y a
ordinairement plus de mâles que de femelles. Lorsqu'ensuite le frai commence, ils frottent leur ventre
contre les rochers ou le sable, s'agitent, impriment des
mouvements rapides à leurs nageoires, se mettent tantôt sur un côté et tantôt sur un autre, aspirent l'eau
avec force et la rejettent avec vivacité. Leurs légions
couvrent alors une grande surface et offrent cependant
dant une image d'ordre. Les plus grands, les plus forts
ou les plus hardis, se placent dans les premiers rangs

que l'on a comparés à une sorte d'avant-garde. Combien de milliers meurent victimes des cétacés, des squales et d'autres grands poissons, des différents oiseaux d'eau ! Combien de milliers périssent dans les baies où ils s'étouffent et s'écrasent, en se précipitant, se pressant, et s'entassant mutuellement contre les bas-fonds et les rivages ! Combien tombent dans les filets des pêcheurs ! Il est telle anse de la Norwége où plus de vingt millions de ces poissons ont été le produit d'une seule pêche; il est peu d'années où l'on ne prenne, dans ce pays, plus de quatre cents millions de ces clupés, et que sont tous ces millions d'individus à côté de tous les harengs qu'amènent, dans leurs bâtiments, les pêcheurs du Holstein, de l'Écosse, de l'Angleterre, de la Hollande, etc. ? C'est Guillaume Denkelzoos, pêcheur de Biervliet, qui trouva la véritable manière de saler et d'encaquer les harengs ; on doit aux Dieppois l'art de les fumer.

On prépare les harengs de différentes manières.

On sale en pleine mer les harengs que l'on trouve les plus gras et que l'on croit les plus succulents. On les nomme *harengs nouveaux* ou *harengs verts*, lorsqu'ils sont le produit de la pêche du printemps et de l'été; et *harengs pecs* ou *peckels*, lorsqu'ils ont été pris pendant l'automne et l'hiver. Communément ils sont fermes, de bon goût, très-sains, surtout ceux du printemps : on les mange sans les faire cuire et sans en relever la saveur par aucun assaisonnement. En Islande et dans le Groënland on se contente, pour faire sécher les harengs, de les exposer à l'air et de les étendre sur des rochers.

Dans d'autres contrées, on les *fume* ou *saure* de deux manières : premièrement en les salant très-peu, en ne les exposant à la fumée que pendant peu de temps, et en ne leur donnant ainsi qu'une couleur dorée; et secondement, en les salant beaucoup plus, en les mettant pendant un jour dans une saumure épaisse, en les enfilant par la tête à de menues branches qu'on appelle *aines*, en les suspendant dans des espèces de cheminées qu'on nomme *roussables*, en faisant au-dessous de ces animaux un feu de bois qu'on ménage de manière qu'il donne beaucoup de fumée et peu de flamme, en les laissant longtemps dans le roussable, en changeant ainsi leur couleur en une teinte très-foncée et en les mettant ensuite dans des tonnes ou dans de la paille. Comme on choisit ordinairement des harengs très-gras pour ce *saurage*, on les voit, au milieu de l'opération, répandre une lumière phosphorique très-brillante, pendant que la substance huileuse dont ils sont pénétrés échappe, tombe en gouttes lumineuses et imite une pluie de feu.

Enfin la préparation qui procure au commerce d'immenses bénéfices est celle qui fait donner le nom de *harengs blancs* aux harengs pour lesquels on l'a employée.

Dès que les harengs dont on veut faire des *harengs blancs* sont hors de la mer, on les ouvre, on en ôte les intestins, on les met dans une saumure assez chargée pour que ces poissons y surnagent; on les en tire au bout de quinze ou dix-huit heures; on les met dans des tonnes; on les transporte à terre, on les y *encaque* de nouveau; on les place par lits dans des *caques* ou tonnes qui doivent les conserver et l'on sépare ces lits par des couches de sel.

On a soin de choisir du bois de chêne pour les tonnes ou caques, et de bien en réunir toutes les parties, de

20.

peur que la saumure se perde et que les harengs ne se
gâtent. Les Norwégiens emploient, dit-on, sans inconvénient, des tonnes en bois de sapin. Quand la pêche
des harengs a été très-abondante en Suède, et que le
prix de ces poissons y baisse, on en extrait de l'huile
dont le volume s'élève ordinairement au vingt-deux
ou vingt-troisième de celui des individus que l'on fournit. Pour cela, on fait bouillir les harengs dans de
de grandes chaudières.

Depuis quelques années, le hareng se trouve surtout
sur la côte de Norwége entre le cap Lindesness et le
cap Stal, le long de la terre ferme, depuis Haugesund
jusqu'à Sletten.

PÊCHE DU HARENG.

La meilleure saison de pêche s'étend du mois de
janvier à la fin de mars; en 1866, la pêche des parages
norwégiens a été de 750,000 barils représentant un
total de 8,550,000 francs; il y avait 7,049 bateaux
montés par 35,000 hommes. Les télégraphes des côtes
avertissent les pêcheurs de l'arrivée des poissons. Pour
la France, la pêche du hareng décroît. Les principaux
marchés d'exploitation sont, dans leur ordre d'impor-
tance : la Suède, la Russie, la Prusse et les ports de la
Baltique.

Lignes, hameçons appâtés avec des morceaux de
hareng, de vers de mer; mouches artificielles; sur les
rochers de la côte principalement. Etentes, parcs;
flamèque, filet lesté et flotté dont les mailles ont de 25
à 27 millimètres d'ouverture en carré pour les harengs
pleins et de 23 à 25 millimètres pour les harengs gais.
Douze à quinze pièces de filets composent la tessure
que l'on tend sédentaire et par fond, pour ne la relever

qu'après quelques jours (janvier, février, mars, près de terre dans les endroits plus profonds).

La pêche dans la Manche (depuis le Pas-de-Calais jusqu'à l'embouchure de la Seine) dure de la mi-octobre jusqu'à la fin de décembre ; heureux les pêcheurs qui peuvent jeter leurs filets dans les bouillons de harengs, quand ces poissons arrivent en troupes si nombreuses qu'ils ressemblent eux-mêmes aux flots agités! On opère de jour et de nuit ; dans les ténèbres, chaque bateau porte un fanal.

La tessure ayant été mise à l'eau à huit heures du matin, on laisse le bateau dériver en ne retenant à bord qu'un bout de halin qui y est attaché ; on ne relève le filet que quand les harengs sont bien pris ; pour s'en assurer, on retire d'abord quelques pièces avec précaution.

Par une mer calme on met souvent à l'eau de douze à quatorze cents brasses de filets.

On prend peu de harengs dans la Méditerranée.

Le hareng coupé par morceaux est une excellente amorce pour le maquereau, le merlan, la raie, la morue, le congre, la sole, etc.

L'ANCHOIS.

Même famille que le précédent.
Longueur : 0^m,15.

Corps très-allongé et arrondi, dorsale petite : 17 rayons ; caudale fourchue profondément : 21 ; pectorales insérées en bas, près de la fente des ouïes : 17 ; ventrales très-petites, insérées un peu en avant de la dorsale : 7 ; anale assez étendue et plus haute : 16. Pas de dentelures au ventre, comme les aloses. Une ressemblance très-prononcée avec la sardine, mais pour signes distinctifs : la fente énorme des mâchoires jusque derrière les yeux et des ouïes excessivement ouvertes; une espèce de cœur blanchâtre sur le front. Yeux grands, iris argenté. Vivant, ce poisson a le dos vert-bouteille et le ventre argenté; mort il devient d'un bleu foncé, presque noir.

Les anchois vivent en troupes et sont très-voraces; leur nourriture la plus habituelle se compose d'insectes de mer, de tout petits crustacés, d'œufs de poissons, d'insectes marins, de poissons très-menus, etc.

Les anchois sont devenus rares sur les côtes de Bretagne; ils abondent sur les côtes de Sicile, de l'île d'Elbe, de la Corse, dans les parages d'Antibes, de Fréjus, de Saint-Tropez, de Cannes, etc.

Pêche.

Avril et juillet, par les nuits sombres.

En Provence, on pêche les anchois à la rissolle mobile et a la rissolle fixe, à 4 ou 8 kilomètres de la côte, dans les endroits jugés les meilleurs. Les rissolles sont une sorte de manet de quarante brasses de longueur, sur 8 à 10 mètres de chute. On place un fastier (ou phastier), espèce de réchaud, à la proue du bateau où brûlent des morceaux de bois résineux, etc.

Pour la rissolle mobile, les bateaux se tiennent à environ deux portées de fusil les uns des autres; derrière les bateaux vient le rissollier porteur des filets dont il entoure avec précaution un des bateaux; alors les feux s'éteignent, les pêcheurs font le plus de bruit possible; les anchois effrayés se jettent dans les filets et s'y maillent; et l'on recommence la même manœuvre.

La rissolle fixe ou sédentaire se tend auprès des-

côtes; c'est un filet ayant une grande bourse ou man-
-che dans son milieu; les autres parties forment les
ailes; on attend à l'ancre; les phastiers sont aux
avirons, ils attirent les anchois sous leurs pharillons et
les amènent doucement dans la rissolle fixe.

Alors, comme pour la rissolle mobile, on éteint les
feux, on fait du bruit, les anchois éperdus se précipi-
tent dans le filet et s'y maillent.

Les Hollandais font une grande pêche d'anchois sur
toutes les côtes de la Zélande, au mois de mai; ils se
servent d'espèces d'entonnoirs en roseau, à l'extrémité desquels ils ajustent des filets à manche; mer
basse.

Comme tous les petits poissons blancs pris en mer,
l'anchois est une esche excellente pour les dorades,
les orphies, les pagels, les pagres, les bars, en un mot,
pour tous les poissons voraces de fond et de surface.
Nous préférons cette esche à beaucoup d'autres, trop
vantées selon nous.

L'anchois mêlé aux sardines annonce généralement
que la pêche de ces dernières ne sera pas très-abondante.

On rencontre l'anchois dans quelques eaux douces
ou saumâtres; nous en avons pris deux ou trois
années de suite, en assez grand nombre, à Quillebœuf (Seine).

A la même famille appartient le célan que l'on
pêche comme le hareng et la sardine.

LA SARDINE.

Même famille que le précédent.
Longueur : 0^m,30.

La sardine est plus petite, plus mince que le hareng, mais, pour le surplus, elle lui ressemble beaucoup. Presque pas de dents; mâchoire inférieure plus longue que la supérieure ; yeux d'un jaune blanchâtre ; un jaune doré, marqué de stries variées, règne sur les ouïes et sur toutes les parties de la tête ; le bleu verdâtre sur le ventre ; le blanc argenté sur le ventre et sur les côtés.

La dorsale est placée en avant du milieu du corps : 18 rayons; le premier et le deuxième rayons sont plus

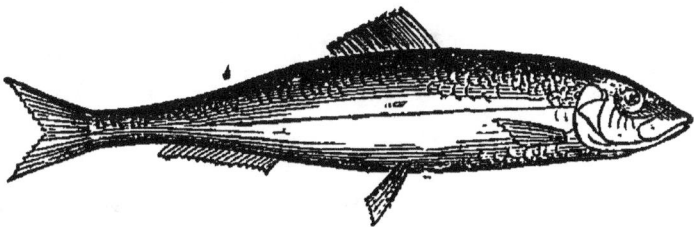

courts que le troisième, égal lui-même à la base de la nageoire; ces trois rayons sont simples, les autres sont branchus. Les pectorales ont 16 rayons; la ventrale, 8 ; l'anale, 18 ; la caudale, 19.

Les sardines voyagent par bandes immenses ; on les trouve non-seulement dans l'océan Atlantique boréal et dans la Baltique, mais encore dans la Méditerranée et particulièrement aux environs de la Sardaigne, dont elles tirent leur nom. Elles se trouvent dans des endroits très-profonds; mais, pendant l'automne, elles s'approchent des côtes pour frayer. Elles précèdent généralement les harengs de quelques semaines. Elles se nourrissent de frai de poissons, de petits crustacés, etc.

PÊCHE.

Dans l'océan, depuis la fin de mai jusqu'au commencement d'octobre.

Appât : résure, ou rogue (1), faite d'œufs de maquereaux et de morues qu'on sale ; quelquefois on
émiette la chair des maquereaux cuits ; guildre, ou
guildille, résure faite avec des crevettes, des crabes,
du fretin de toutes sortes, pilés ou formant une espèce
de pâte (Bretagne).

CHAPITRE XII

Le Congre.

De la famille des anguilliformes (ayant la forme
d'anguille) ; poissons manquant de nageoires ventrales ;
à corps allongé, couvert d'une peau épaisse et gluante ;
écailles peu visibles, vessie natatoire de forme variable
et singulière (V. *Anguilles* aux : *Poissons d'eau douce*).
Longueur : 2 mètres.

Ce poisson habite les eaux salées de toutes les mers
et, de préférence, l'embouchure des fleuves où il trouve
plus facilement de quoi satisfaire sa grande voracité ;
il se cache dans les crevasses des côtes rocheuses, dans
des terriers qu'il se creuse dans le sable ; quelquefois
la marée en se retirant le laisse à découvert ; là Méditerranée possède une espèce particulière de congre
que vous reconnaîtrez à quelques taches sur le museau,
à une bande en travers de l'occiput et à deux rangées
de points noirs sur la nuque. Voici, en peu de mots, la
description du congre commun : yeux grands à pu-

(1) La rogue coûtant de 80 à 120 fr. le tonneau, les pêcheurs
y mêlent du sable, trompe-l'œil suffisant pour la sotte sardine.

pille blanche ; iris grand, noir-bleu, cerclé de blanc ; dorsale et caudale bordées de noir ; pectorales blanchâtres ; ligne latérale formée de petits points blancs, séparés d'abord, puis se réunissant pour constituer une ligne continue blanche sur le milieu du corps.

Couleur variant du blanc sale au noirâtre ; les congres de couleur plus foncée sont préférés aux autres ; les jeunes ont la chair moins grossière que les vieux ; mais jamais ce poisson ne peut passer pour un mets délicat.

Pêche.

Depuis avril jusqu'aux gelées,

Ligne de fond de 130 à 158 mètres avec pierre ou plomb assez lourd à l'une des extrémités pour empêcher l'engin de rouler ; on met à cette corde une trentaine d'hameçons empilés sur corde filée très-solide ou sur bon laiton ; on tend auprès des rochers qui restent couverts d'environ un mètre d'eau à marée basse. Ringard ou tringle de fer pour le harceler dans son trou (à Pornic et généralement sur toutes les côtes de la Bretagne). Préférez le temps sombre, les nuits sans lune.

Amorces : équilles, célans, seiches, vers de terre ordinaires. Petites limandes et autres poissons plats pour les pêches avec lacet ou carrelet. Gravette ; morceaux de maquereau ; hameçons de $0^m,09$ de long sur $0^m,05$ de large pour les gros congres.

CHAPITRE XIII

La Raie batis, Grand Guillot, Seau, Posteau, Guillaume, Tire-magne, etc.

Genre de poissons chondroptérygiens (à nageoires cartilagineuses), famille des sélaciens plagiostomes (à bouche oblique) ; cette famille peut être ainsi caractérisée : corps large, aplati horizontalement en forme de disque ; nageoires pectorales extrêmement larges, amples et charnues ; queue le plus souvent longue et grêle ; bouche large située en travers, à la face ven-

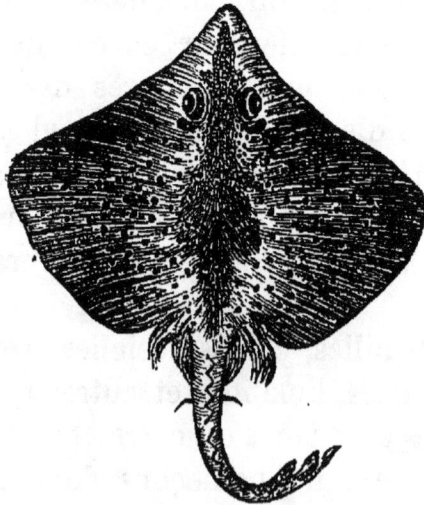

trale ; mâchoires armées de dents menues. Les œufs de ces poissons ressemblent à de petits sacs carrés, longs et aplatis dont les quatre coins se prolongent et se changent en cordons ; secs, ils ont le toucher et l'aspect de la corne. Nous parlerons de quelques-unes des espèces principales.

Les raies bâtis mâle et femelle ont les dents pointues ; un seul rang d'aiguillons à la queue ; le museau un peu pointu ; la langue courte et sans aspérités ; les narines sur le devant de la bouche et munies d'une membrane occultante (qui les ferme); les yeux sont situés sur l'autre côté de la tête et au-dessus de la bouche ; une peau en saillie les garantit.

Les évents se trouvent derrière les yeux.

La couleur générale est un gris cendré en dessus, semé de taches noirâtres sinueuses et irrégulières ; le côté inférieur est blanc et présente plusieurs rangées de points noirâtres.

Chair blanche et délicate.

Pêche.

Avril, juin ; au large, jusque près des côtes d'Angleterre, jusque dans la baie de Torbay. Hains ; folles. V. ci-après : *Pêche de la raie bouclée.*

LA RAIE BOUCLÉE.

Longueur : 3 mètres.

Corps carré et aplati, hérissé sur les deux faces de tubercules osseux, avec aiguillons recourbés en boucles d'où le nom de *raie bouclée,*

2 piquants au-dessus et au-dessous du museau ; 2 devant les yeux, 3 derrière, 4 très-grands sur le dos, en carré.

Tête un peu longue et déprimée ; yeux saillants ; plusieurs rangées de dents petites et plates ; narines grandes et ouvertes un peu au-devant de la bouche, queue déliée plus longue que le corps et terminée par une nageoire.

Peau très-chagrinée et très-épaisse, s'enlevant en

entier à la cuisson ; dos noir plus ou moins foncé ;
teinte bleuâtre aux pectorales ; ventre très-blanc.

Chair ferme et d'un goût peu agréable.

Cette raie se trouve assez souvent à l'embouchure de
la Seine.

Pêche.

Hains, grosses cordes de trente-deux à trente-trois
brasses de longueur ; empiles d'un peu plus d'une

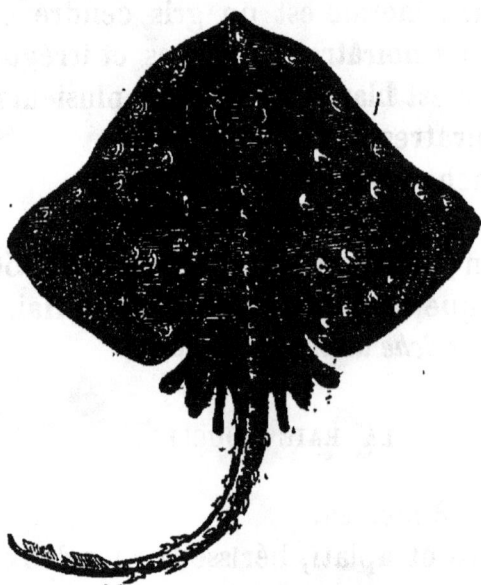

brasse de longueur. Les tessures ont quelquefois plusieurs kilomètres de longueur.

Amorces : foie de cochon ou de vache ; maquereaux, harengs, sardines. Seines à manche traînées
par deux bateaux ; dreiges ; en un mot, tous les filets
de fond.

Nous ne pouvons qu'indiquer : la pastenague ou
jaire, l'aigle de mer ou mourine, l'ange ou bourgeois,
la torpille ou poule de mer.

CHAPITRE XIV .

Des Crustacés.

Il ne sera question ici que des espèces alimentaires ou employées comme amorces. Les crustacés ont des pattes articulées au nombre de cinq ou sept paires. L'épiderme durci forme leur squelette extérieur et se renouvelle à certaines époques, pendant tout le temps de leur croissance.

LES CRABES.

De l'ordre des décapodes (crustacés à dix pieds), de la famille des brachyures (à courte queue).

Les crabes ont le corps couvert d'une cuirasse calcaire articulée, plus large que longue et dont le bord antérieur présente tantôt des dents en scie, tantôt de larges crénelures ; les yeux rapprochés sont portés sur un pédoncule ; les pattes antérieures sont très-fortes et terminées par des pinces, quelquefois très-grosses ; la queue est cachée et comme appliquée sous le ventre ; leur aspect est désagréable et leurs mouvements étranges.

On trouve les crabes au bord de la mer ; ils font leur proie d'animaux morts ou vivants ; ils sont craintifs et, à la moindre alarme, ils se cachent dans le sable et dans les fentes de rocher.

Citons parmi les principaux crabes :

Le crabe très-entier, type du genre.

Le C. commun.

Le C. tourteau ou poupart (aujourd'hui rangé dans le genre carcin), grosse espèce à carapace ovale, transverse, à peu près lisse ; première paire de pattes terminée en pinces didactyles (à dix doigts). — Longueur totale : environ 15 centimètres, chair assez estimée.

Le C. *appelant*, ainsi nommé parce qu'il a l'habitude de tenir toujours élevée une de ses pattes en avant de son corps, comme s'il faisait le geste d'*appeler :* carapace très-large, courbée et rétrécie en arrière. Les pattes du mâle atteignent de grandes dimensions et l'une d'elles, appelée *grosse pince*, est quelquefois deux fois aussi grande que le corps ; le type du genre est le *grand-combattant* qui vit par millions sur le bord de la mer et dans les rivières, dans la Caroline (Amérique du Nord). Le crabe araignée à carapace épineuse et dentelée de plus d'un décimètre de diamètre ; à pattes fort longues ; chair mangeable. Il se prend souvent dans les filets de traîne.

Le C. *enragé*, beaucoup plus petit que le précédent, beaucoup plus commun ; de couleur verdâtre. On le trouve non-seulement sur les bords de la mer, mais à l'embouchure des fleuves et des rivières; dans les étangs salés.

PÊCHE DES CRABES.

Il est beaucoup de crabes qu'on pêche, pour ainsi dire, dans les sables où le flot les laisse en se retirant. — Pic ou levier assez forts pour démolir parfois des monceaux de rocher. — Amorces de chair ; morceaux de crabe attachés à des bouts de ficelle dont l'autre bout porte une pierre ; les crabes tirent le bout vers leur trou, mais la pierre elle-même clôt l'ouverture et enferme le sot animal comme dans une prison d'où vous ne le tirez ensuite que pour le mettre dans votre panier.

Nasse conique, garnie d'anses ; casiers, caudrettes, comme pour l'écrevisse commune.

Les tourteaux sont de très-bonnes amorces pour les vieilles, les merlans, les congres, les limandes, les pagres, les pagels, etc.

LA LANGOUSTE.

Famille des macroures (à longue queue).

Longueur : $0^m,50$. Poids : 5 ou 6 kilogrammes avec les œufs.

Antennes très-longues, hérissées de piquants ou de poils : point de pinces ; cuirasse demi-cylindrique ; abdomen allongé ; recourbé en dessous vers le bout et terminé par cinq lames natatoires, disposées en éventail ; deux yeux portés sur d'étroits pédoncules qui semblent partir du milieu du front.

La couleur de sa cuirasse est le brun verdâtre tirant au rouge foncé dans certaines places et ponctué de bleu jaunâtre.

La langouste habite les eaux profondes pendant l'hiver et se rapproche du rivage en mai et en août, pour s'accoupler et pondre ses œufs de préférence dans les endroits rocailleux. — Assez commune sur nos côtes occidentales et méridionales.

PÊCHE.

Filets à mailles très-larges dit *langoustiers*. Amorces : étoiles de mer, morceaux de poissons, etc. V. *Pêche du homard.*

LE HOMARD.

Même famille que la langouste ; genre écrevisse (1). Sa plus grande longueur est de 0ᵐ,50.

Le homard se distingue par une carapace unie, par un rostre grêle, armé à chaque côté de 3 ou 4 épines ; par des branchies qui ressemblent à des bras, au nombre de plus de 20 de chaque côté ; par des pattes très-grosses, ovalaires et inégales que terminent de fortes pinces. Il est brun, verdâtre, avec les filets des antennes rougeâtres. Cuit, il devient d'un rouge vif. La femelle pond environ 20,000 œufs qui éclosent en un mois : d'octobre à janvier.

On le trouve dans l'Océan et dans la Méditerranée, près des côtes, entre les rochers, à une profondeur peu considérable. Chair très-estimée, surtout à l'époque du froid, mais de digestion un peu difficile. Pour ne pas confondre le homard avec la langouste, vous remarquerez que les pattes de cette dernière sont beaucoup moins fortes et privées de pinces, et qu'elle a des antennes plus longues plus grosses et plus hérissées. — Vingt-cinq mues successives avant d'arriver à 0ᵐ,20 de longueur.

PÊCHE.

Côtes de l'Océan, îles de Chausey, etc.; bords de la Méditerranée. Casiers (assez semblables à des cages à poulets) qu'on laisse dans l'eau pendant plusieurs jours et qu'on visite chaque matin. Caudrettes, ou sorte de balances en toile métallique. V. *Pêche de l'écrevisse d'eau douce.*

(1) Nous avons décrit l'écrevisse d'eau douce dans la partie réservée aux poissons d'eau douce.

Remarques générales. — Tous les crustacés dont nous venons de parler ont la vie très-dure et se conservent facilement hors de l'eau pendant deux ou trois jours. Souvent on les prépare dans les ports, en les faisant bouillir dans de l'eau salée ; en les jetant dans de l'eau de mer bouillante. On les laisse un quart d'heure, une heure, et même deux heures, selon la grosseur de la bête. Si, quand on les retire, leur chair remue à l'intérieur, ou si elle a peu de poids, concluez-en que les homards ne sont ni frais ni de bonne qualité.

La prudence conseille de s'abstenir de tous les crustacés pendant les mois de mai, de juin et de juillet, en général pendant le temps du frais.

LES PALÉMONS, CREVETTES ET SALICOQUES.

Les palémons sont de la même famille que le précédent, tribu des palémoniens. Parlons des deux espèces principales :

LES CREVETTES OU CHEVRETTES, LES CRANGONS ET LES SALICOQUES.

Corps allongé ; tête petite et arrondie ; antennes à huit articles, situées au-devant de la tête ; yeux de grandeur médiocre ; quatorze pieds dont les quatre antérieurs sont terminés par une sorte de main large, comprimée, pourvue d'un fort crochet, susceptible de mouvement ; les suivants finissent en un doigt simple et légèrement recourbé dans quelques-uns ; l'abdomen est pourvu de longs filets, très-mobiles, placés de chaque côté du dessous de la queue qui est terminée elle-même par trois paires d'appendices allongés.

Ces crustacés se trouvent communément sur le bord de la mer et dans les eaux douces courantes ; ils sont très-agiles et très-voraces ; ils se nourrissent de poissons, d'insectes, de débris d'animaux et de végétaux.

Les espèces les plus communes sont :

La crevette marine, si abondante sur les côtes de Normandie et d'Angleterre. On appelle *bouquet* les plus belles de ces crevettes ; le crangon est d'une qualité inférieure. La femelle porte ses œufs comme les écrevisses. La crevette des ruisseaux ou squille aquatique est très-petite ; elle nage toujours sur le flanc ; elle est commune dans les environs de Paris.

Pêche.

Grande seine traînée sur le sable par deux bateaux ; trouble avec laquelle on racle le rivage. Côtes de l'Océan (Arcachon), Manche.

Remarque. — Si l'on fait cuire les crevettes et les salicoques plus de dix minutes, elles deviennent dures ; toutes rougissent par la cuisson, excepté les crevettes de la Garonne qui, alors, au contraire, blanchissent sensiblement.

CHAPITRE XV

Vers employés pour la pêche.

Les arénicoles. — Espèces d'annélides errantes qui habitent les sables de la mer, d'où leur nom.

L'arénicole du pêcheur. — Longueur, $0^m,15$ à $0^m,20$,

couleur cendrée rouge ou brun, passant au vert foncé. Corps allongé, mou, en forme de fuseau, gros comme une plume d'oie ; tête peu ou point distincte ; ni yeux, ni mâchoires, ni antennes, ni cirrhes ; branchies seulement sur la partie moyenne du corps ; nombreux anneaux à surface chagrinée ; sur le ventre il y a des appendices rangés deux par deux et ressemblant assez, à première vue, aux fausses pattes des chenilles, des papillons. La tête est terminée comme celle des lombrics par une ouverture circulaire. Ces animaux secrètent, quand on les presse entre les doigts, une liqueur jaune comme de la bile.

Les arénicoles se cachent dans des trous profonds de 0^m,4 à 0^m,60; les petits cordons de sable qu'ils rejettent au dehors trahissent leur demeure ; très-bon appât pour toutes sortes de poissons.

Les néréides ou scolopendres de mer. — Corps allongé, déprimé, atténué en arrière, comme tronqué en avant et formé de nombreux anneaux portant des soies ; tête assez grosse, distincte, formée de deux pièces ; 2 ou 4 mâchoires ; 2 paires de tentacules grosses et inégales ; branchies nulles ou presque nulles.

Ces néréides vivent sur les côtes, plus ou moins au large, dans les trous des rochers ou des pierres qui en ont été détachées, dans les coquilles vides des mollusques, dans la vase et dans le sable.

Amorces excellentes pour la pêche de beaucoup de poissons de fond et de surface (pêche à la ligne). Citons parmi les genres : aricie, glycérie, myriane, syllis, nephthys, tous noms aussi jolis que sont laides les bêtes qui les portent. A ce dernier genre appartient la gravette.

Inutile de décrire les vers de terre connus de tout

le monde. Les lombrics sont ovipares; ils atteignent
quelquefois à 0^m,30 de long; — Ils ont de 100 à
240 anneaux.

CHAPITRE XVI

Les Mollusques.

Animaux sans vertèbres, à corps toujours mou (de
là leur nom). Sans squelette intérieur ou extérieur,
enveloppés d'une peau musculaire dite *manteau*, à la
surface de laquelle se développe, le plus souvent, une
coquille d'une ou de deux pièces; les mollusques sont

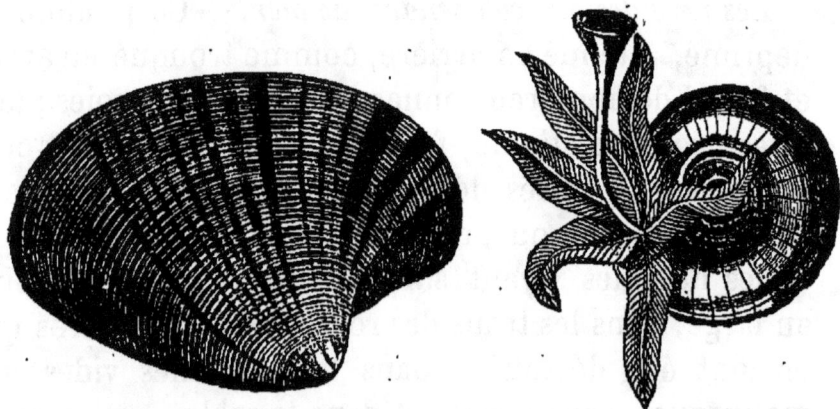

tantôt hermaphrodites (se reproduisant à eux seuls)
(patelles); tantôt hermaphrodites et en même temps
se reproduisant par le concours de deux individus
(limaces); tantôt, enfin, à sexes séparés et se reproduisant comme les autres animaux.

Nous ne nous occuperons ici que des mollusques
aquatiques.

LES POULPES; LES CALMARS ; LES SEICHES ET LES SÉPIOLES.

Mollusques *céphalopodes*, c'est-à-dire mollusques dont les pieds sont attachés à la tête, autour de la tête, ou autour de la bouche, de façon que ces animaux se traînent le corps en haut et la tête en bas, ce qui leur donne une tournure des plus singulières et des plus grotesques; on les appelle encore mollusques *acétabulifères* à cause des ventouses (*acétabules*) qui garnissent les prolongements en forme de bras dont la tête est surmontée.

Tous les céphalopodes sont marins, très-voraces, très-avides de poissons et de crustacés; ils s'emparent de leur proie à l'aide de leurs bras vigoureux et souples; ils la dévorent au moyen de leurs fortes mandibules : cette classe renferme onze familles ; nous nous bornerons aux individus intéressants par leur pêche et par leur usage.

Les poulpes sont ainsi nommés, par corruption du mot *polype*, c'est-à-dire animaux à plusieurs pieds.

Le poulpe commun a de 16 à 20 centimètres de diamètre, et ses bras égalent six fois cette longueur; ses ventouses le rendent redoutable même pour les nageurs. Chair coriace et fade ; on ne fait point de pêches particulières de cet animal.

Les calmars ou encornets (du mot latin *calamaria, encrier en forme de cornet*) répandent à volonté une liqueur noire pour se dérober, dit-on, à la vue et aux poursuites de leurs ennemis. De cette liqueur, on fabrique la *sépia*, encre employée en peinture. Corps allongé; tête pourvue de huit bras sessiles et de deux bras tentaculaires. Les calmars nagent à reculons avec

beaucoup de vitesse ; ils sont très-voraces; chair assez
bonne ; excellent appât pour la pêche de la morue.

Les seiches ou sèches, sépias, araignées de mer, etc.,
offrent un aspect hideux ; leur corps est allongé, assez
déprimé et couvert d'une peau mince, muqueuse,
formant sur le dos un grand sac sans ouverture exté-

rieure ; dans ce sac est une coquille celluleuse, calcaire, appelée vulgairement *os de seiche*, *biscuit de mer*.
Les seiches répandent, comme les calmars, une liqueur
noire renfermée dans une vessie voisine du cœur. Avec
cette liqueur on fabrique également la *sépia*. Chair
coriace et fade.

Les sépioles ressemblent beaucoup aux seiches ; elles
manquent d'osselet dans le dos. Chair dure et fade.

Citons encore le litorne-vignot, le rocher-épineux,
les grands tritons, les patelles, les casques, etc. Avec
la coquille de ces derniers on fait des camées ; ce sont
des animaux dits gastéropodes : ils rampent sur un
prolongement de leur disque ventral.

HUÎTRES.

Classe des acéphales lamellibranches ; animaux sans
tête apparente ; ayant des branchies placées par paires entre le corps et le manteau et étalées sous forme
de lamelles.

La coquille des huîtres se compose de deux valves à charnière, généralement ferme, ovale, quelquefois ronde ou allongée, grossièrement feuilletée à l'extérieur, nacrée à l'intérieur ; l'animal n'a pas de pied charnu ; un simple muscle lui suffit pour ouvrir et pour fermer sa demeure ; sa bouche très-molle se trouve auprès de la charnière; le cœur, placé entre le muscle et les viscères, se reconnaît à la couleur brune de son oreillette.

L'huître est hermaphrodite (à la fois mâle et femelle) et d'une extrême fécondité : ses œufs nagent dans l'eau et se collent aux coquilles voisines ; ainsi se constituent d'énormes amas ou *bancs d'huîtres.* Ces animaux naissent, croissent, se multiplient et meurent à la même place ; la mer se charge de leur apporter leur nourriture : frai de poissons, débris de substances végétales, etc.

Les huîtres qu'on vend sur nos marchés sont âgées d'environ trois ans.

Les meilleures huîtres d'Europe se trouvent dans a Manche, en France. Nous estimons tout particulièrement celles des côtes de la Normandie, de Granville et de Cancale et de la Bretagne.

Après viennent les huîtres d'Ostende, très-petites, mais délicates ; les huîtres vertes de Marennes (près de Rochefort) ; l'huître *pied de cheval,* très-grande espèce des parages de Cette.

Pour que les huîtres prennent une saveur délicate, il faut qu'elles aient été parquées pendant un certain temps, c'est-à-dire qu'elles aient séjourné quelques mois dans un réservoir d'eau salée, communiquant avec la mer par un petit canal et renouvelée fréquemment (profondeur environ 1ᵐ,30, pas de vase, mais du gravier, des galets).

PÊCHE :

En France, depuis septembre jusqu'en avril (dans les mois dont le nom contient des *r ;* c'est précisément alors que les huîtres ont le meilleur goût ; le reste de l'année elles sont plus maigres et moins agréables à manger).

A la famille des huîtres appartiennent les anomies, les spondyles, etc., d'une chair moins délicate que les huîtres, mais pourtant comestibles. (Littoral de la Méditerranée.)

Les perles sont un produit morbide, de forme globuleuse, qui se dépose dans les coquilles de certains mollusques bivalves appelés *huîtres perlières* ou *margaritifères :* la *vénus vierge,* le *grand jambonneau,* les *marteaux,* etc., etc.

LES MOULES.

Même classe que les huîtres.

Coquille bivalve, oblongue, d'un blanc bleuâtre intérieurement, de couleur noirâtre extérieurement.

Les moules ont un manteau ouvert inférieurement et un pied dont elles se servent pour ramper et pour fixer le byssus inséré à leur base.

Les moules proprement dites ont la coquille triangulaire, bombée, mince, fermée par une sorte de ligament occupant la place des dentelures. On les trouve dans la plupart des mers, près des côtes, sur les jetées, les brise-lames etc. Fécondité aussi prodigieuse que celle des huîtres. L'espèce la plus abondante est la moule commune dont la chair est très-ferme, surtout en hiver.

Certains petits crabes qui pénètrent souvent dans ces bivalves occasionnent des empoisonnements assez fréquents aux personnes qui mangent des moules, surtout en mai et en septembre ; mieux vaut donc s'en abstenir dans ces deux mois-là.

En cas d'accident, il faut provoquer un vomissement immédiat.

EXTRAIT

(Décret du 10 mai 1862).

Art. 3 et 4. Quelles que soient les dénominations qu'ils portent dans chaque localité, tous les filets ou engins de pêche peuvent se grouper en quatre catégories distinctes :

Les filets fixes,

Les filets flottants,

Les filets traînants,

Et les filets et engins ne rentrant pas dans les espèces spécifiées ci-dessous.

§ 1. — FILETS FIXES.

Dans les filets fixes, autres que les filets à poche tendus dans les courants, la maille reconnue suffisante pour permettre la libre circulation du fretin et le point essentiel à réglementer. Une fois que la grandeur de la maille en est bien déterminée, il n'y a plus que quelques exceptions à prévoir pour certaines pêches spéciales, telles que celle de l'anguille. Quant aux dimensions des filets, à leur forme ou disposition, aux heures pendant lesquelles ils peuvent être calés ou tendus, cette partie de la réglementation doit faire l'objet de mesures d'ordre et de police variant suivant les localités, le temps ou les circonstances, et qui peuvent être laissées à l'appréciation des autorités locales.

§ 2. — FILETS FLOTTANTS.

Les filets flottants sont ceux qui vont au gré du vent, du courant, de la lame, ou à la remorque d'un bateau, sans jamais s'arrêter au fond. Dans ces conditions, ces filets ne prennent guère que des poissons de passage, tels que harengs, sardines, maquereaux, etc.; ils n'exercent donc pas d'influence sur la destruction du frai ou du fretin, et ne doivent, par suite, être assujettis à aucune dimension de mailles.

§ 3. — FILETS TRAINANTS.

Quelle que soit la dénomination que portent les filets traînants, qu'ils s'appellent dreige, chalut, gangui, etc., il est généralement reconnu qu'il est difficile de prescrire pour les mailles et le poids de ces filets des dispositions qui protégent efficacement le fretin; les pêcheurs tendent continuellement, d'ailleurs, à *renforcer* le fond du filet, opération qui rend à peu près illusoire toute limitation de la maille; enfin l'expérience prouve que les ravages exercés par ce filet sont d'autant plus graves qu'il est employé moins loin de terre.

La seule réglementation rationnelle d'un tel instrument ne pouvait donc se trouver que dans la détermination de la distance à laquelle il est traîné, et c'est à quoi il a été pourvu par l'article 1er.

Il ne pouvait être question dans l'article 3 que de la grande seine à jet, filet traînant spécial, pour lequel il est utile de fixer la maille, en raison des lieux où il s'exerce et de la lenteur avec laquelle il est manœuvré.

§ 4. — DIVERS FILETS ET ENGINS.

La classification qui précède n'est pas seulement avantageuse en ce qu'elle retranche de la réglementation des détails inutiles, en ce qu'elle simplifie la police de la pêche, mais encore en ce que, réunissant dans un seul cadre tous les modes de pêche usuellement pratiqués en France, elle ne comporte que quelques exceptions dans l'application des règles communes à chaque catégorie.

Ces exceptions sont, par exemple, pour les filets fixes, ceux qui sont affectés à la pêche des anguilles, des soclets, etc. ; pour les filets traînants, ceux qui servent à prendre les chevrettes, les lançons, le nonnat, etc. Quand il s'agit de ces pêches particulières, ce qui importe, ce n'est pas de fixer les dimensions ou les mailles, car il faut bien que ces engins atteignent leur but, mais bien d'en surveiller l'emploi, de manière à empêcher qu'un pêcheur ne change la destination spéciale de son filet pour le faire servir à une pêche autre que celle en vue de laquelle cet engin est permis.

ART. 5. L'article 5 est la consécration d'une prescription des plus nécessaires à maintenir et qui se justifie d'elle-même, car, par l'effet du courant, les filets dont il s'agit, tendus dans les fleuves ou les canaux, deviennent les plus destructeurs sur les points où le fretin a le plus besoin de protection.

ART. 6. La disposition de l'article 1er qui prohibe les filets traînants à moins de trois milles au large de la laisse de basse mer est susceptible de tempérament dans les parages où la nature des fonds, la profondeur des eaux ou toute autre cause permettraient de s'en

écarter; c'est ce que prévoit l'art. 6, mais il est bien
entendu que les préfets maritimes, en autorisant ces
exceptions, devront toujours assurer la conservation
des huîtrières.

Art. 7. En raison même des facilités que le nouveau
décret accorde aux pêcheurs, il était nécessaire de ré-
server le cas où l'intérêt de la reproduction exigerait
le *cantonnement* de certaines parties de la côte. Cette
mesure ne peut d'ailleurs être prescrite que par un
décret impérial; l'accomplissement des formalités
préparatoires donne dès lors aux riverains toutes les
garanties que l'interdiction temporaire de telle ou
telle espèce de pêche sur un point déterminé du littoral ne sera prononcée qu'après un très-sérieux
examen.

Art. 8. L'article 8 est, au fond, la reproduction de
l'acticle 4 de la loi du 9 janvier 1852 ; toutefois, vous
remarquerez que les préfets maritimes sont désormais
seuls investis du droit de prendre des arrêtés pour
l'ouverture et la fermeture des huîtrières.

Il résulte encore de cet article que le préfet peut adopter des mesures extraordinaires en vue du nettoyage
des bancs, et que, dans les localités où il existe des
établissements propres à recevoir les petites huîtres,
il n'y a pas d'inconvénient à permettre aux pêcheurs
de les y déposer.

Art. 9. On a longtemps confondu les réservoirs à
poissons avec les pêcheries proprement dites. Il existe
cependant entre ces deux sortes d'établissements des
différences essentielles : la *pêcherie* fonctionne de manière à retenir le poisson surpris par la marée descendante, tandis qu'en général, dans les *réservoirs*, il n'y
a que des espèces bien peu nombreuses, telles que les

mulets et les anguilles qui, à l'état de fretin, s'introduisent librement par les ouvertures assez étroites formées par les mailles de l'appareil, destiné à empêcher la sortie du poisson qui a atteint une certaine grosseur.

Sans porter de grave préjudice à la pêche, les *réservoirs* peuvent donc offrir de précieuses ressources à l'alimentation publique, à la condition que les autorisations données prescriront un mode d'exploitation qui ne permettra pas d'en faire de véritables *pêcheries*. L'établissement de ces réservoirs ne sera d'ailleurs permis que sur des propriétés privées. Le domaine maritime est un domaine public qui ne saurait être aliéné, et dont la jouissance doit être réservée exclusivement aux populations du littoral, soit qu'elles s'y livrent à différents genres de pêche, soit qu'elles y aillent recueillir ce que la mer leur apporte.

Art. 10. Aussi l'article 10 proclame-t-il de nouveau ce principe, que désormais il ne sera établi sur le domaine public maritime aucune pêcherie, et, en appliquant aux propriétés privées cette prohibition, cet article n'a fait que maintenir une prescription indispensable pour sauvegarder des intérêts que la législation doit protéger.

Art. 11. Sauf les exceptions mentionnées dans l'article 4, il n'y a pas de pêche spéciale à telle ou telle espèce de poisson ; on trouve à la fois dans le fond d'un chalut, par exemple, des crustacés, des huîtres, des poissons ronds, longs, plats, etc. Or, s'il faut intéresser autant que possible le pêcheur à ne pas se servir de filets et engins prohibés, en lui défendant de prendre des poissons, huîtres et crustacés qui ne sont pas parvenus à une certaine croissance, il est, d'un autre côté, bien difficile d'établir, pour arriver à ce but, autant de dimensions qu'il y a d'espèces, lorsqu'on n'a pu fixer qu'un minimum de mailles, précisément parce que la généralité des instruments de pêche, notamment les filets traînants et les filets fixes, est destinée à capturer toute espèce de poisson.

Dans cette situation, il a paru plus sage de n'adopter qu'une dimension unique pour tous les poissons qu'il est défendu de prendre ou d'employer à un usage quelconque. On dégage ainsi la réglementation de complications qui ne sont pas commandées par une absolue nécessité.

Art. 12. Les conditions de la pêche qui se pratique en réunion de bateaux ou d'individus varient suivant les localités. On s'exposerait, en les généralisant, à contrarier sans nécessité des habitudes locales qui peuvent être parfaitement motivées; on pourrait même occasionner aux pêcheurs des dépenses qui ne seraient pas justifiées par l'intérêt public. L'article 12 permet donc désormais aux préfets maritimes de prendre dans chaque arrondissement, suivant les usages des lieux, des mesures qui sont pleinement autorisées par l'article 3, paragraphe 11, de la loi du 9 janvier 1852.

Le Ministre secrétaire d'État de la marine et des colonies,

Signé : Cᵗᵉ P. DE CHASSELOUP-LAUBAT.

TABLE DES MATIÈRES

PREMIÈRE PARTIE

PÊCHES D'EAU DOUCE.

PREMIÈRE SECTION

APPATS NATURELS ET ARTIFICIELS. — MANIÈRE D'AMORCER LES
HAMEÇONS. — INSTRUMENTS PROPRES A LA PÊCHE A LA LIGNE.
— DES DIFFÉRENTES PÊCHES A LA LIGNE.

SECTION II.

SECTION III

POISSONS D'EAU DOUCE. — GRENOUILLES. — ÉCREVISSES.

SECTION IV

LOIS ET ORDONNANCES SUR LA PÊCHE.

DEUXIÈME PARTIE

PÊCHE EN MER

PREMIÈRE SECTION

INSTRUMENTS EMPLOYÉS POUR LA PÊCHE EN MER.

_14_ 6

SECTION II

POISSONS DE MER PROPREMENT DITS ; DÉTAILS SUR LEUR PÊCHE. —
CRUSTACÉS. — MOLLUSQUES. — VERS SERVANT D'AMORCES.

FIN DE LA TABLE

939 — CORBEIL, typ. et stér, de CRÉTÉ.

SECTION II

www.ingramcontent.com/pod-product-compliance
Lightning Source LLC
Chambersburg PA
CBHW061104220326
41599CB00024B/3908